NASA宇宙探査の驚異

――「宇宙の姿」はここまでわかった

中冨信夫

講談社+α文庫

まえがき

「パイオニア10号から応答あり」――この四月二九日のニュースには、驚かれた方は多いと思う。打ち上げからすでに二九年を過ぎ、「地球外文明」へのメッセージをもったまま、太陽系の遥か彼方へ消えてしまったと思われていたNASA（米航空宇宙局）の宇宙探査機パイオニア10号が、光の速度でさえ一一時間もかかる遠い彼方から電波を送ってきて、八ヵ月振りに通信が可能となったからである。

このニュースほど、NASA宇宙探査の真髄を伝えるものはないと思える。ひとことでいえば「すばらしい衛星・探査機と、優れた人たち」である。

私は、アポロ月ロケットの打ち上げ時代から、NASAの仕事と、それに携わる「柔軟で、発想力豊かなすばらしい」技術者たちに驚嘆し続けてきた。最初の驚きは、NASAの研究活動に携わる前、「ロケット天文学」少年であった一九六五年七月一四日、マリナー4号が、一枚に八時間二〇分を要しながらも地球から二億二〇〇〇万キロも離れた宇宙空間から写真を電送してきたことである。

NASAは、その後も、火星探査、金星探査、月探査、地球周回軌道での有人宇宙船ジェミニ6号と7号によるランデブー飛行、アポロ11号による史上初の有人月着陸探検と、枚挙にいとまがないほどの驚きと感動を与え続けてくれた。

しかし、アポロ11号の成功以上にNASAが凄いと感じたのは、アポロ13号の宇宙事故を、巧みに解決したこと、スペースシャトル099チャレンジャーの爆発事故の一方で、同事故の四日前、一九八六年一月二四日にNASAのボイジャー2号が、天王星への近接探査に成功していたことである。本来のNASAイズムが遺憾なく発揮され、フロンティア精神と誇りが生きていた。


一方、NASAの宇宙望遠鏡／天文衛星による宇宙探査の成果にも、驚くべきものが多かった。それまで理論上のものであったブラックホールの第一号を発見した小型のX線天文衛星「ウフル（UHURU）」をはじめ、「ヒーオー（HEAO）」2号アインシュタイン、国際赤外線天文衛星「アイラス（IRAS）」、宇宙背景放射観測衛星「コービー（COBE）」などが、実験天文学とも言える新分野を切り開いた。

一九九〇年代に入り、フォン・ブラウン博士による開発構想から、一六年の歳月をかけた「ハッブル宇宙望遠鏡（HST）」が打ち上げられ、地上の望遠鏡では到底得られない画期的映像で天文学に革命を起こすとともに、一般の人びとをも大いに魅了した。さらに、「コンプトン・ガンマ線天文観測衛星(CGRO)」が打ち上げられて、全天にガンマ線源があることを発見し、宇宙論に新たな謎を提供した。また、これまで、ニュートリノの観測でしか知ることが出来ないとされてきた太陽の内部の観測を可能にした「ソーホー(SOHO)」、「トレース(TRACE)」、本格的なX線天文台の、「チャンドラーX線天文台(CXO)」などが、続々と続く。

今、火星と土星に向かってNASAの探査機が飛行中である。広大な海があるといわれる木星の第二衛星エウロパの海中生命探査計画も進行中である。国際宇宙ステーション建設も順調に進み、二〇年以内に火星に人類を送る構想も発表されている。本書では、果敢なる意識で進められるNASAの宇宙探査活動と、その驚異の成果と、これからの計画を描いたものである。

二〇〇一年五月三〇日、火星周回探査機マリナー9号打ち上げ三〇周年の日

中冨信夫《なかとみのぶお》

NASA　宇宙探査の驚異◎目次

第四章　「宇宙の果てと、始まり」探査

第五章　ＮＡＳＡ宇宙探査のヒーローたち

＊はＮＡＳＡとの共同計画

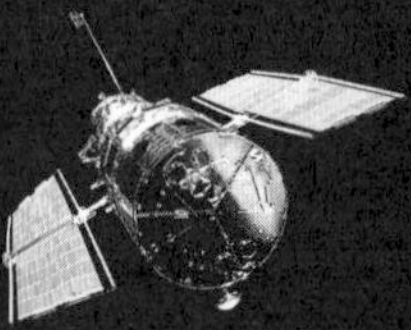

ハッブル宇宙望遠鏡
(→p.244)

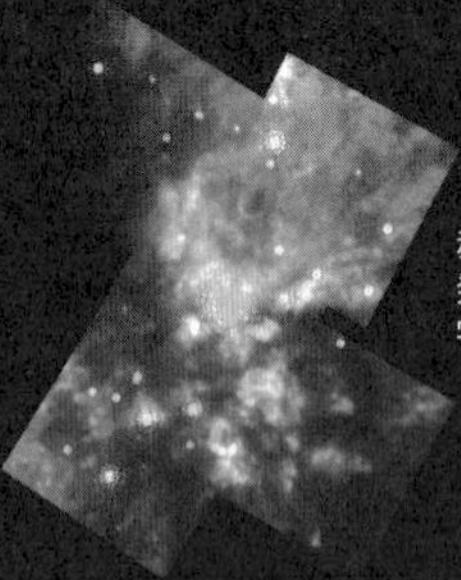

赤外線望遠鏡で
発見された
宇宙の水

コービー
(→p.258)

アイラス(→p.262)

電波望遠鏡

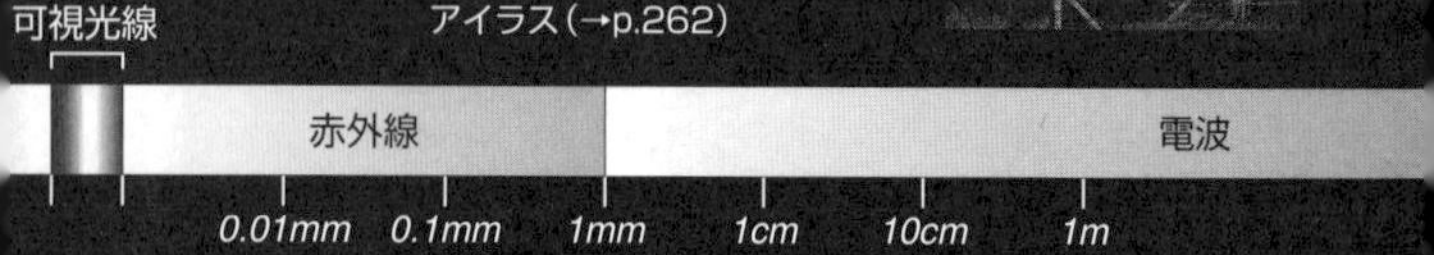

可視光で見る土星

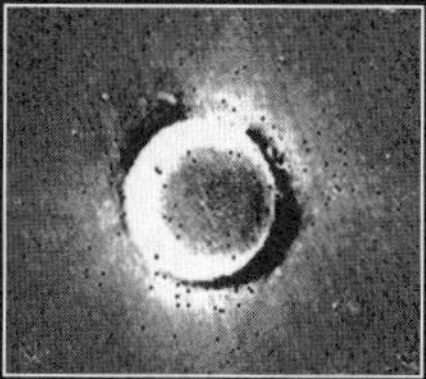

赤外線で見る太陽系の誕生

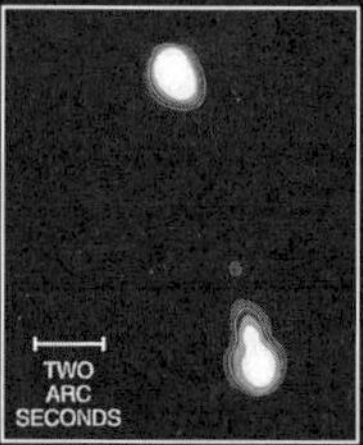

電波銀河

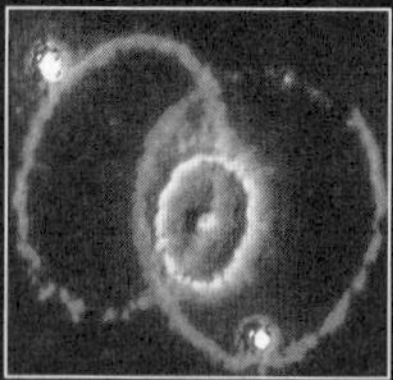

ハッブルが撮った超新星

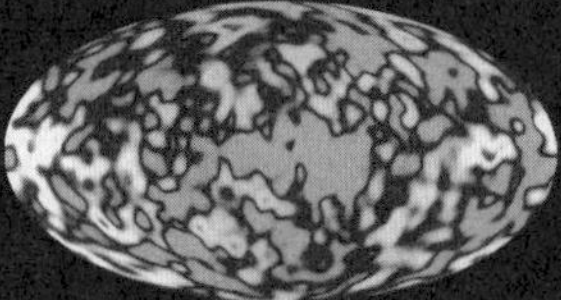

コービーが撮った宇宙背景放射

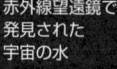

電波の眼、光の眼――波長によって見える姿

ヘッシー（→p.252）

トレース
（→p.250）

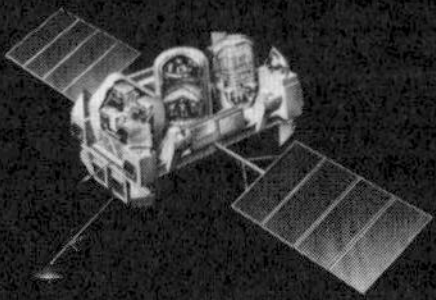

コンプトン・ガンマ線
天文観測衛星（→p.264）

ソーホー
（→p.248）

チャンドラーX線天文台
（→p.242）

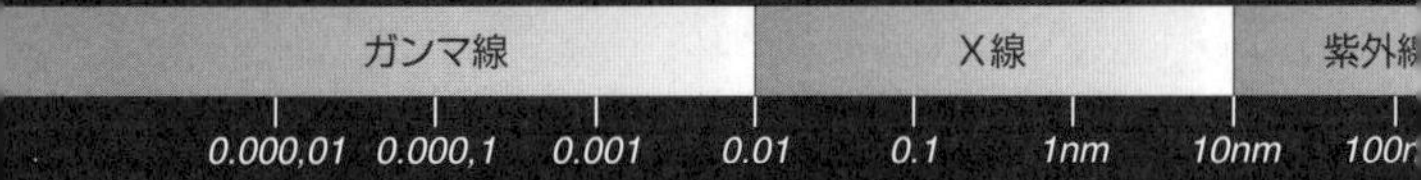

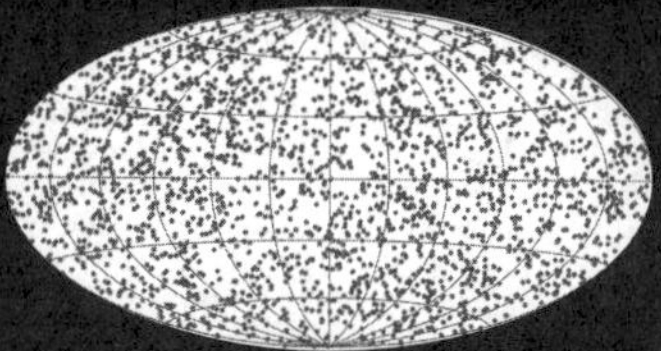

全天のガンマ線源分布

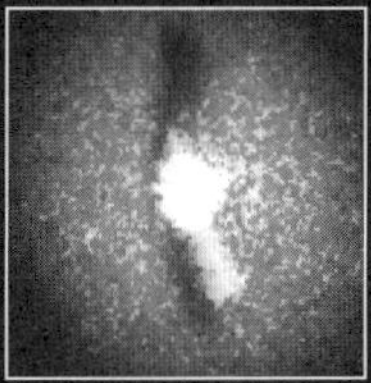

紫外線で見たブラックホール

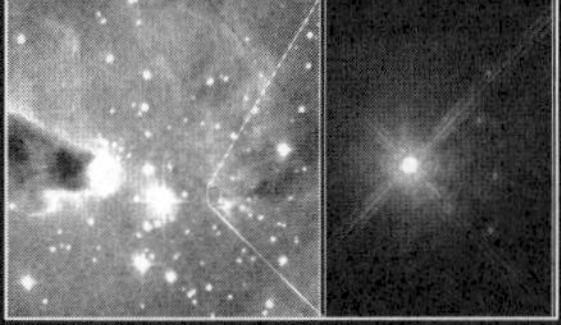

ガンマ線バースト

トレースが撮った太陽

波長によるカニ星雲の七変化

電波

赤外線

可視光線

X線

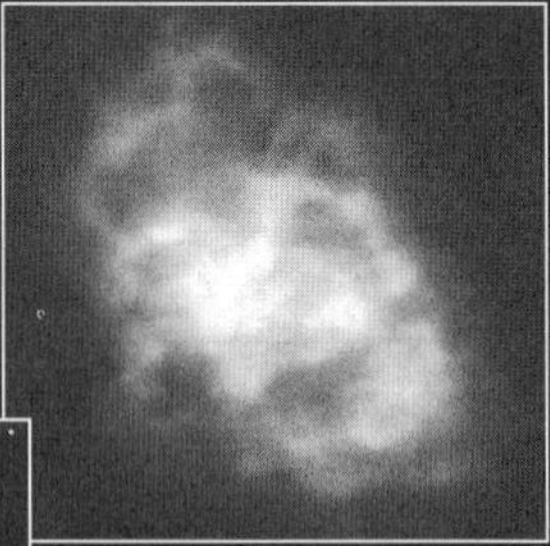

ケンブリッジ1マイル電波望遠鏡による

赤外線720～840μm
ウィルソン山100インチ望遠鏡による
（以下3点も）

可視光（黄）
520～660μm
による画像

可視光（赤）
630～675μm
による画像

可視光（青）
310～500μm
による画像

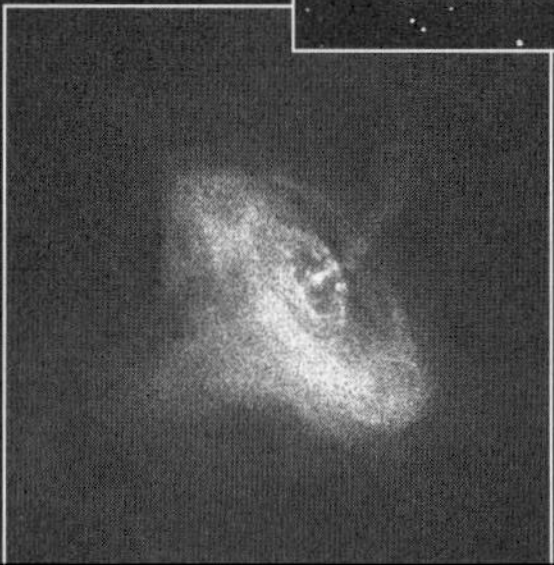

チャンドラーX線天文台による写真。電波や可視光線では見えなかったシンメトリーな構造が浮かび上がった!!

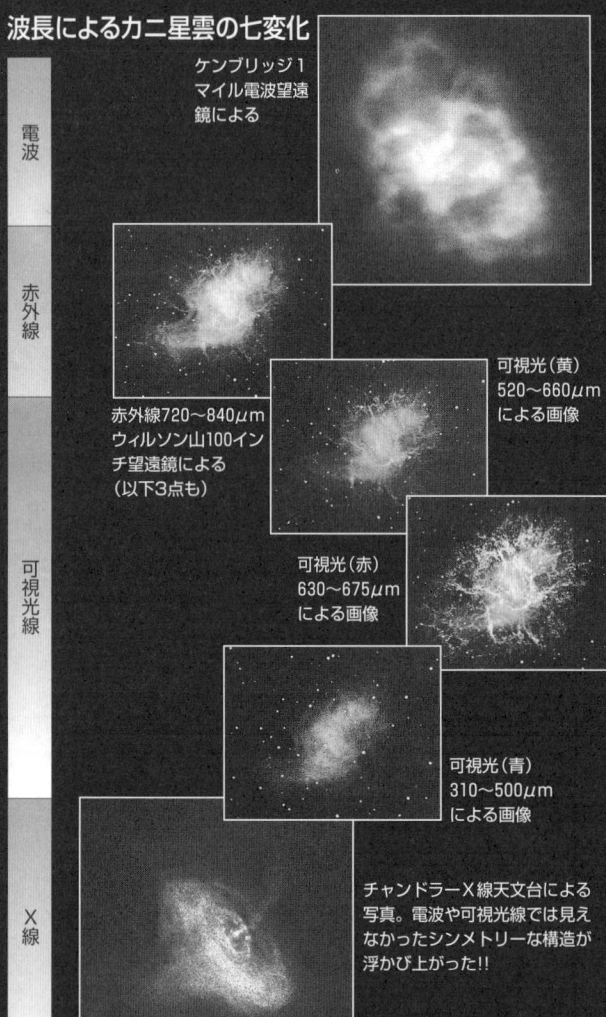

NASA宇宙探査の驚異

――「宇宙の姿」はここまでわかった

第1章

〈カラー〉NASA宇宙天文台がとらえた

宇宙の神秘

間近に見る、太陽、惑星の素顔、星の最期、
宇宙誕生の謎を秘める深宇宙の
銀河、クエーサー、ブラックホールetc。

初のダークマターの証拠か？ NGC3314
(→p.43)

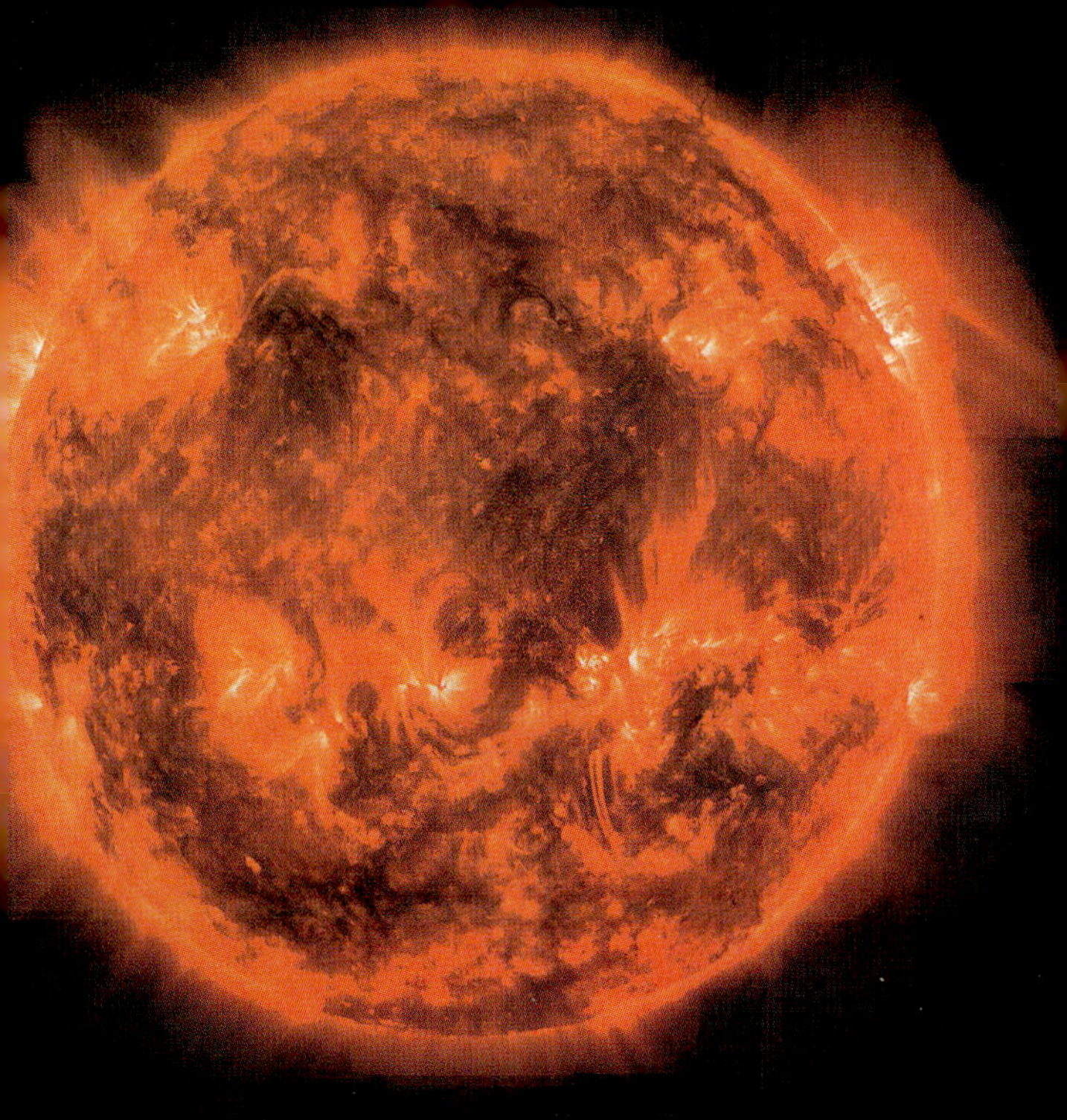

燃える太陽（↑）
トレース（太陽上層大気観測衛星）が紫外線の波長で観測した太陽表面。（→p.50）

巨大コロナ・ループ（←）
トレースがとらえた磁力線に支えられた100万Kのコロナ・ループ。

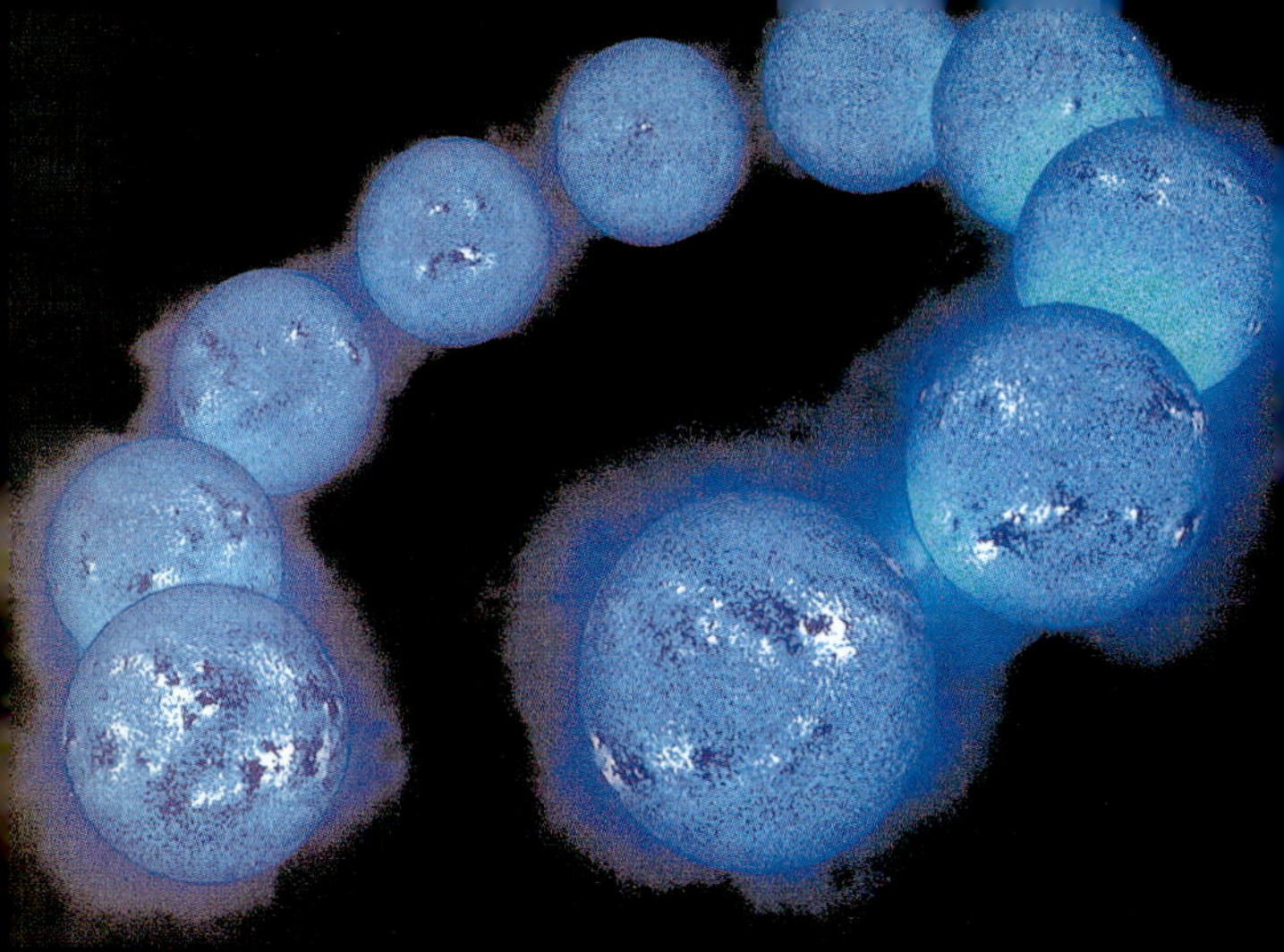

太陽活動の周期（↑）
キットピーク天文台の真空太陽望遠鏡の画像をトレースのデータで補正した1992年1月〜1999年7月までの太陽活動の変化。

太陽の実像にせまる衛星（↑）
地球の太陽周期軌道を周回する太陽上層大気観測衛星トレース。（→p.250）

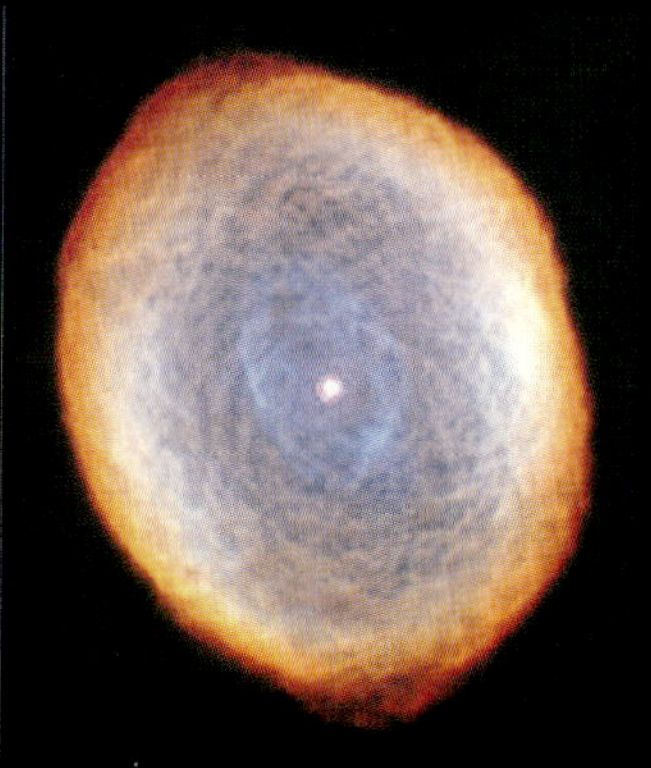

我らが太陽50億年後の姿（←）
地球から2000光年、兎座《うさぎざ》の惑星状星雲IC418。我らが太陽と同クラスの恒星のなれの果てである。

2001年、初めて小惑星に着陸したニア探査機。(→p.274)

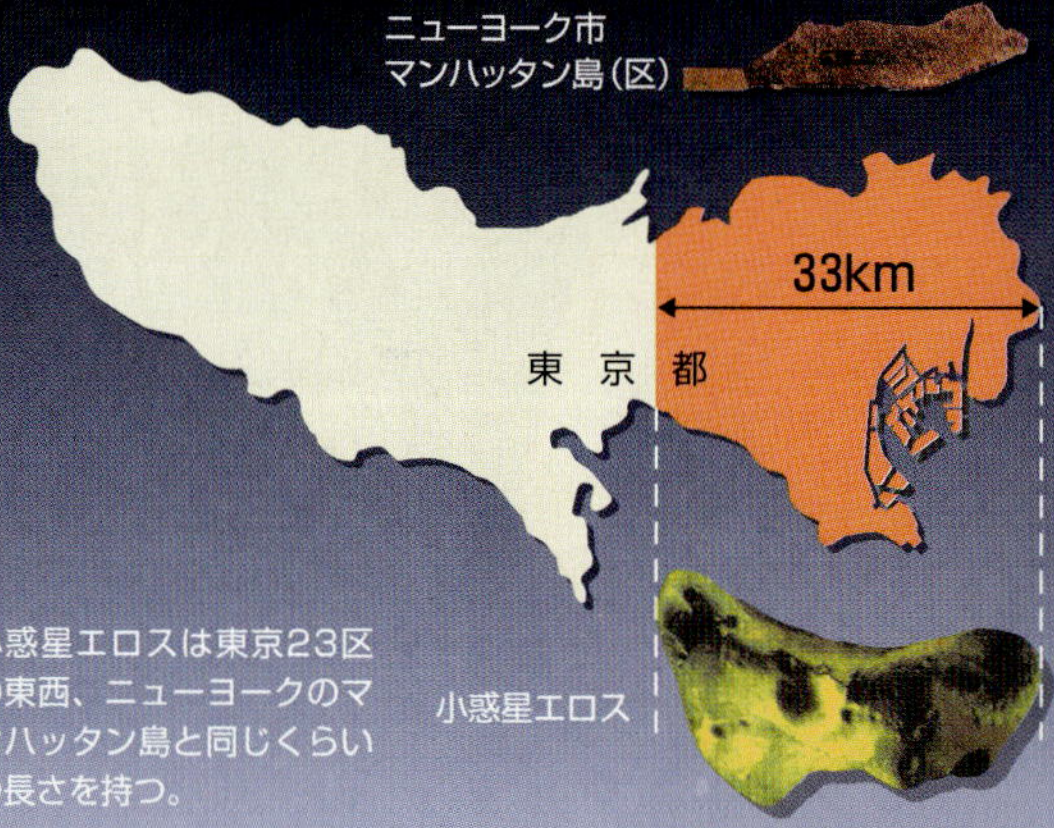

小惑星エロスは東京23区の東西、ニューヨークのマンハッタン島と同じくらいの長さを持つ。

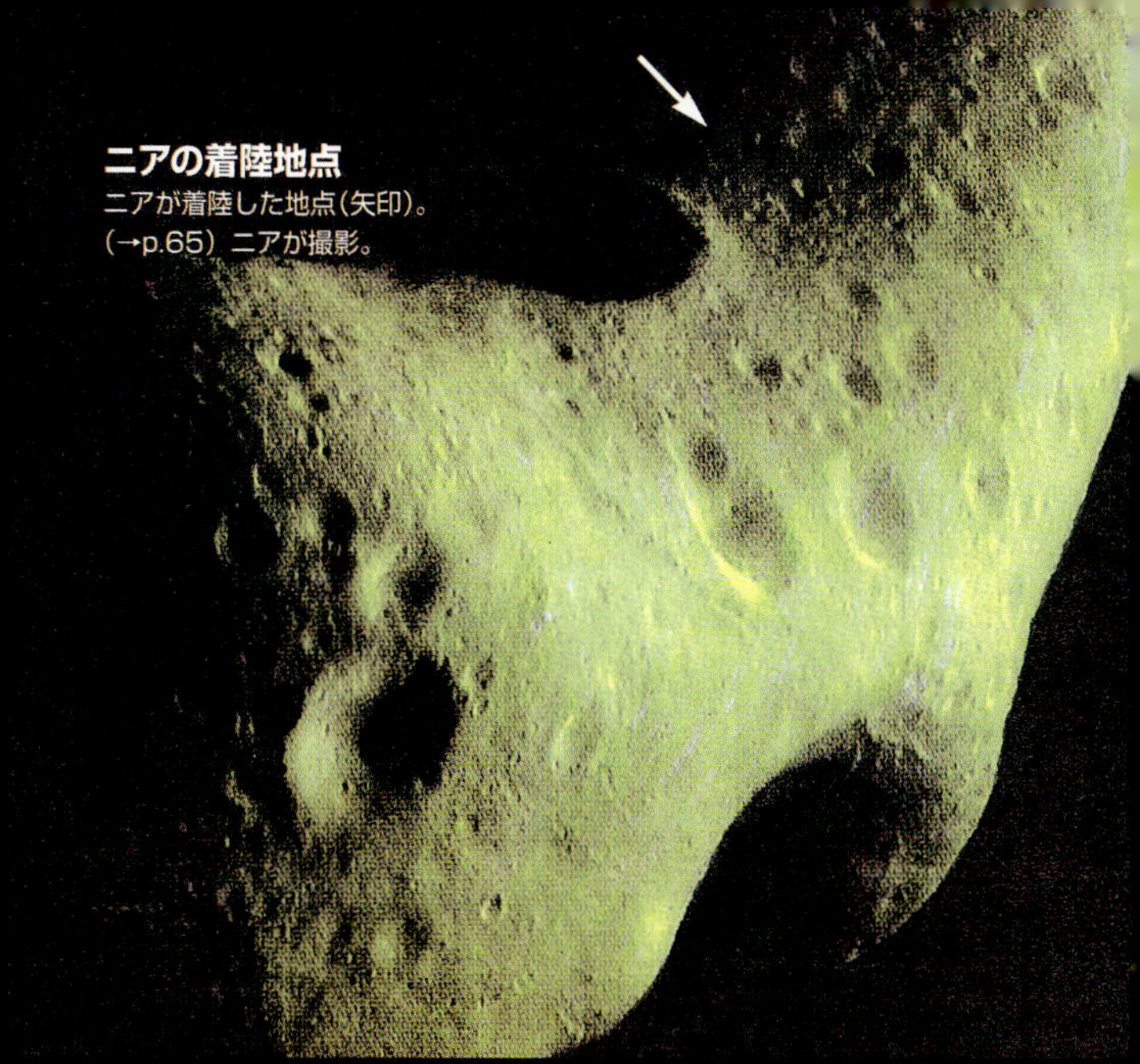

ニアの着陸地点
ニアが着陸した地点（矢印）。
（→p.65）ニアが撮影。

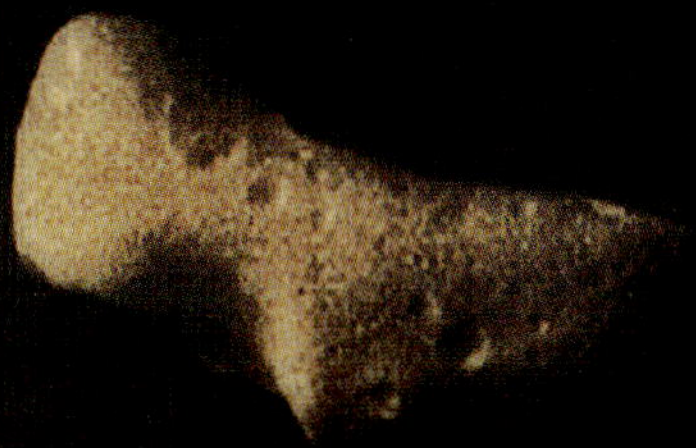

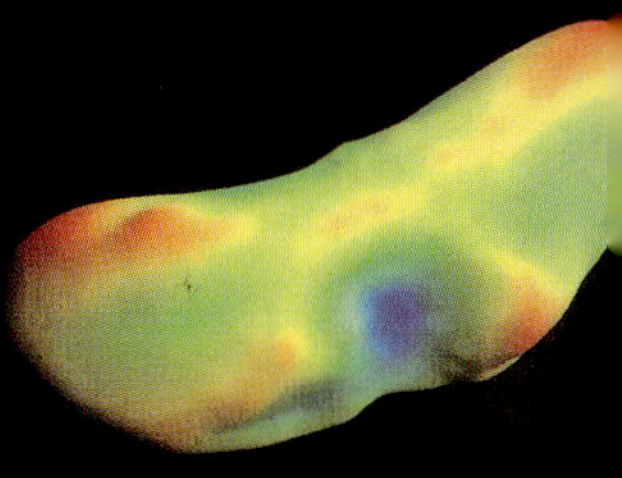

ニアが着陸した小惑星エロス
33キロ×13キロ×13キロの大きさ。

エロスの重力分布
赤い部分が重力が強く、黄、緑、青の順。

ハッブル宇宙望遠鏡がとらえた火星の4方向像

①中央にクリセ地域のアレス谷。②画像の左端にオリンポス山と左下方はタルシス3山。③シドニア地域とイリジウム(極楽)平原。④大シルチス地域。

2001マーズ・オデッセイ
(→p.83、286)

火星探査機による火星表面写真

小型探査車のソジャーナは、マーズ・パスファインダーのタラップを降り、突起のある6つの車輪で土を掘り起こしながら、正面の岩石ヨギ（ヨガ行者の意）に向かった。

木星に衝突するシューメーカー・レビー彗星

木星の南半球に次々と衝突したシューメーカー・レビー第9彗星の分裂核の衝突痕。

木星探査続行中のガリレオ探査機

木星と4大衛星のイオ、カリスト、ユーロパ、ガニメデを探査し続けるガリレオ探査機。（→p.84、280）

ハッブルがとらえた彗星衝突痕

シューメーカー・レビー第9彗星（SL9）の分裂核が衝突した木星の衝突痕。ハッブル宇宙望遠鏡が撮影。

第4衛星カリスト
直径4800キロ。水の氷と金属岩石でできた完全な固体。

第3衛星ガニメデ
直径5262キロ。地球と同様南北両極磁場を持つ。

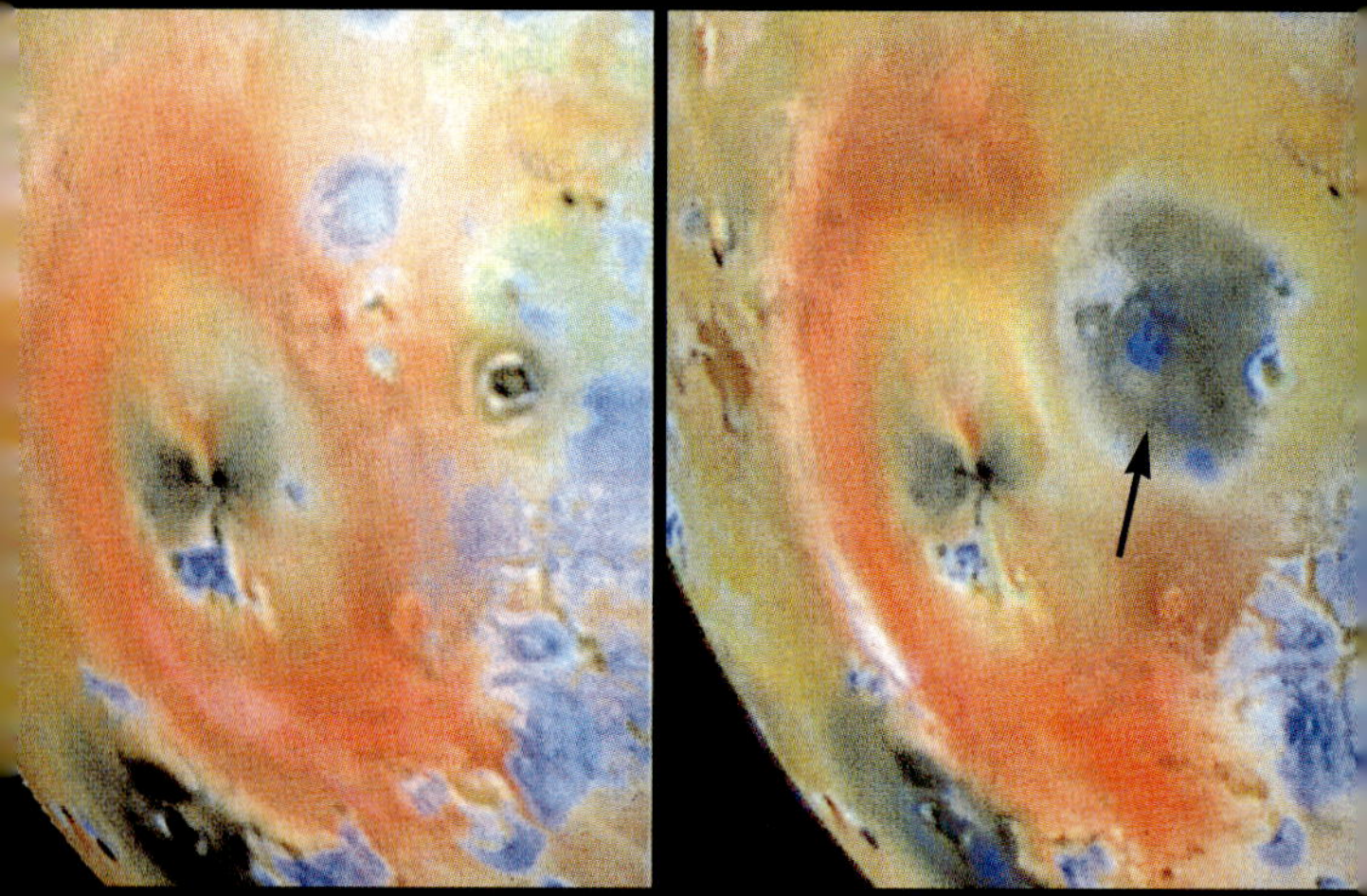

ガリレオ木星周回探査機がとらえたイオの火山
噴火前（左の写真）と比べ、火山性噴出物の堆積が見られる（矢印）。

ガリレオ木星探査機がとらえた四大衛星 (→p.95〜97)

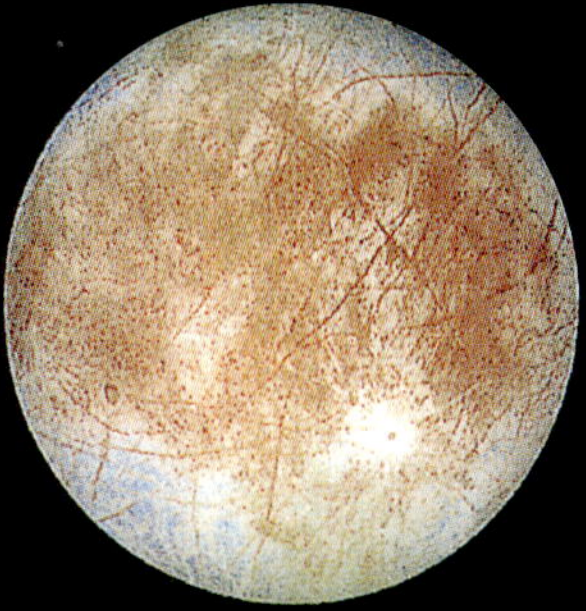

第2衛星エウロパ
直径3138キロ。厚さ200キロの氷の外層をもつ。

第1衛星イオ
直径3630キロ。木星の強い潮汐力により、多数の火山ができる。

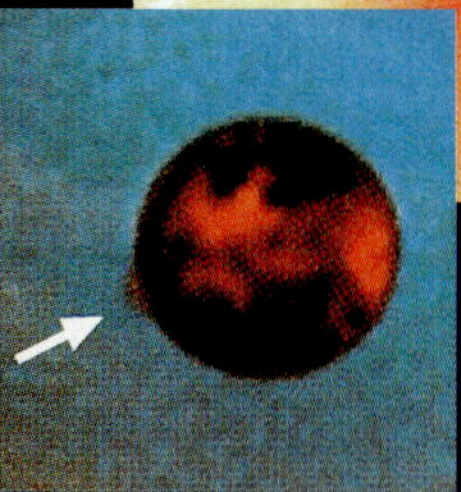

イオの火山噴火(左)とカルデラ(上)
左はハッブル宇宙望遠鏡撮影。

2004年
7月1日、
土星に着く
カッシーニ

土星を周回する軌道に到達して、逆推進ロケットを噴射するカッシーニ土星周回探査機。（→p.282）

ハッブルから見た土星像

ハッブル宇宙望遠鏡が土星の環《わ》と白斑を近赤外線の波長で観測した。

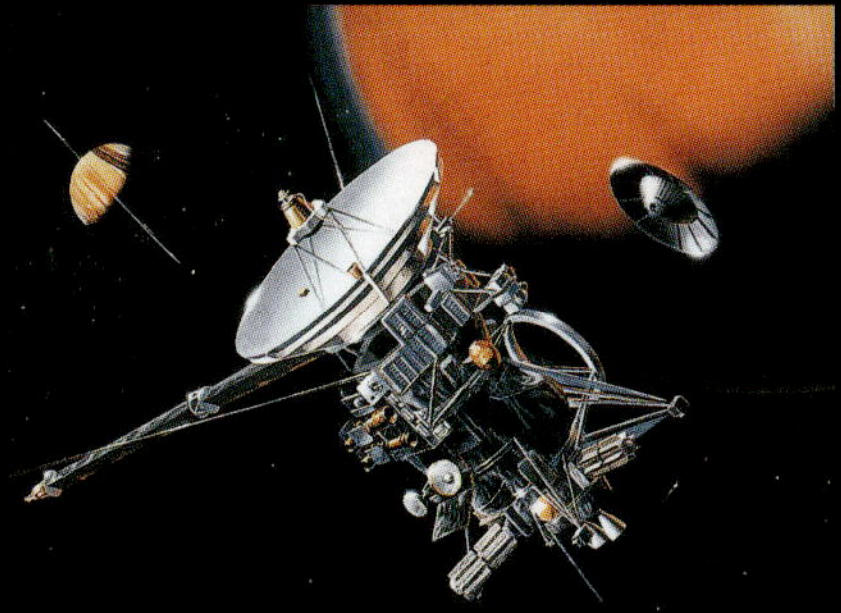

ホイヘンスを発射するカッシーニ

カッシーニ探査機から、ホイヘンス・プローブが、タイタン衛星へ向けて放出される。

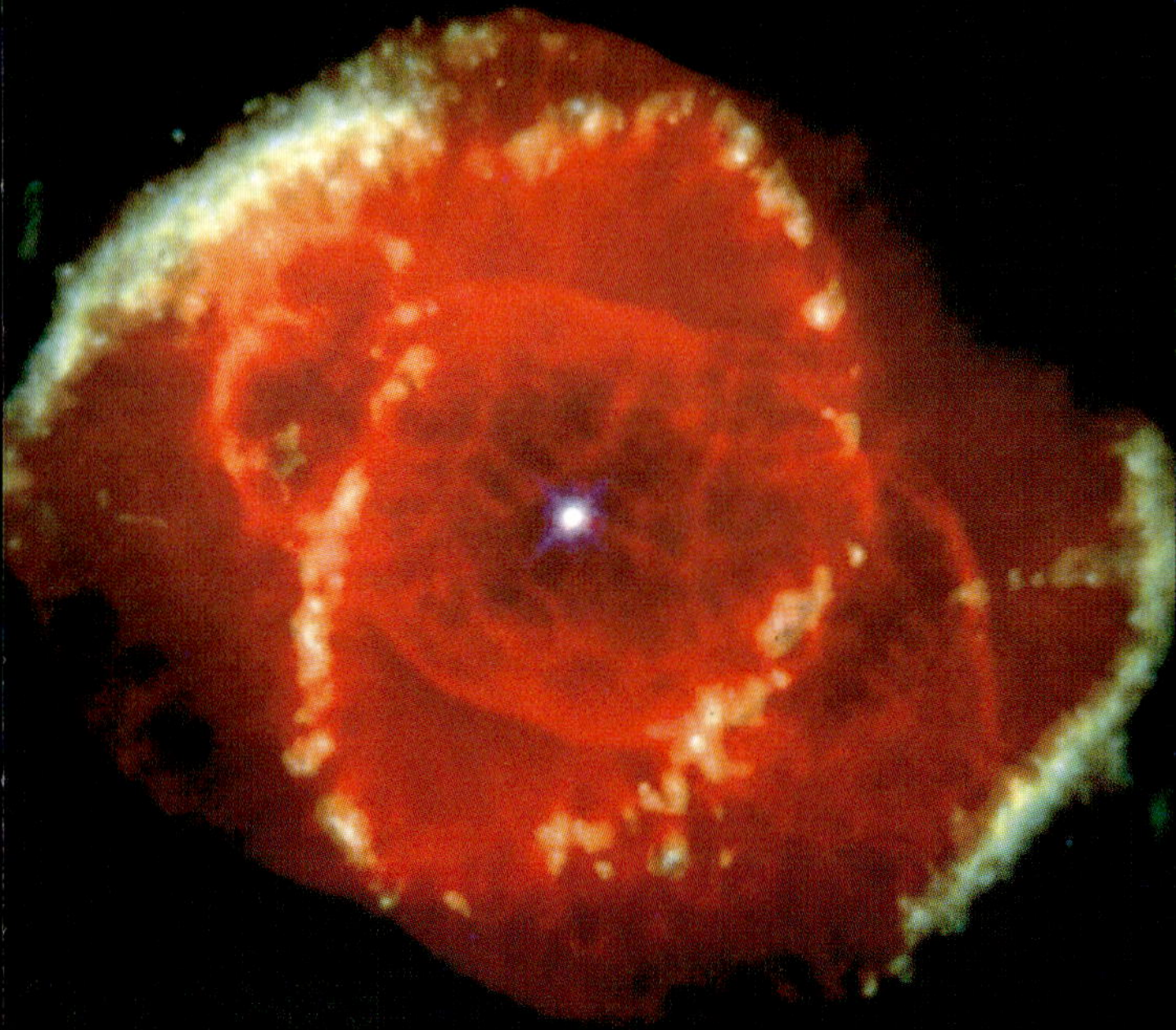

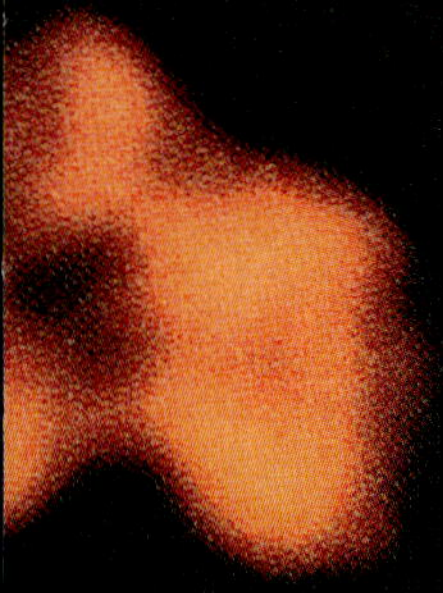

数々の神秘的映像をとらえたハッブル宇宙望遠鏡。(→p.244)

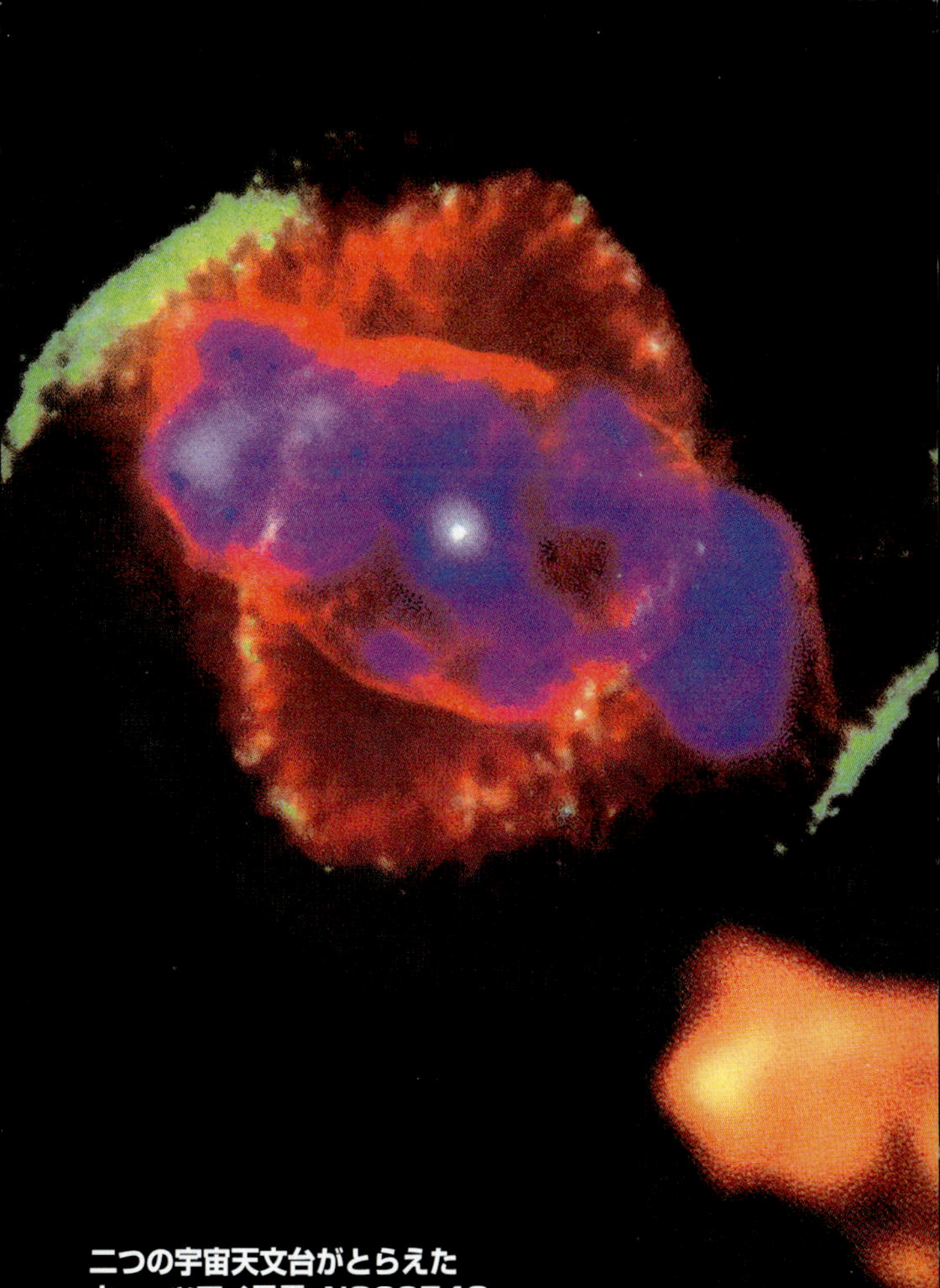

二つの宇宙天文台がとらえた
キャッツアイ星雲　NGC6543
右はハッブル宇宙望遠鏡単独、左はチャンドラーX線天文台（→p.242）によるデータ（下）で補正した画像。

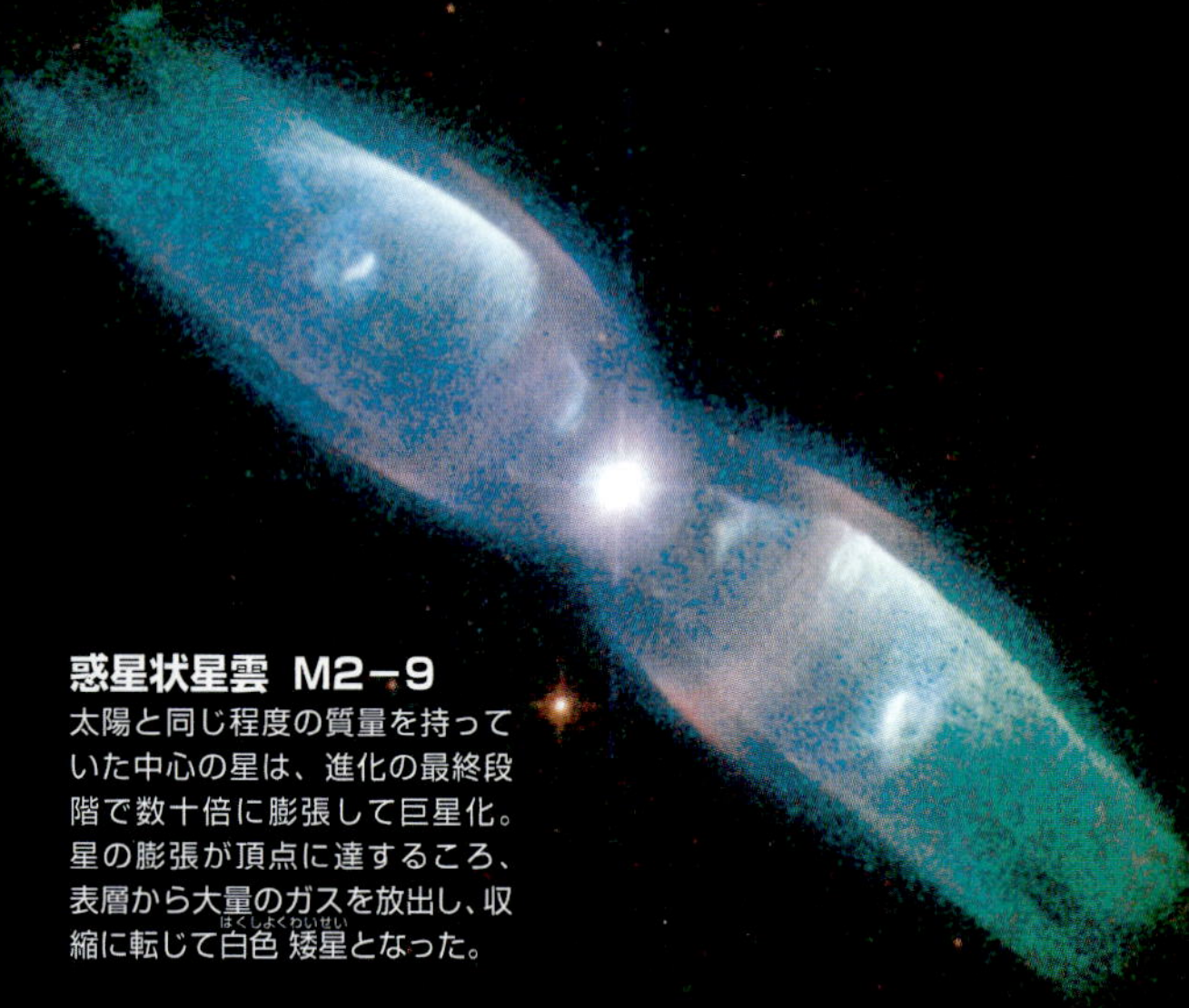

惑星状星雲　M2－9
太陽と同じ程度の質量を持っていた中心の星は、進化の最終段階で数十倍に膨張して巨星化。星の膨張が頂点に達するころ、表層から大量のガスを放出し、収縮に転じて白色《はくしょく》矮星《わいせい》となった。

エッグ星雲の中心部
緩やかな膨張を続けるエッグ星雲の中心部ガス雲に、中心星ＣＲＬ2688から高速で噴出した物質が激しく衝突を繰り返し、四隅の領域を赤く発光させている。ハッブル宇宙望遠鏡による（4点とも）。

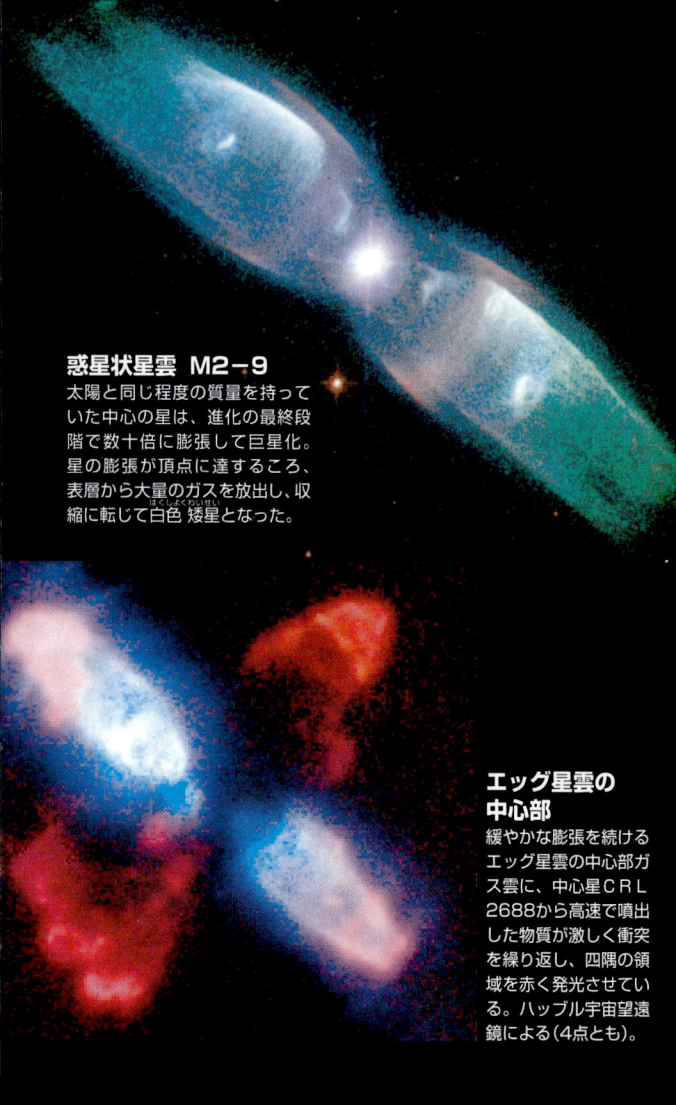

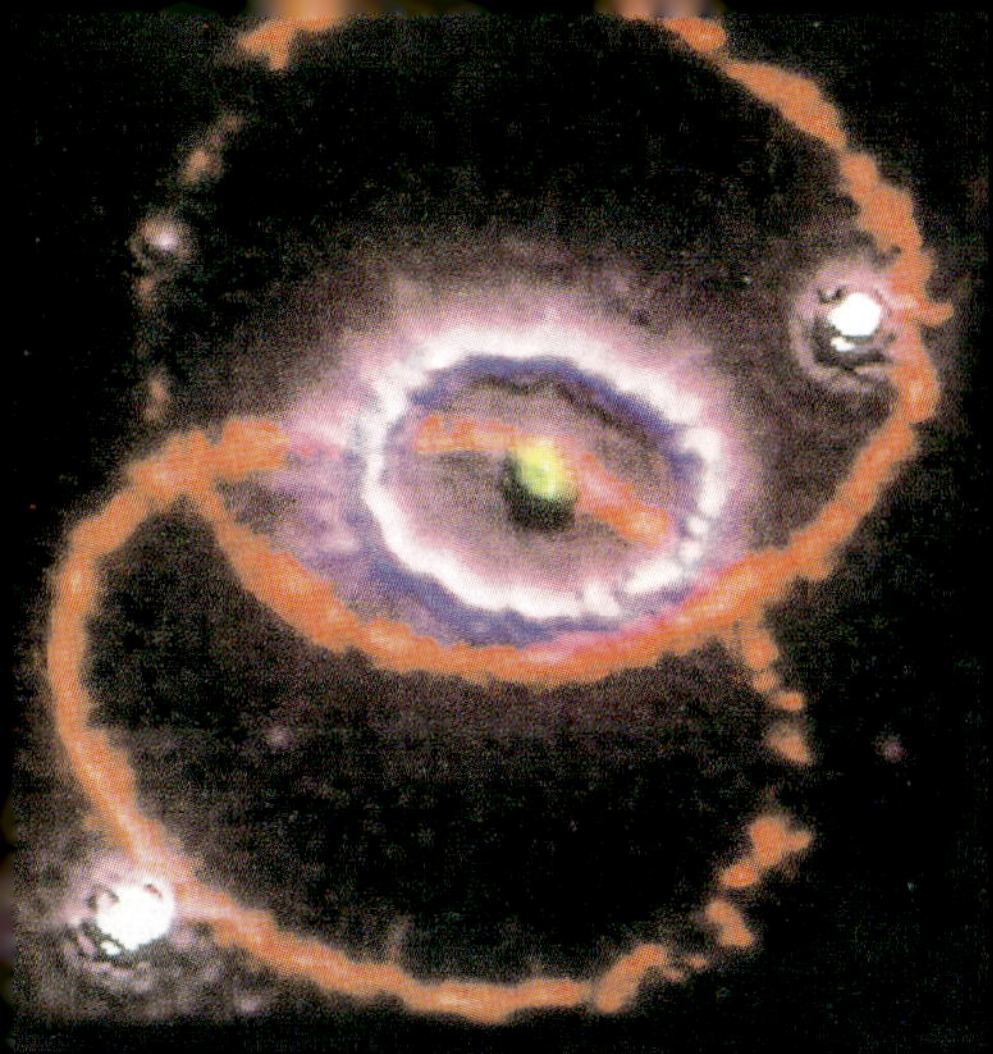

超新星
SN1987A
1987年、大マゼラン銀河の中に出現した超新星爆発の残骸SN1987A。(→p.195)

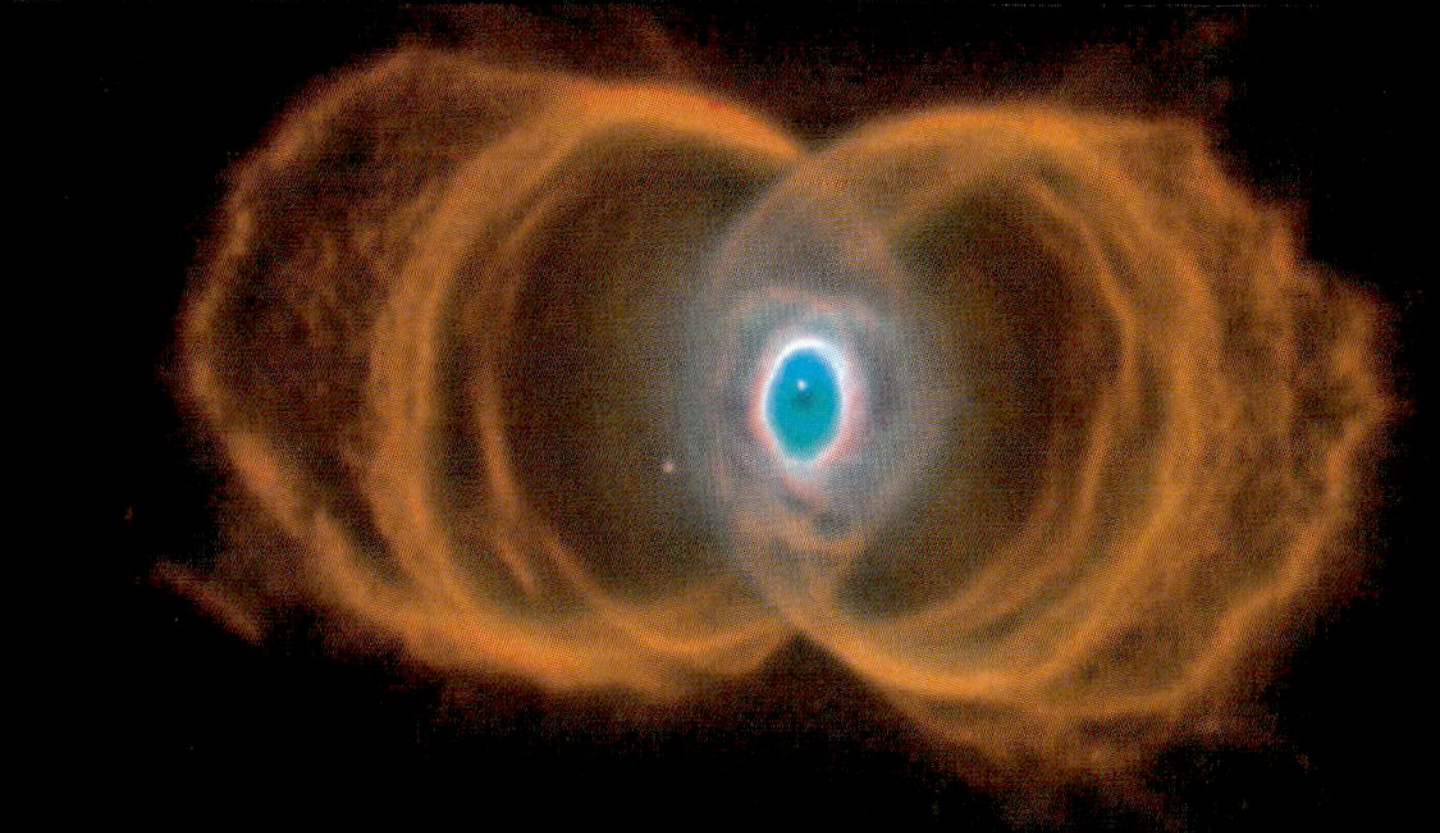

アワーグラス(砂時計)型惑星状星雲 My Cn18

南半球の天頂に近い蠅座《はえざ》の中にあり、地球からの距離は8100光年。太陽ほどの質量を持っていた赤色巨星が、赤色のイオン化窒素と緑色のイオン化酸素を噴出しながら、晩年に白色矮星《はくしょくわいせい》となり、恒星としての最期の時を迎えている。

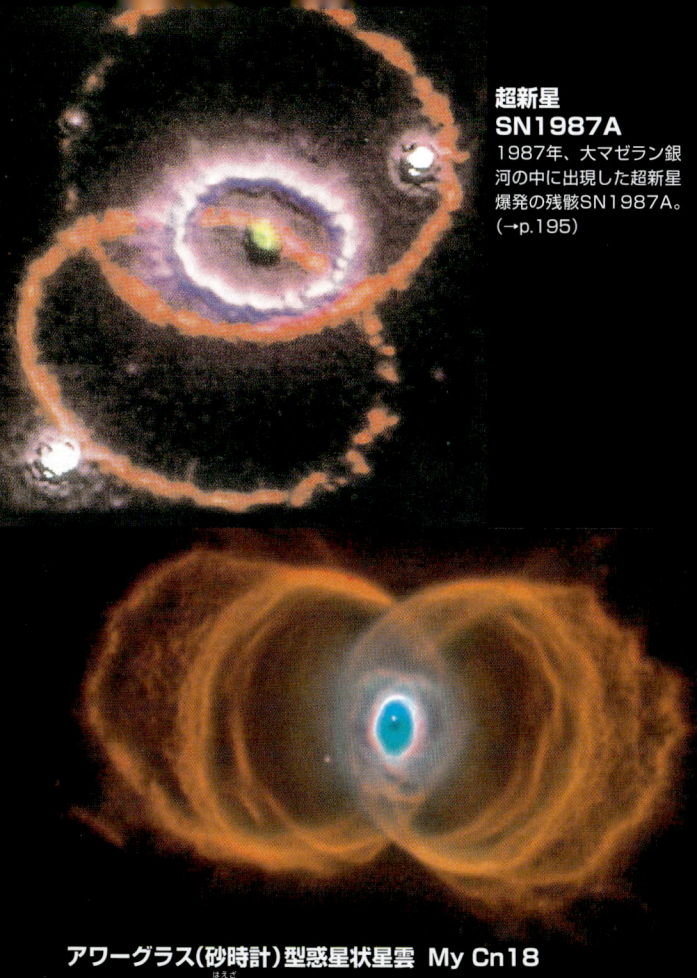

星が生まれる領域 NGC604(←)

地球から270万光年、三角《さんかく》座の中に渦巻銀河M33（NGC598）が位置し、その外縁の一隅に恒星の形成領域ＮＧＣ604がある。直径は1500光年。200個の若い星が誕生し、すでに60個以上の恒星が輝く。ＮＧＣ604全体を1万7000度の高温ガスが包んでいる。

青白い腕を持つ渦巻《うずまき》銀河 NGC4314

髪《かみのけ》座の渦巻銀河の中心部に発見した渦巻き構造。乳白色に輝く中央を、干し草色の太い帯、薄青、朱、白、紫を編み込んだ環、そして青白い2本の腕が渦巻く。青白い腕は、200万年に満たない若い星の集まり。2点ともハッブル宇宙望遠鏡撮影。

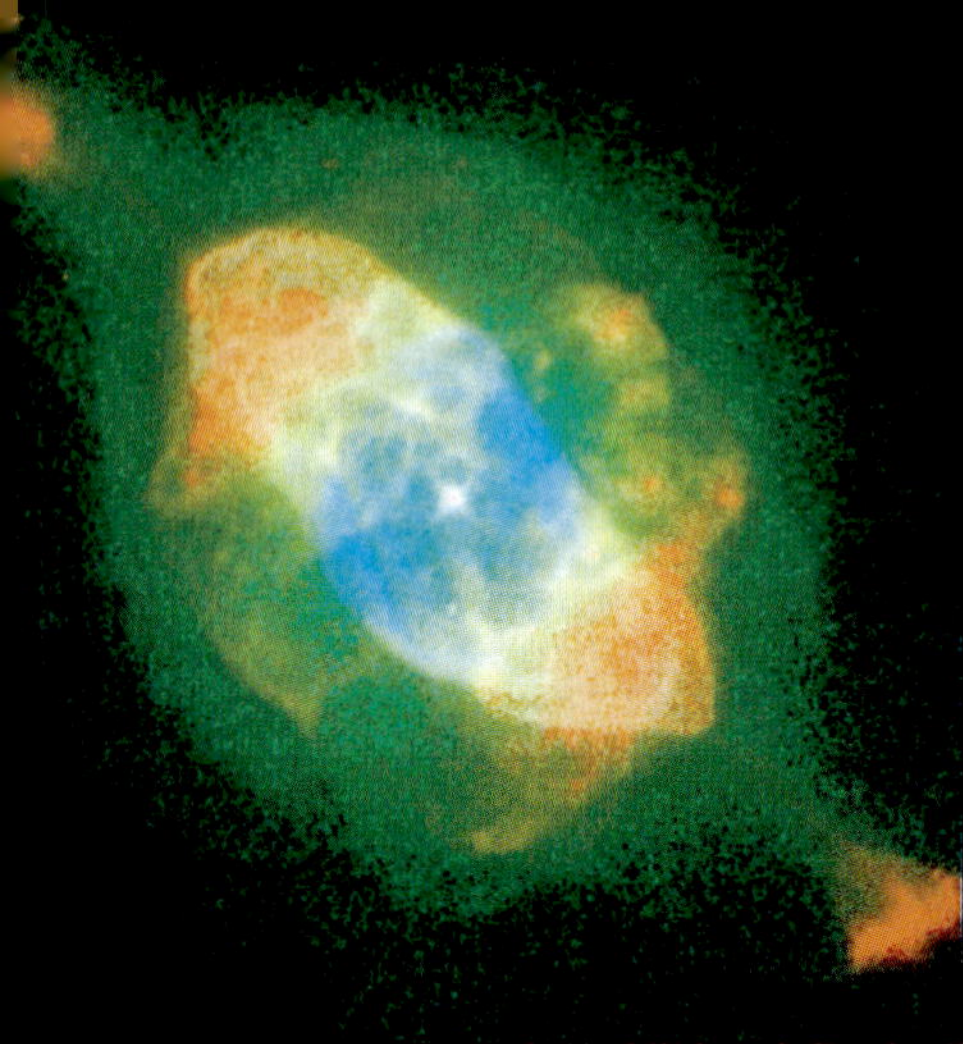

麒麟《りん》座の惑星状星雲 IC3568

地球から6200光年の距離に位置し、大きさは直径0.54光年。太陽と同程度の質量の星の最終段階で膨張を開始。表層から爆発的な超高速度で放出された大量のガスが、現在も膨張を続けている。ハッブル宇宙望遠鏡による（4点とも）。

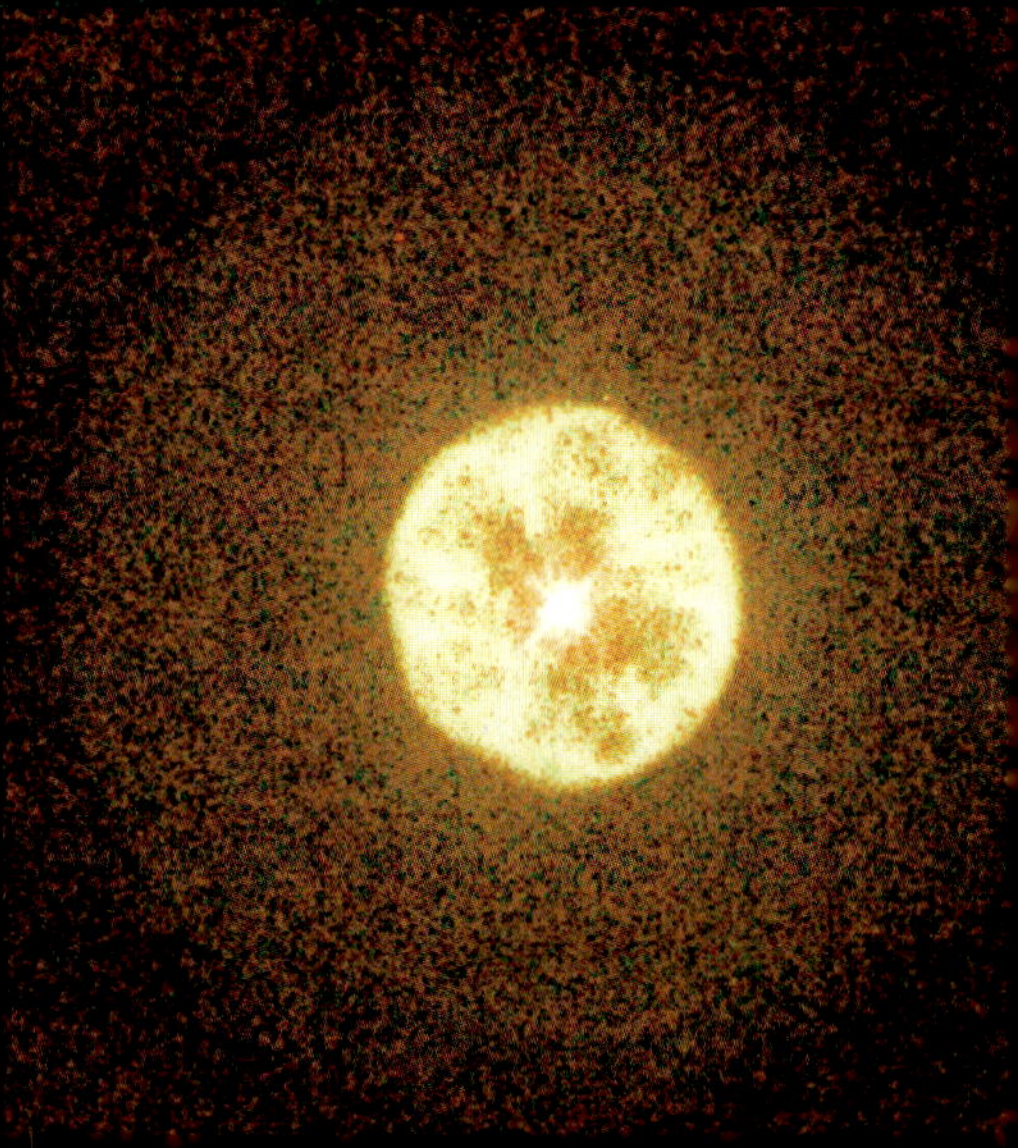

土星状星雲 NGC7009

水瓶《みずがめ》座の土星状星雲NGC7009は、地球から1430光年の距離に位置する惑星状の星雲である。ガス雲の膨張によって展開している大きさは0.31×0.18光年。土星状星雲全体の明るさは写真等級に換算すると8.4等星になる。

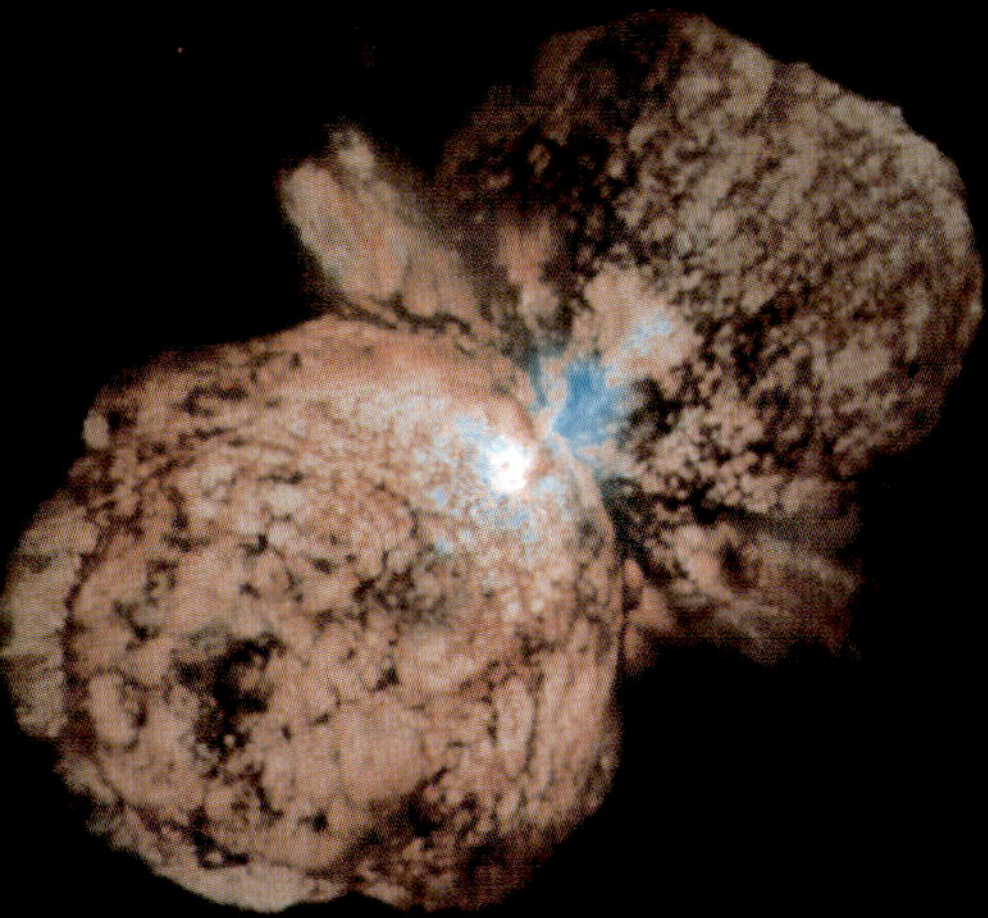

爆発する星 エータ・カリーナ星雲

南半球、竜骨座《りゅうこつざ》のエータ・カリーナ星雲は地球から8000光年。その幅は160億9000万キロメートルになる。中心のη（エータ）星の爆発を地球で1843年に観測。周囲の雲が光を反射してライトブルーに輝いている。両側にある球状雲は時速241万3500キロメートルで膨張している。

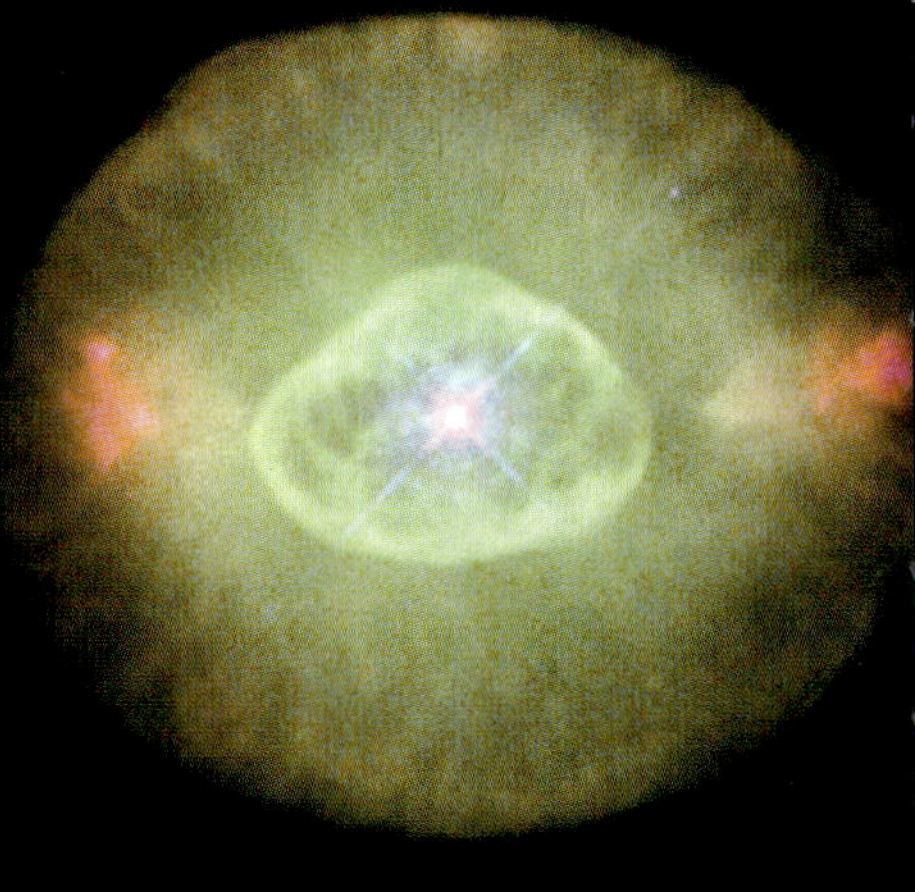

惑星状星雲 NGC6826

白色矮星《はくしょくわいせい》を、星の終末に放出されるガス雲が取り巻いている。ガス雲の両端には、星が膨張の臨界点に達したときに放出された、特に高温な赤色のガスが輝いている。

星が生まれるアンテナ銀河の中心部

アンテナ銀河は、地球から6300万光年の距離、烏座《からすざ》の中のNGC4038と4039が衝突ギリギリで擦れ違ったもの。ヘール天文台での撮影では、アンテナのように見えるだけだが（左上）、ハッブル宇宙望遠鏡で見た中心部（上）では、互いの銀河の白いガス雲が激しく衝突して圧縮され、多量の恒星が作られていた。青い大きな球体は、若い恒星からなる球状星団で、総数は1000個を越えている。

3層の環を持つ渦巻銀河
NGC7742

特徴的な3層の環を持った、渦巻銀河ＮＧＣ7742のバルジ部分にはブラックホールがあり、強烈なＸ線と紫外線を放出。ダイヤの縁飾り風の部分からは、次々と恒星が誕生している。ハッブル宇宙望遠鏡が撮影。

巨大なガス雲が衝突するM8干潟星雲

大型で代表的な散光星雲であるM8干潟星雲は射手《いて》座《ざ》のなかに位置し、地球からの距離は3900光年。中心部では、冷たいガスの雲に熱いガスの雲が激しく衝突して、太陽系の800倍という巨大な渦巻きを生み出している。ハッブル宇宙望遠鏡が撮影（左も）。

星の胞子が生まれる鷲星雲　M16

散光星雲に分類される鷲星雲M16は地球から7000光年、南半球に見える蛇座《へびざ》に位置している。その一部分、冷たい高密度のガスや塵《ちり》でできた柱状の雲の先端からは、やがて原始星となる星の胞子が誕生している。その数は70個。また、先端部分の表面が蒸発を続けているので、微発光しているように見える。

巨大ブラックホール

楕円《だえん》銀河NGC7052の中心核には太陽の3億倍の質量を持つブラックホールが潜み、中心核を囲んで直径3700光年の塵《ちり》とガスの円盤がある(→p.171)。ブラックホールは、褐色矮星、ニュートリノなどとともに将来、宇宙が膨張し続けるか収縮するかの重要なカギを握るダークマター候補になっている。

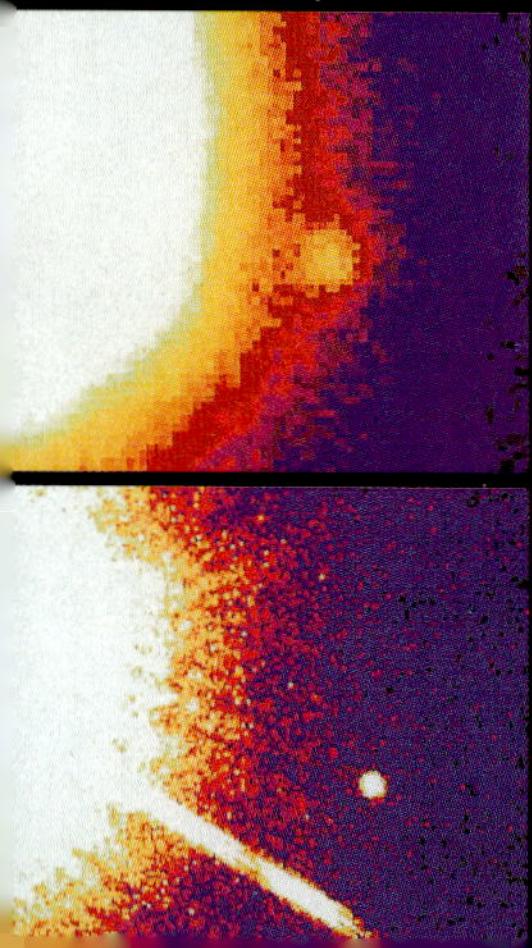

褐色矮星《かつしょくわいせい》

グリューゼ229の周りを回る褐色矮星。上はヘール天文台、下はハッブル宇宙望遠鏡による。

ダークマター

後方の銀河の輝きにより、浮かび上がっている手前の銀河の黒い点々は、通常見ることの出来ないダークマター（暗黒物質）ではないかと注目されている。この銀河は、海蛇《うみへび》座の大銀河NGC3314。地球から1億4000万光年の距離と1億7100万光年の距離にある2つの銀河。NGC（ニュー・ジェネラル・カタログ）に登録された時点では、2つの銀河とは分かっていなかった。

重力レンズ

50億光年の距離にある銀河団と、その真後ろにある90億光年の渦巻《うずまき》銀河が織り成す重力レンズ効果。背後の渦巻銀河が、手前にある銀河団の超大な重力でアーク状にゆがめられ同心円上にある複数の虚像（青白い光）に増幅されている。ハッブル宇宙望遠鏡が撮影。

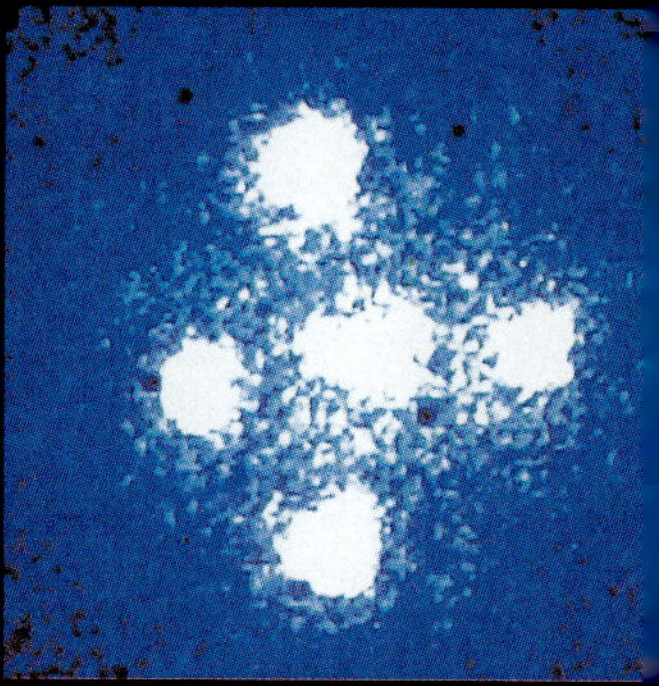

アインシュタインの十字架

ハッブル宇宙望遠鏡が観測した、アインシュタインの十字架と呼ばれる重力レンズG2237+0305。4億光年の彼方の銀河（中央）の背後に隠れた80億光年の彼方のクエーサー（擬恒星状天体）が、重力レンズ効果で四方に見える。

日本のすばる望遠鏡がとらえたヒクソン小銀河群

海蛇座の5個の銀河が近接したヒクソン銀河群HCG40。

やがて合体する銀河

大犬《おおいぬ》座の銀河NGC2207（左）と銀河IC2163（右）は約4000年前に擦れ違った。NGC2207の重力により、IC2163が、引き戻され、30億年後には、衝突合体すると推測される。ハッブル宇宙望遠鏡の撮影。

同領域をとらえた
ハッブル宇宙望遠鏡による像

ハッブル宇宙望遠鏡は地上の望遠鏡と協力して、大きな成果を上げている。

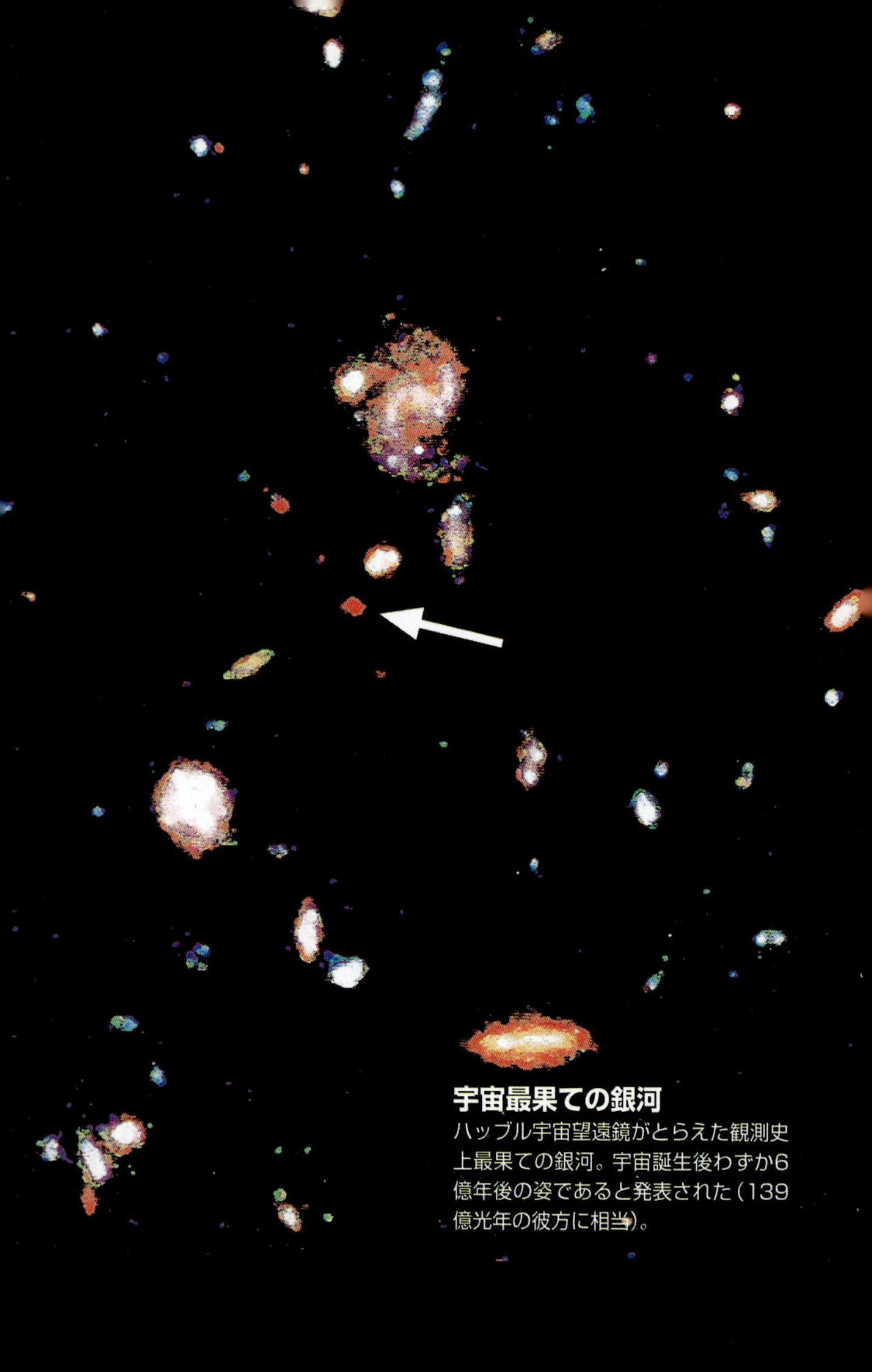

宇宙最果ての銀河

ハッブル宇宙望遠鏡がとらえた観測史上最果ての銀河。宇宙誕生後わずか6億年後の姿であると発表された（139億光年の彼方に相当）。

2

第2章

ハッブルの仲間たちも大活躍

太陽系探査機は征く

地球が属する太陽系の観測には、
スペシャリストの「仲間たち」がいる。
驚異の精密画像で見てみよう。

太陽探査

太陽・太陽圏観測衛星（SOHO《ソーホー》）は、奇妙な音波や磁力線の束などを発見した。

「太陽震」の発見

米航空宇宙局（NASA）の小型の太陽上層大気観測衛星のトレース（TRACE）は、一九九八年一〇月一〇日、太陽の表層で観測史上初の一〇〇万K（ケルビン）の太陽コロナが発生した瞬間を観測した。また二〇〇一年三月二九日、太陽の北半球に地球の表面

トレース（TRACE）。

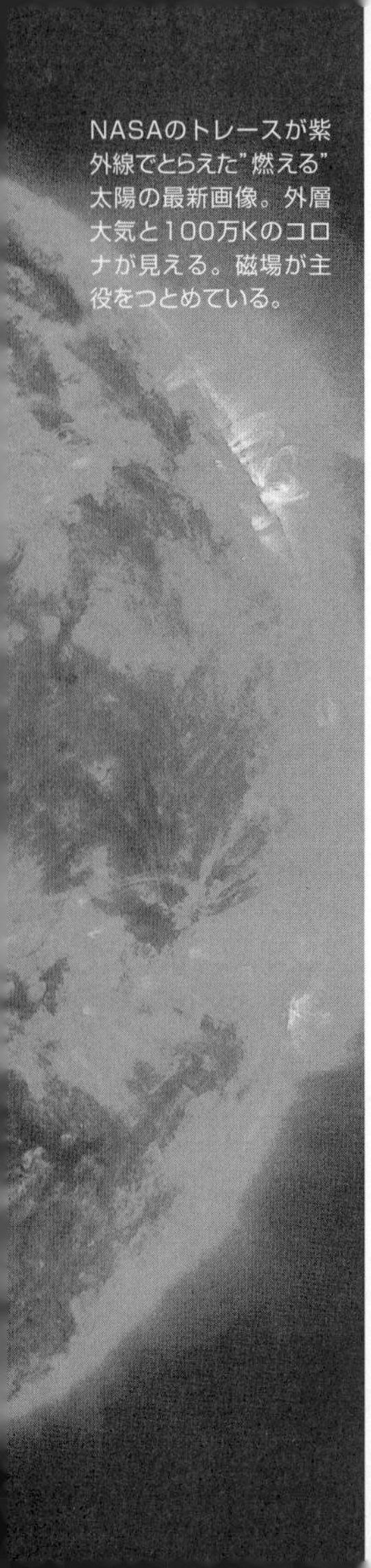

NASAのトレースが紫外線でとらえた”燃える”太陽の最新画像。外層大気と100万Kのコロナが見える。磁場が主役をつとめている。

トレースが観測した太陽表面の磁力線に支えられた全長22万キロ、温度100万Kのコロナループ。

積の一三・四倍に達する超巨大な太陽黒点の出現を観測した。

ＮＡＳＡと欧州宇宙機関（ＥＳＡ）が協力して、一九九五年一二月二日に太陽・太陽圏観測衛星ソーホー（ＳＯＨＯ）を打ち上げた。ソーホーが複雑な軌道変換を繰り返して、二月一四日に太陽―地球のラグランジュ点から太陽を公転する軌道に乗ったとき、太陽の活動は極小期に向かった時期だった。そして、地上のキットピーク国立天文台マクマス太陽望遠鏡などで観測する限り、太陽表面の活動は極大期に向かう静かな状態に見えていた。ところが、そうではなかった。

ソーホー搭載の太陽振動測定装置／マ

黒点より伸びる磁力線に絡む高温ガスのアーチ。トレースが撮影。

イケルソン・ドップラー撮像装置（SOI／MDI）は、一九九六年二月に太陽の内部を跳びはね回る音波を発見した。太陽は半径で考えて四分の一が中心核で、核融合反応を起こしている炉心に相当している。この領域の温度は一五〇〇万K、また中心核の上層から対流層の下側までが放射層である。そして温度は、表層に向かって七〇〇万Kから、四〇〇万Kまで変化している。ちなみに光球は厚さ四〇〇キロの薄いガス層で、温度は六〇〇〇Kである。音波は高温のガスがかき混ぜられている最も外側の対流層で作られ、中心部へ加速しながら伝わっていくが、屈折によって次第に進路が表面方向に変わっていく。そして太陽表面に達した音波は、再び太陽の中心部へと跳ね返される。しかし、音波は太陽の表面に達したとき、太鼓をたたくように太陽表面を連打する。このために太陽は凹凸を繰り返して、全体として地震のような振動「太陽震」を起こすことになる。

また一九九九年八月、ソーホーのＳＯＩ／ＭＤＩと高エネルギー粒子分析器（ＣＯＳＴＥＰ）により、太陽の表面下にはプラズマが激しく流れる帯のあることを発見した。熱いプラズマが太陽の各緯度に沿って流れる縞模様は、地球大気の貿易風や木星の表面の帯にも似ている。熱いプラズマ流は、太陽の赤道付近で最も速く、高緯度地

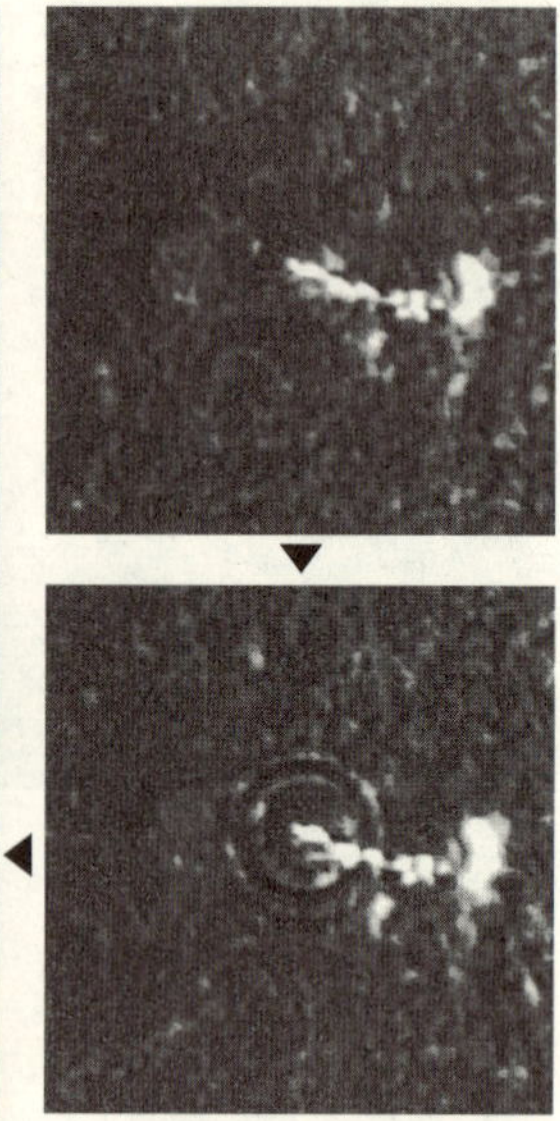

太陽・太陽圏観測衛星ソーホー（SOHO）

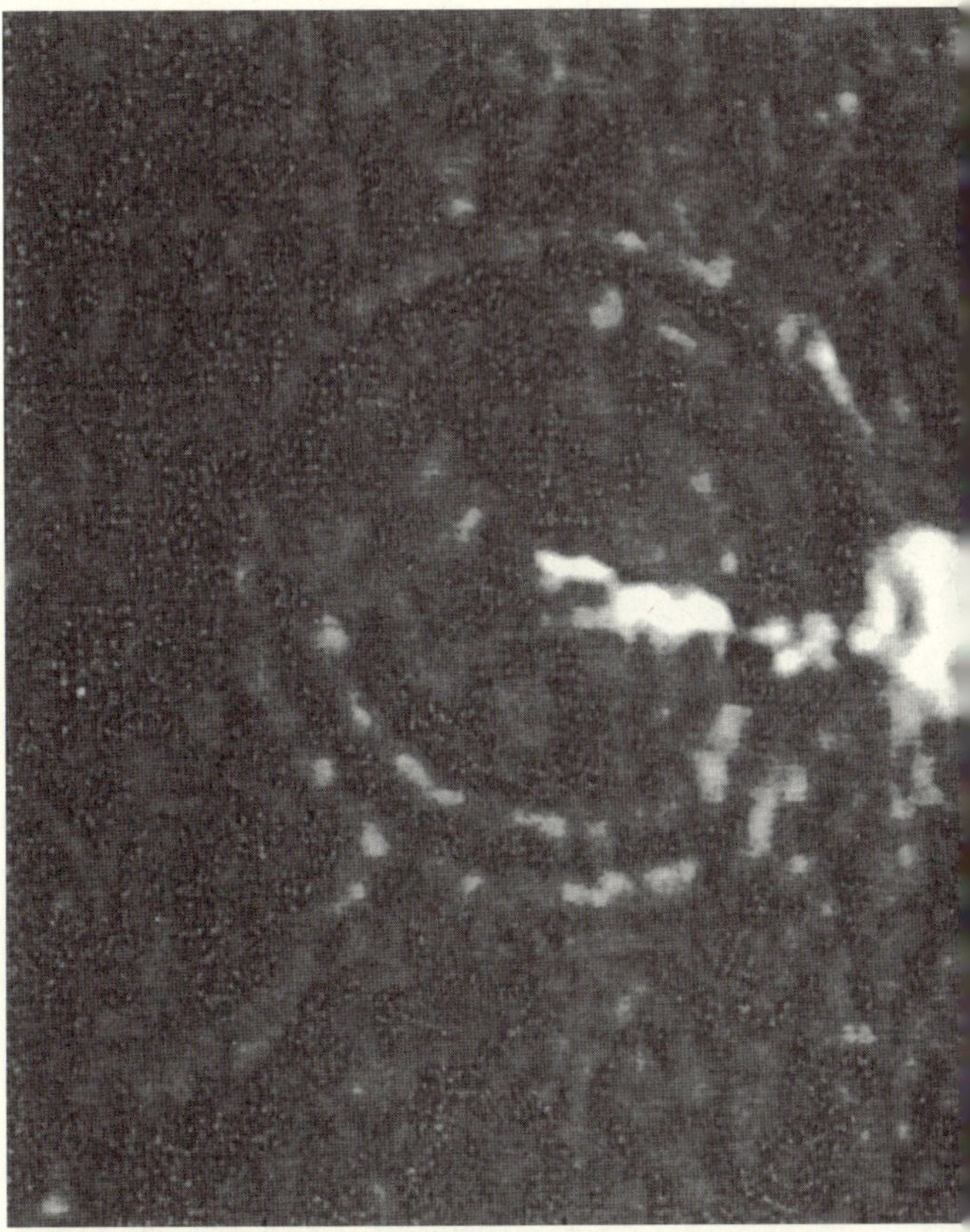

太陽面巨大地震。中規模のフレア（太陽面爆発）が発生して、マグニチュード（M）11.3もの巨大地震が発生し、同心円状の地震波が秒速52キロで広がっている。外側の輪の直径は地球の10倍（12万7000キロ）。

域で遅くなる傾向がある。

黒点はガス層で発生している。黒点と言っても四〇〇〇Kもの熱で光り輝いていて、周囲より温度が低いことから、暗く見えるにすぎない。黒点は、黒く見える暗部と放射状の筋のある半暗部から構成されている。大きさは、単独で直径が一五〇〇〜三〇〇〇キロ、黒点群では、長さが地球–月の平均距離（三八万四八〇〇キロ）に近い三〇万キロに達しているものも観測されている。黒点からは一〇〇から四〇〇〇ガウスの磁場が観測されていて、約一五日で太陽の表面を横切っている。太陽に黒点が増加すると、太陽フレア（太陽面爆発）が頻発し、これに伴って静穏型よりも活動型のプロミネンス（紅炎）が多発するようになる。

二〇〇一年三月二九日、SOHOの広視野スペクトル・コロナグラフ（LASCO）は太陽の表面に、地球の表面積の一三・四倍もの巨大な太陽黒点を観測した。出現した黒点は、太陽の北半球側にあり、米東部標準時間（EST）二九日午前五時頃（日本時間同日午後七時頃）には、黒点付近で、観測史上最大級のフレアが観測された。

光球の上には、厚さが三〇〇〇から四〇〇〇キロの太陽の大気に相当する彩層《さいそう》があり、その上に、一五〇〇万Kの超高温の大気であるコロナが広がっている。

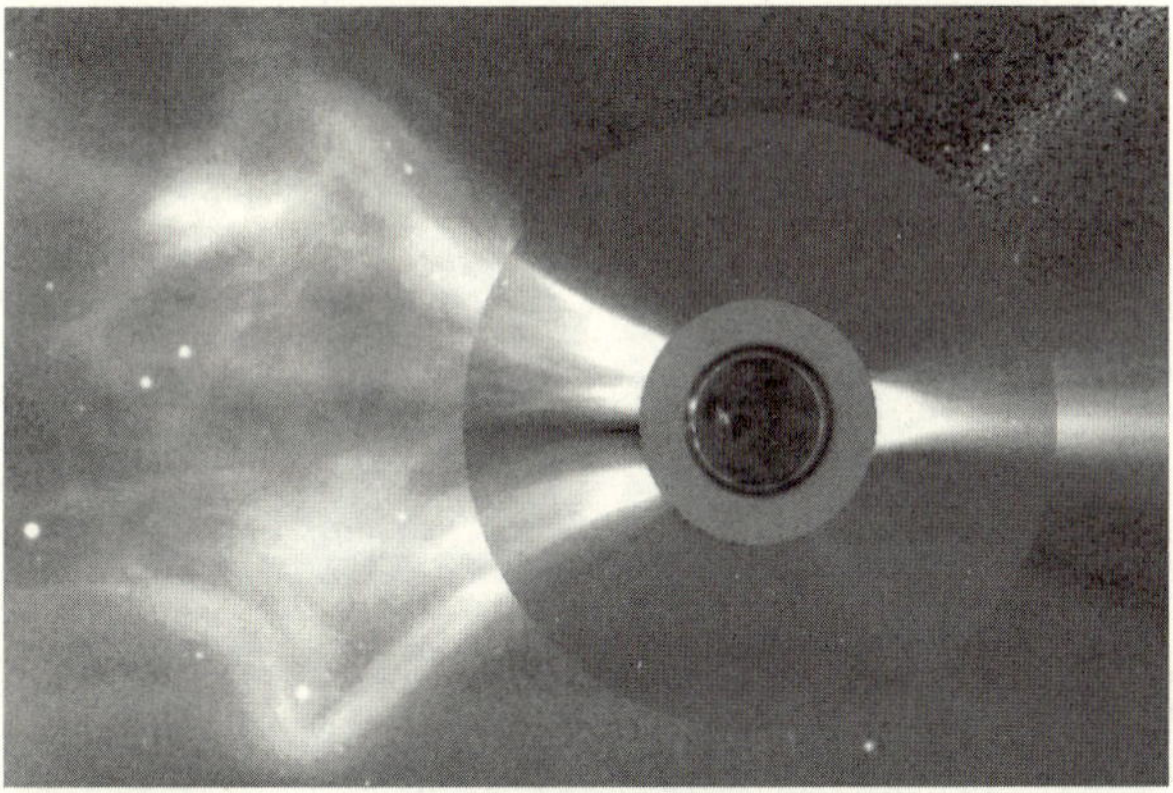

SOHOが観測した、コロナ（外層大気）の質量放出現象（左右に伸びる白い部分）。

ソーホーのEIT極紫外線撮像望遠鏡は、二〇〇〇年一〇月、太陽の表面から高度三〇〇万キロにも達する一五〇万Kの超高温の大気であるコロナ内の、何百本の高温ガスのアーチを観測した。アーチの熱は、地表から高度約一万六〇〇〇キロ以内のアーチの根元部分から供給されていることがわかった。

一九九八年五月、ソーホーのEITは、巨大なフレアの発生を観測した。この爆発エネルギーは、厚さが一万キロにもなる彩層（内層大気）を揺さぶり、兵庫県南部地震（阪神大震災）の数十万倍にも及ぶ巨大な衝撃波を発生させた。そして、最大で秒速一〇七キロで太陽表面に広が

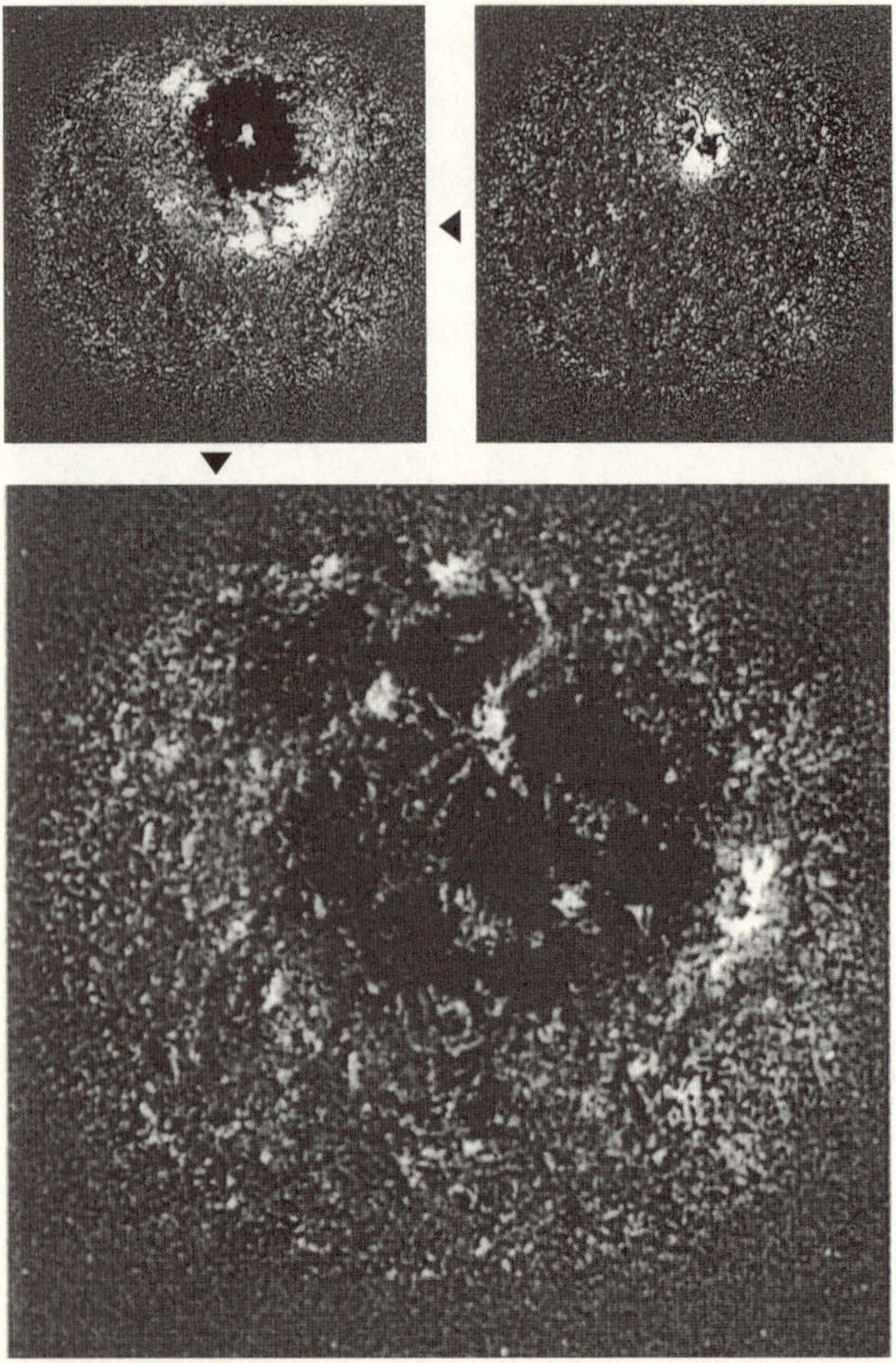

太陽コロナの中を秒速数百キロで伝わって行く衝撃波を、SOHOの極端紫外光撮像望遠鏡（EIT）でとらえた。

っていった。

また、二〇〇一年四月三日には、太陽で過去最大級のフレアが発生した。二時間から七時間にわたって、世界中で様々な電波障害が発生した。日本では、新東京国際空港（成田空港）の国際対空通信局と、洋上飛行をしている航空機との交信が、数十秒から数分にわたって途切れる電波障害が約二時間にわたって続いた。また四月一〇日にも、大型のフレアが発生した。

また高エネルギー粒子分析器（COSTEP）と広視野スペクトル・コロナグラフ（LASCO）は、太陽表面に磁石のN極とS極に相当する二つの領域を結ぶ磁力線の束が、約四万個あることを発見した。

これら磁力線の束は忙しく太陽表面を動き回り、約三九時間の周期で生成と消滅を繰り返していることが観測された。また、太陽表面の温度が六〇〇〇Kなのに比べて、コロナ（外層大気）の温度が一五〇万～二〇〇万Kと極端に高温であるのは、磁力線が交差する度にショートを起こして大量の電流が流れ、コロナを加熱するためだと推定されている。彩層とコロナが同時に熱くなりフレアが発生すると、紫外線やX線が急激に増加する。そして、地球の電離層に異常電離を起こして、電波の吸収率が大きくなるデリンジャー現象を発生させる。これにより短波通信ができなくなる。

また、九九年五月にも太陽に関する奇妙な現象が、NASAなどの研究グループによって観測された。太陽から地球には、つねに太陽風という超高速の粒子が吹きつけているが、この太陽風が三日間だけパタリとやんでしまったのだ。原因は、太陽を取り巻くコロナが爆発的に飛び出す、コロナ質量放出という現象であることがわかった（57ページの写真）。コロナ質量放出は太陽風にくらべ、地球に到達するのが極端に遅いのだが、太陽風はこのコロナ質量放出を追い越すことができないため、三日間、太陽風が届かない日が続いたのだ。しかし、なぜコロナ質量放出が起こるのかについては、まだ謎のままである。

太陽は、宇宙に普遍的に存在する平均的な大きさの恒星の一つで、スペクトル分類ではG2型の主系列星（矮星）に属している。宇宙が誕生をしてから三〇億年後に銀河系が誕生して、さらに七〇億年後に、銀河系の一角で一つの超新星爆発が起きた。そして超新星爆発による強烈な爆風は周辺の星間ガスに衝撃を及ぼして、星間ガスに密度のリップル（さざ波）ができた。やがて密度の濃いガスの領域で収縮が始まり、

史上初の太陽南北両極観測したESAのユリシーズ。

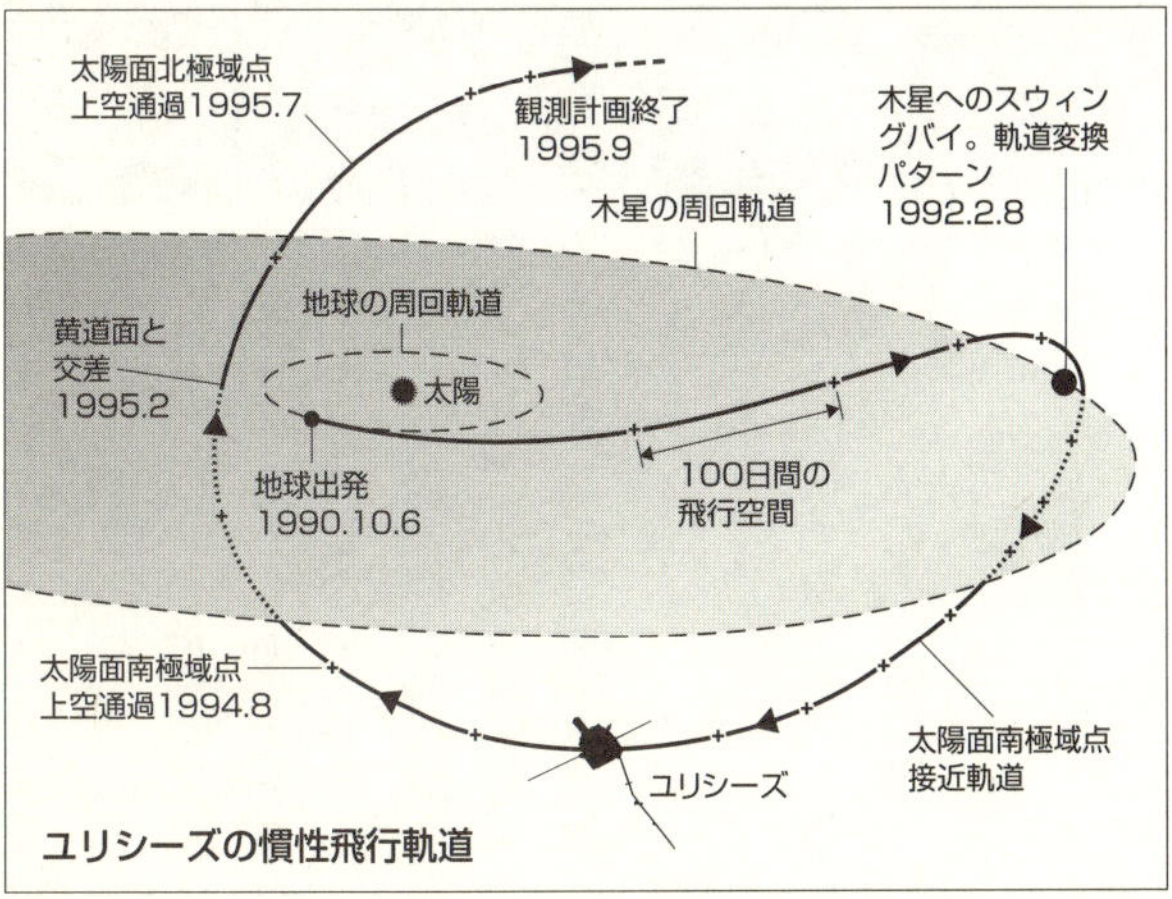

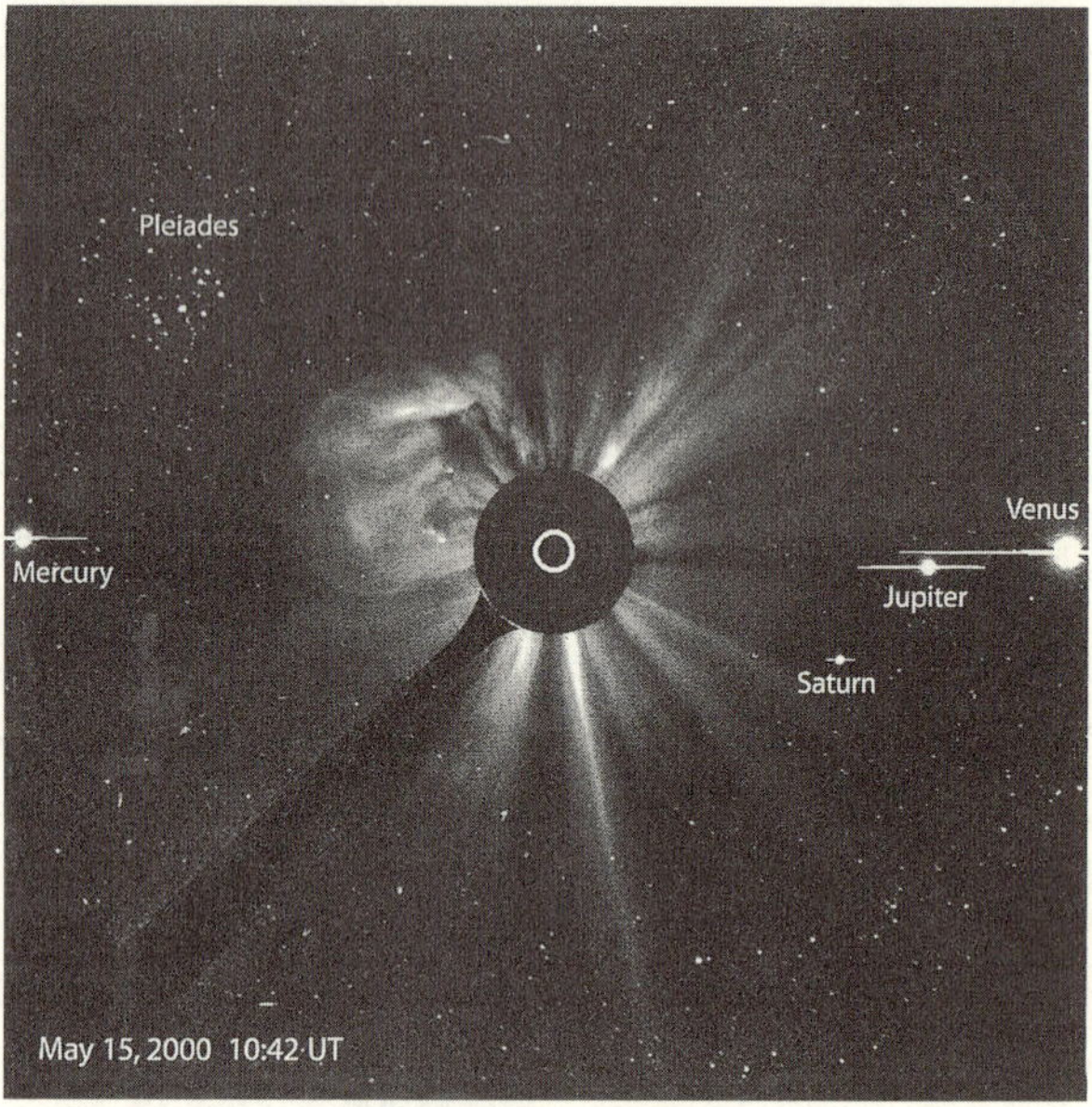

ソーホーのとらえた、太陽風、惑星、プレアデス星団。

次第に高密度で、一〇〇〇万度Kの臨界点に達して、ついには熱核融合反応が起きて我が原始太陽が誕生した。

高温で、今日の数百倍を超える明るさで輝き、超高速で自転する原始太陽は、強大な引力によって引きつけた周辺のガスに回転エネルギーを与えて、原始太陽系円盤を形成していった。

原始太陽の誕生から五〇億年後の今日、太陽は中心核の温度は一五〇〇万Kで安定し、熱核融合により燃えている。太陽はこれから五〇億年後に燃え尽きることになる。

太陽の直径は一三九万二〇〇〇キロ、体積は地球を一とした時の一三〇万四〇〇〇倍もある。質量は太陽系全体の九九・九パーセントを占めている。

太陽の中心核の密度は水の一六〇倍、圧力は二〇〇〇億気圧である。中心から七万キロ以内のところでは、主に二個の水素の原子核同士の衝突によって始まる陽子の反応が起こり、これによって四個の水素の原子核が結び付き、一個のヘリウム原子核が毎秒五〇億グラムも作られる。熱核融合反応の時に発生する膨大なエネルギーは、〇・〇一Å（オングストローム）以下の短波長の電磁波であるガンマ線となる。

ガンマ線は、周囲のガスに衝突して加熱することにり、エネルギーを失って行き、より波長の長いX線、さらに波長の長い紫外線へと変化をとげ、最後に中心から六〇万キロほどのところで光や熱に変わる。熱核融合反応で発生したガンマ線が光や熱に変わるまでには、一〇〇〇万年の歳月がかかる。人類にとっては悠久の時だが、宇宙の時間では瞬く程の短い時間である。

小惑星探査

ついに人類は、小惑星に探査機を着陸させた。小さいといえども、重力を持つ〝惑星〟だ。

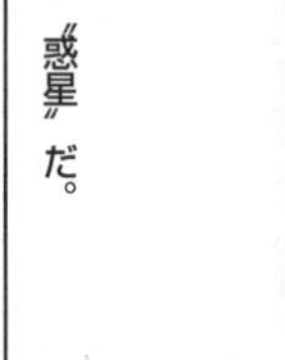

史上初、ニア、小惑星に軟着陸

二〇〇一年二月一二日米航空宇宙局（ＮＡＳＡ）の近地球小惑星ランデブー探査機ニア（ＮＥＡＲ）は、人類史上、初めて、小惑星に軟着陸を試み、成功した。着陸した小惑星は、長径三三キロ、短径一五キロ、東京二十三区よりひと回り大きいほどの小さな小惑星４３３番エロス（左の写真）であった。

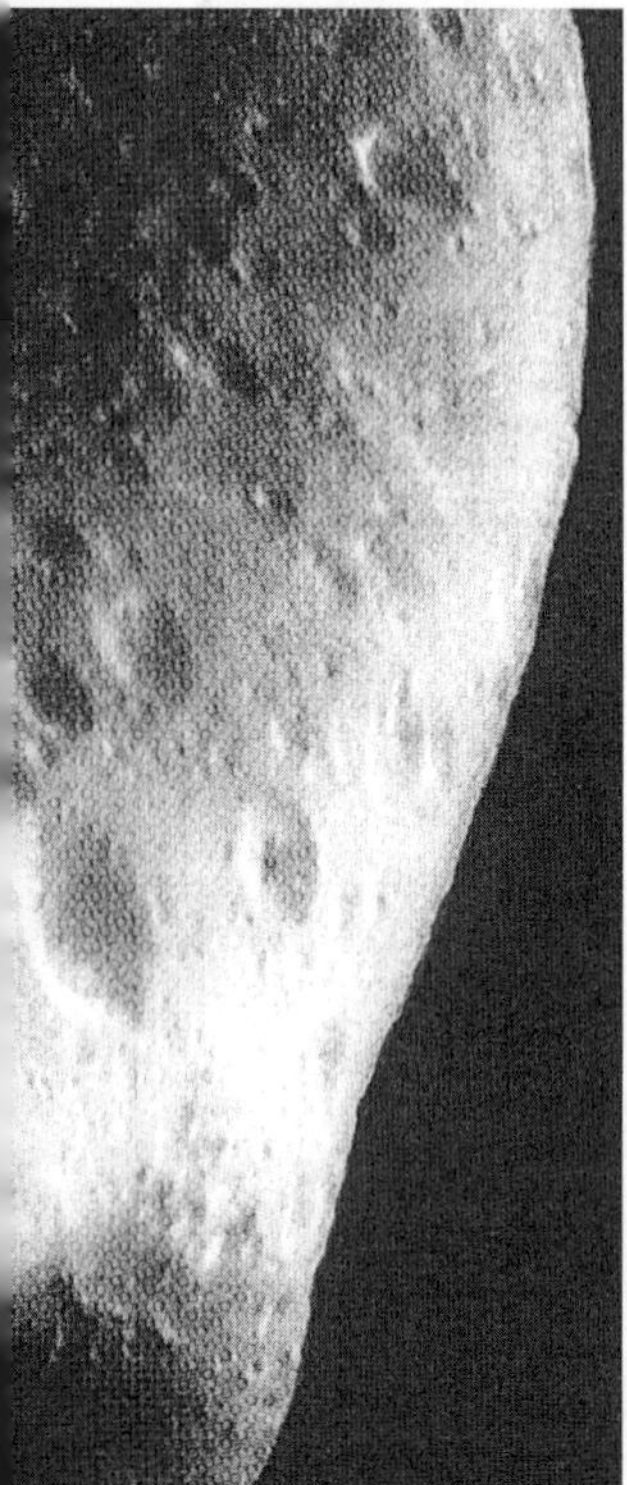

エロスに着陸したNEAR。

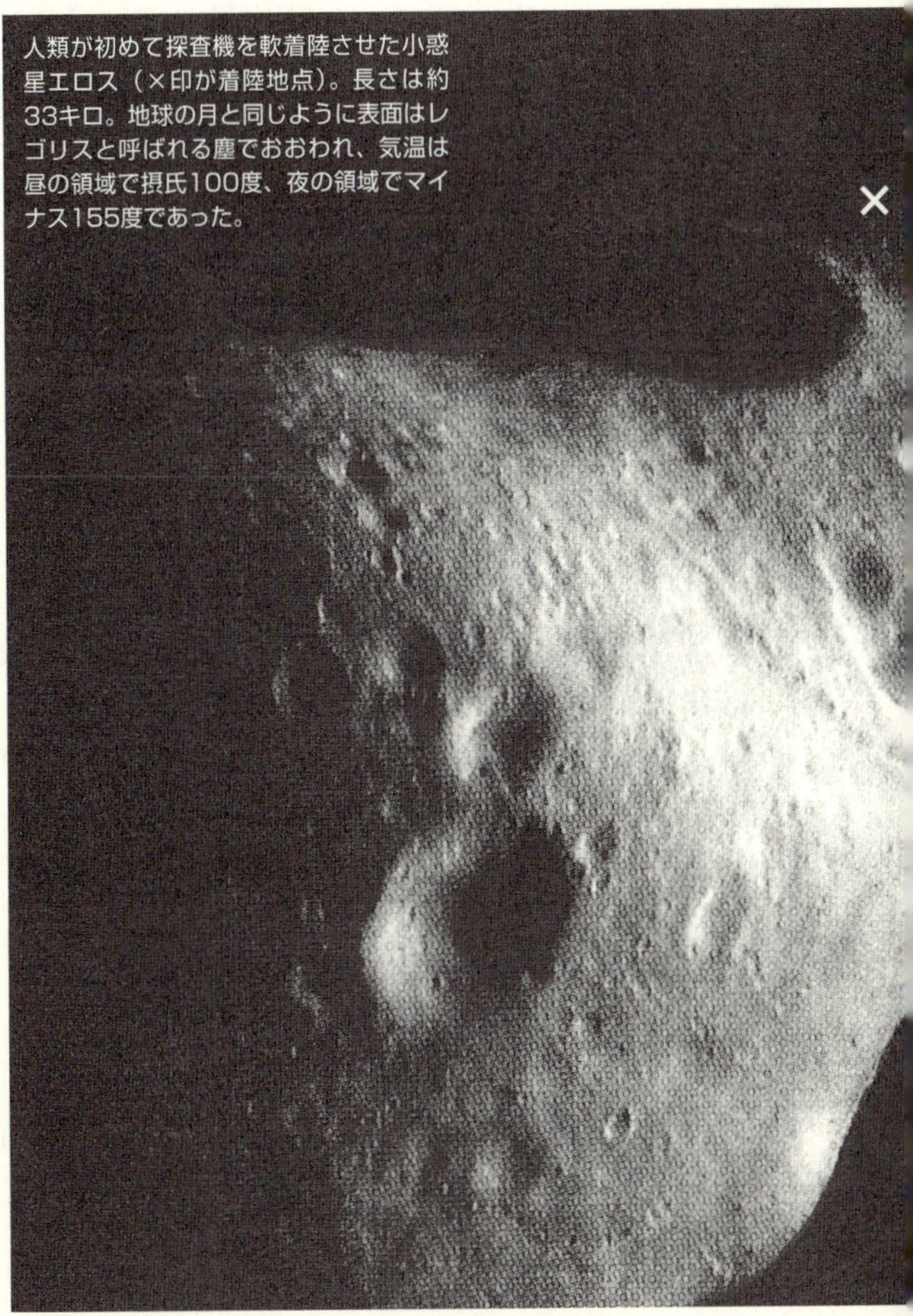

人類が初めて探査機を軟着陸させた小惑星エロス（×印が着陸地点）。長さは約33キロ。地球の月と同じように表面はレゴリスと呼ばれる塵でおおわれ、気温は昼の領域で摂氏100度、夜の領域でマイナス155度であった。

NASAのダニエル・ゴールディン長官が就任とともに掲げたNASAの宇宙開発方針、「より速く、より良く、より安く」に基づいた「ディスカバリー計画」の一陣としてニアは、一九九六年二月一七日に打ち上げられた。そして、一九九七年六月二七日、小惑星番号253番のマチルド（71ページ上の写真）へ、一一九二キロまで接近し、写真、紫外線観測をした。マチルドは、一八八五年一一月一二日に、オーストリアの天文学者のヨハン・バリサによって発見されたもので、ニアの観測から大きさは、長さ五七キロ、幅五三キロ、高さ五〇キロであることがわかった。これは、小惑星番号951番のガスプラの約四倍、小惑星番号243番のイーダの約二倍の大きさである（73ページ参照）。

ニアは、一九九八年一月二三日、地球でスウィング・バイ（方向変換と加速）をして、主目的の小惑星433番のエロスと会合をする軌道に乗り慣性飛行を続けた。そして、二〇〇〇年二月一四日、エロスを周回する軌道に乗った。一年間にわたって、エロスを写真と紫外線の波長で観測して、一六万一〇三〇枚の写真を撮った。二〇〇〇年一二月末には、ニアの姿勢制御燃料が残り少なくなってきたことから、最後の燃料を使ってエロスへの軟着陸を試みたのであった。地球からの距離は三億一五〇〇万

ニアが2000年2月12日、1800キロの距離から5時間30分の間に撮った小惑星エロスの自転。5時間17分の周期で1自転している。

キロ、太陽―地球間距離の約二倍のところで小惑星エロスへ時速七・九キロの速度で軟着陸した。こうして、ニアは、小惑星への軟着陸に成功した、史上初の探査機となった。

ガリレオ探査機の発見

小惑星に接近した探査機は、ニアが最初ではなかった。NASAのガリレオ木星探査機は、それより以前一九九一年一〇月二九日、ＩＡＵ（国際天文学連合）の小惑星認定登録番号９５１のガスプラへ、一五九七キロまで史上初の接近をした。このときの、ガスプラ（左ページ上の写真）と地球の距離は、三億六一〇〇万キロであった。

ガスプラの写真観測は最接近の三四分前、一万六〇九三キロの距離から始められた。高感度アンテナが、半開きの状態で使用不能となっていたため、低感度アンテナを使い二〇時間かけて七枚の画像の試験受信をした。

ＪＰＬでは、このハンディキャップ克服のためにガリレオからの新たな送信システムのコンピュータ・ソフトを開発して七時間掛けてガリレオに送信した。同時に地球の追跡管制局の受信アンテナの感度を向上させ、受信した画像データの精度を向上させるための補正ソフトを開発した。残りの画像は、一九九二年一二月八日に、ガリレオが、第二回の地球スウィング・バイのため、地球へ再接近してきたとき二二日間をかけて、受信をした。

さらに、ガリレオ木星探査機は、一九九三年八月二八日、小惑星イーダ（左ページ下の写真）へ二三九六キロまで接近し、観測した。このとき、イーダの中心から一〇〇キロの所にあって、約二五時間で周りを回る長径一・五キロの衛星ダクティルを発

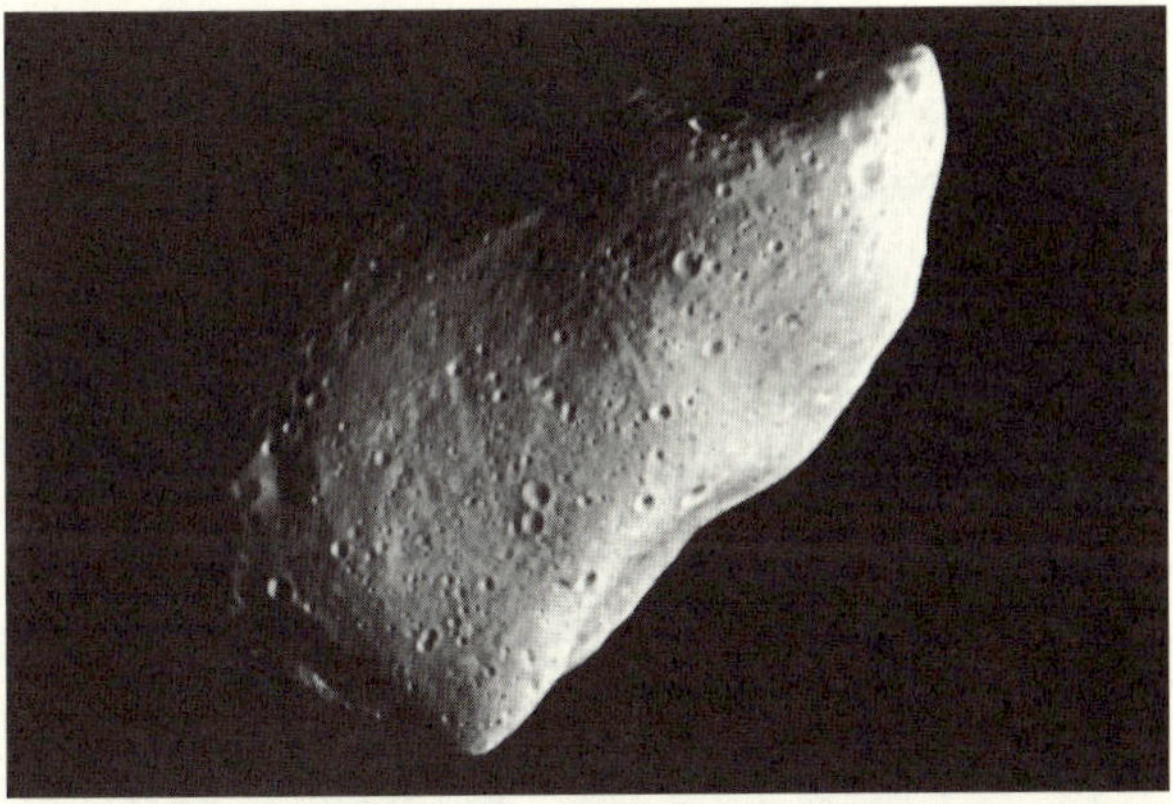

ガリレオが撮影した小惑星951番の小惑星ガスプラ。大きさは18×11×10キロメートル。

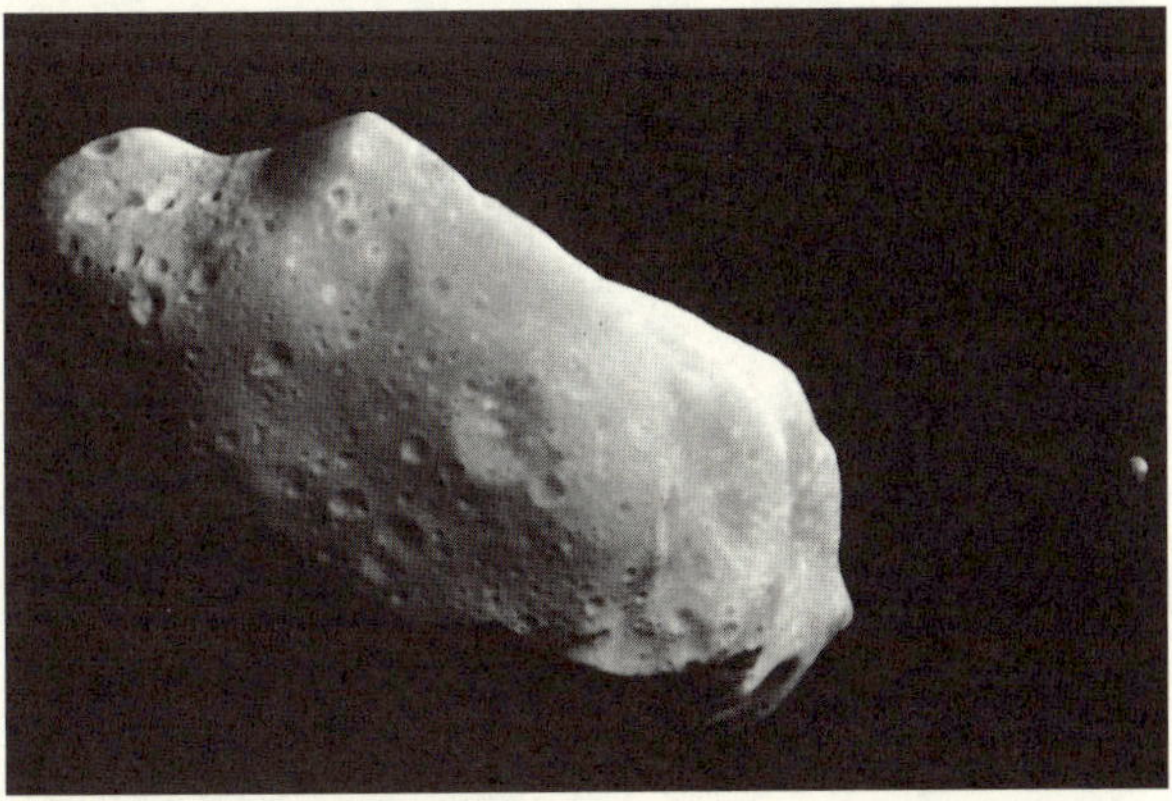

ガリレオが撮影した小惑星243番のイーダ。長径1.5キロの衛星ダクティル（右端）も発見されている。

見した。

小惑星は、せいぜい長径数十〜数百キロの小さな天体だが、その引力により、りっぱに衛星を引きつけているものが見つかっている。第2小惑星パラスと、第12小惑星ビクトリアは、小さな衛星を従えている。ここで、小惑星が物体を引きつける引力は、どの程度かを考えてみよう。

たとえば、ニアの慣性飛行速度の係数と極微小な軌道の乱れから、小惑星エロスの質量は六・六九兆トンと算出された。エロス表面の重力加速度は〇・〇〇〇六七g《ジー》で、体重が九〇キロの宇宙飛行士がエロスの表面に立つとわずか六〇グラムになる。その宇宙飛行士が小石を拾って時速三六キロ以上で投げると、エロスの重力を振り切って宇宙空間を慣性飛行して行くことになる。

特異小惑星4番のベスタ（左ページ下の写真）が一九九七年五月二〇日、地球から一億六〇一一万キロまで接近したとき、ハッブル宇宙望遠鏡で、表面の観測がされた。この結果、ベスタの長径五三〇キロに匹敵する規模のクレーターが発見された。クレーターは他の小惑星か、小惑星のかけらなどが衝突して形成されたと推定されている。

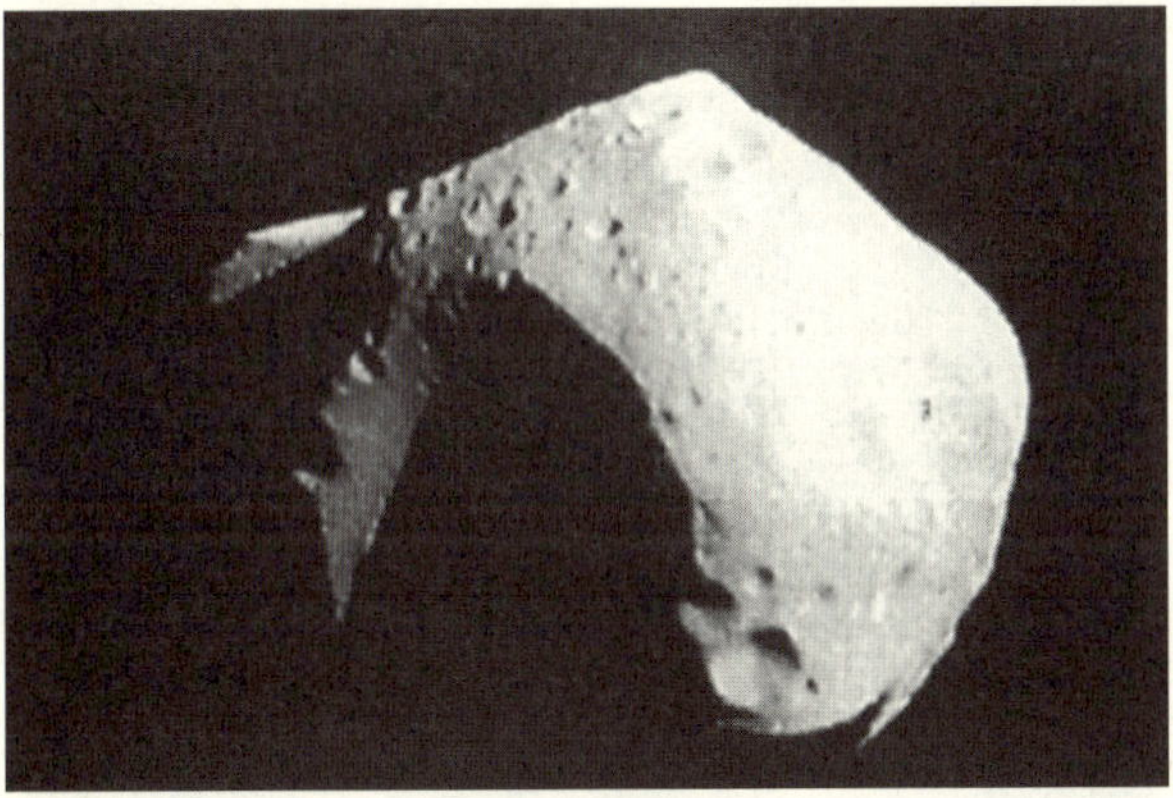

小惑星253番マチルド。ニアの観測から長径が52キロとわかった。また表面に発見されたクレーターの最大のものは直径19キロである。

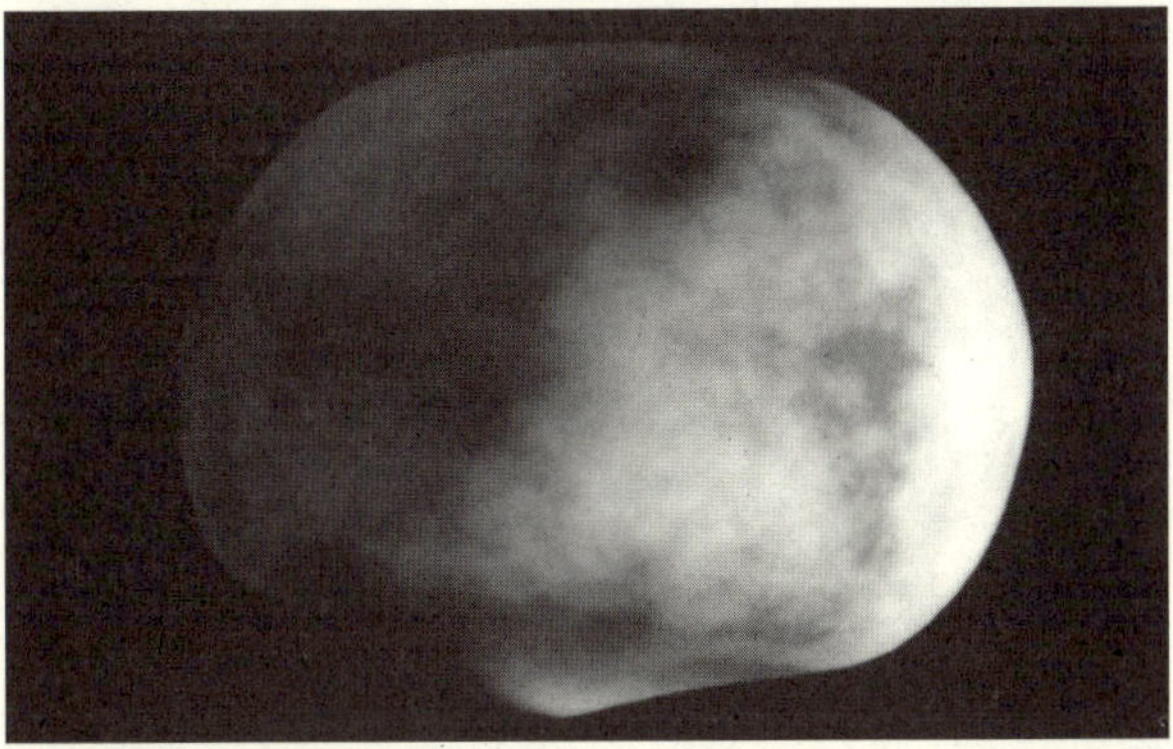

ハッブル宇宙望遠鏡が撮影した小惑星4番ベスタ。南極地域（上）で発見された凹地は直径が460キロメートル、深さが13キロメートルもあり、ベスタの直径580キロメートルと比べて非常に巨大である。

地球に衝突する小惑星

今日までに、一万八〇〇〇星の小惑星が発見されている。直径が一キロ級のものまで含めると、総数は一〇〇万星にもなると推定されている。このうち、正式な登録番号が付けられて軌道が確定している小惑星は、二〇〇〇年六月末までに一万五六六八星となっている。ＩＡＵの小惑星調査グループは、地球に衝突や落下する恐れのある小惑星の数や軌道を調査研究している。ハーバード大学のブライアン・マースデン博士は、「一九九四年のＩＡＵの総会までに、注視する必要のある小惑星のリストを作成して報告する作業が進められている」と語っている。

一九九四年一二月九日、直径一一メートルの小惑星１９９４ＸＭ１が、地球の脇をすり抜けるように通過した。最接近時の距離は一〇万五〇〇〇キロで、これは地球の静止衛星の軌道高度の約三倍であり、地球と月の平均距離のわずか三分の一だった。

一九九六年三月、地球接近小天体（ＮＥＯ）を観測する国際機関のスペースガード財団がイタリアで設立され、同年一〇月には、日本スペースガード協会が発足した。

一九九八年三月一一日、ＩＡＵは、「直径一・六キロの小惑星１９９７ＸＦ11が、三〇年後の二〇二八年一〇月二六日に、地球に衝突する可能性がある」と発表した。

左より、マチルド、ガスプラ、イーダとその衛星ダクティル（右下）の大きさ比較。

時速二万キロで衝突し、広島型原爆約二〇〇万個分もの爆発が起こると騒がれた。しかしNASA・JPLのNEOチームが再計算をして、翌日にはNASAは1997XF11の地球衝突を否定した。地球へ約四万六〇〇〇キロを最接近点として接近をし、通過をすると算出されている。

日本の探査計画

日本でも、小惑星のサンプルをミューゼスC探査機で捕獲して地球へ持ち帰る計画がある。宇宙科学研究所（ISAS）が、二〇〇二年一二月にM—V《ミュー5》型ロケットで打ち上げる計画だ。

火星探査

NASAの火星探査機マーズ・パスファインダーの着陸成功の裏には、ハッブル宇宙望遠鏡の活躍があった。

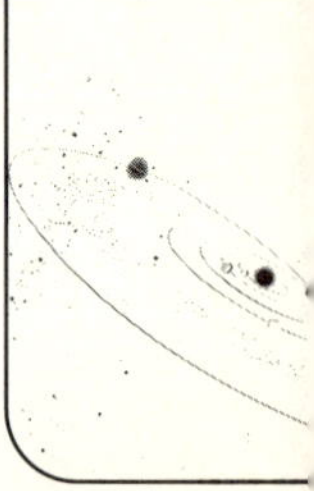

マリナー4号、初の近接撮影

火星は、太陽からの平均距離二億二七九〇万キロ、地球の外側を公転する太陽系の第四惑星である。地球のすぐ外側を公転していることから、最大でも四八パーセントしか欠けて見えない。そのために、木星や金星に比べて観測がしやすい惑星である。自転周期は、地球の一日にほぼ等しい二四時間三七分、直径は地球の約二分の一の六七九四キロ、質量は地球を一としたとき、〇・一〇七である。地球の衛星の月と比べると、大きさで二倍、質量で約九倍になる。

一九六五年七月一四日、NASAの火星探査機マリナー4号は、人類史上初めて地表面から高度九六〇〇キロメートルを最接近点として通過しながら、二一枚の写真を撮影した。写真には長い間論争の的だった人工の運河は見られず、月の表面に似た多数のクレーターが写し出されていた。

一九七一年一一月一三日、史上初の火星周回探査機となったNASAのマリナー9

ハッブル宇宙望遠鏡により、火星の90度の自転が観測された。左上画像の中央が、マーズ・パスファインダーの着陸したクリセ地域のアレス谷。右上画像の左端に巨大火山のオリンポス山と、左下方に向けてタルシス3山、さらに右へマリネリス渓谷が見える。左下画像には、シドニア地域の地溝の多い火山性イリジウム（極楽）平原とオリンポス火山が見えている。右下画像には、三角形の暗い模様に見える大シルチス地域がある。

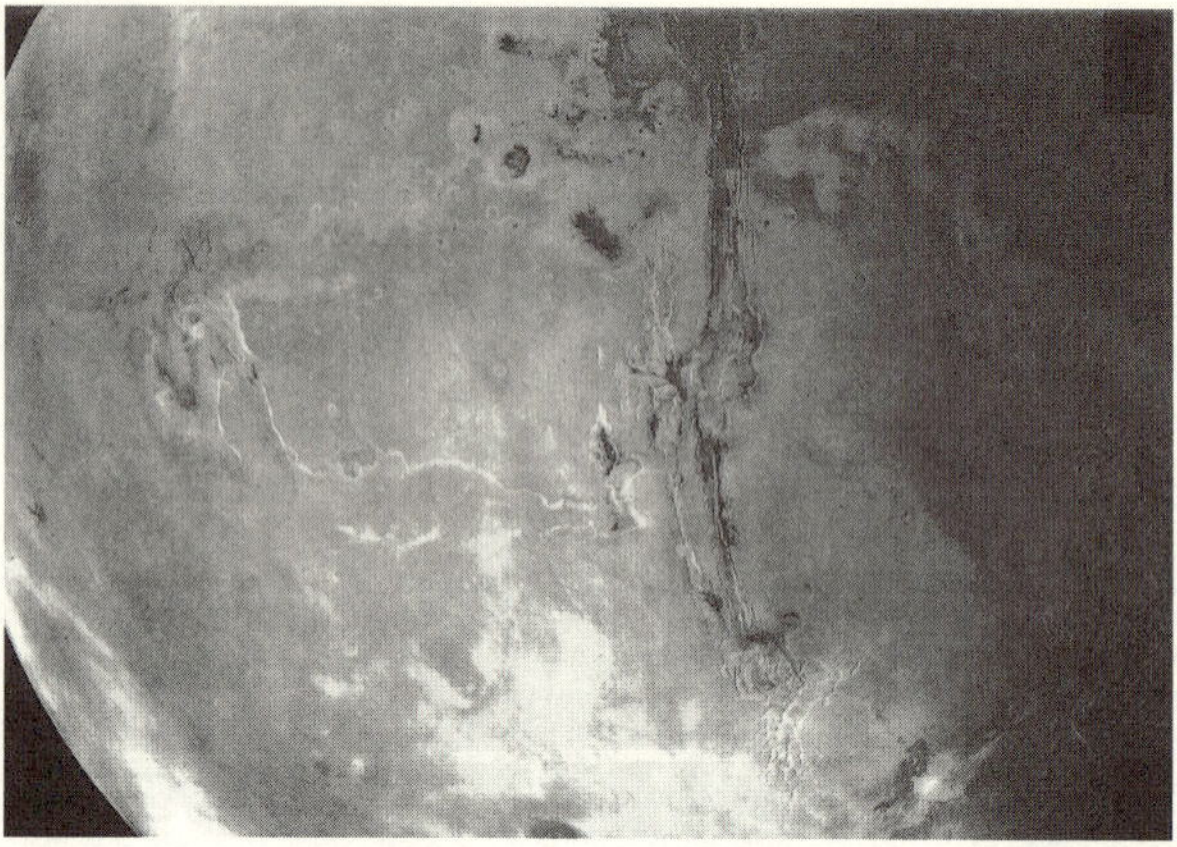
マリナー9号が発見したマリネリス渓谷（上下に走っている）。

号は、マリネリス渓谷を発見した。マリネリス渓谷は全長五五〇〇キロ、全幅一〇〇〜一八〇キロ、平均深度八キロで、米アリゾナ州のグランド・キャニオンの一三・五倍もの大きさがあった。

一九七六年七月二〇日と九月三日には、NASAの火星軟着陸探査機のバイキング1号と2号が、それぞれクリセ地域とユートピア地域への軟着陸に成功した。三種類の方法で生物探査をしたが、生物の痕跡は遂に発見できなかった。

探査車ソジャーナ、大洪水跡を発見

バイキング探査機1号と2号から一一年後の一九九七年七月四日、マーズ・パ

ソジャーナはマーズ・パスファインダーのタラップを降り、突起のある6つの車輪で土を掘り起こして地質探査をしながら正面の岩ヨギ（ヨガの行者）に向かった。

スファインダーがクリセ地域アレス谷の河口付近に難着陸をした。TVカメラによる撮像観測と大気観測、小型走行探査車ソジャーナに装備したアルファ・プロトン分光器で探査を行い、同地域に四〇億年程前に、地中海規模の量の大洪水が起きていたことがわかった。

NASAの火星探査機マーズ・パスファインダーの着陸調査地点の候補地作成プログラム作りで

マーズ・グローバル・サーベイヤーは、極円軌道を高度444キロメートルから周回して、分解能4メートルのＴＶカメラで探査をした。（→p.284）

は、ＮＡＳＡのハッブル宇宙望遠鏡が、火星の観測を一五ヵ月にわたって行い、貢献した。

米ブラウン大学チームは、ＮＡＳＡの火星極円軌道周回探査機のマーズ・グローバル・サーベイヤー（ＭＧＳ）の高精度観測で得られた精査写真と紫外線観測データと、レーダー精査データを解析した結果、「火星の表面の約三分の一を占める北半球の低地に、かつて広大な海があった」と発表した。さらに「火星の北半球には、南球と異なって低地が広がり、過去に海岸線であったと見られる地形が多く見つかっている。またレーザーによる火星表面の凸凹精密探査から、「①海

マリネリス渓谷の一部であるカンドルー・カズマの西域で発見された層状の水による堆積地形。一方、アリゾナ大学チームは、二酸化炭素の液体による浸食説を発表している。

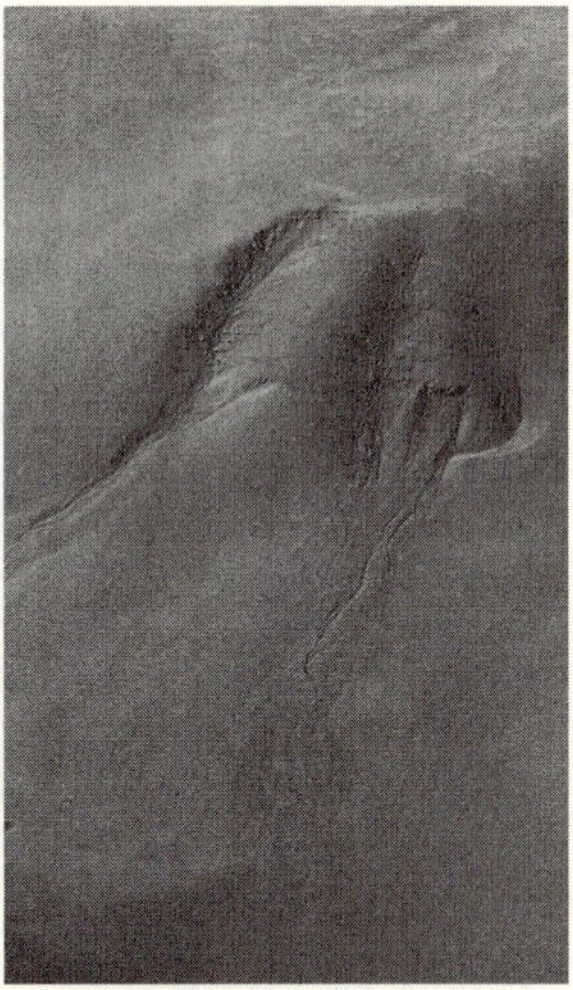

火星の南半球の高緯度地域で観測された、最近の水の流れた跡。大きく崩れた上部の下に溝（地溝）が続き、その下に堆積層がある。

岸線と見られる高度より低い場所（領域）では、非常に滑らかなことが確かめられた。②堆積物が長い時間をかけて積もったと推定される個所が随所にある」とした。

ＮＡＳＡ／ブラウン大学のマーズ・グローバル・サーベイヤー科学チームは、二〇〇〇年一二月一七日、同年六月一〇日までの観測データを解析した結果、クリセ地域、ノアチス・テラ、西

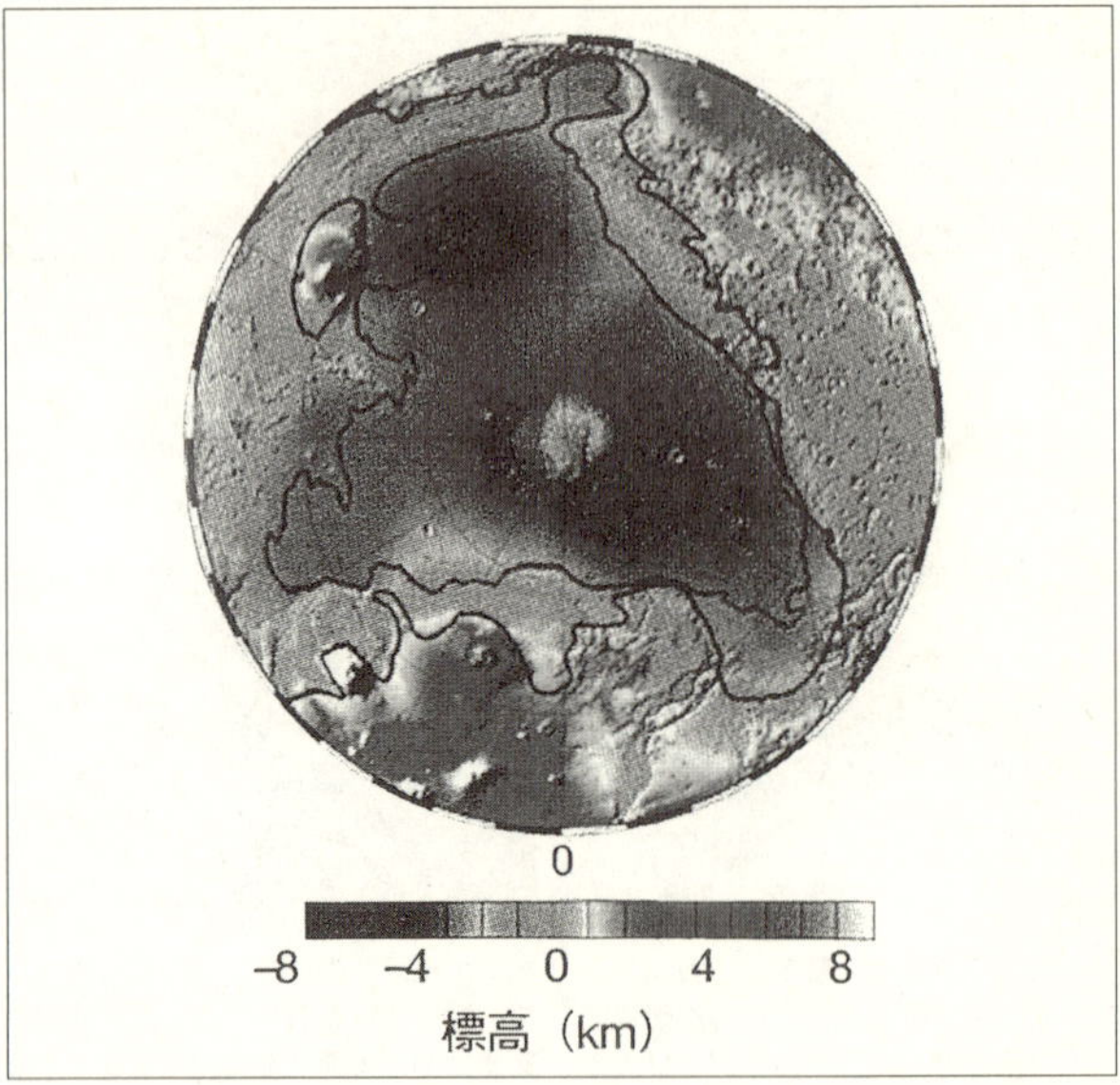

火星の表面の約30パーセントを占める北半球の低地にかつて広大な海があったと推定される地域（黒線の囲み）がMGSの観測から発見された。

アラビア・テラ等、火星の二〇〇地域で、水の存在を示唆する堆積地形が数多く見つかったと公表した。

火星から来た生物

一九九〇年、NASAジョンソン宇宙センター（JSC）の火星起源隕《いん》石《せき》研究チームは、「火星起源隕石ALH84001」の中に、火星に生物が存在した新証拠を発見した」と、発表した。隕

火星のクリセ地域からアシダリア地域にかけて、マーズ・グローバル・サーベイヤーはヘタマイトと呼ばれる含水鉱物を多量に発見。また、この地域のアレス谷には、かつて大洪水があったと推定される痕跡が発見されている（破線内）。

石の内部に発見した磁鉄鉱の結晶で、地球の有機物質による汚染は受けておらず、「結晶構造や組成の詳細な研究の結果、地球の走磁性細菌が作る結晶とほとんど同一とわかった」としている。ＡＬＨ８４００１からは、すでに一九九六年に多環式芳香族炭化水素（ＰＡＨ）と呼ばれる有機物が見つかっており、生命活動の結果である可能性が指摘されていた。

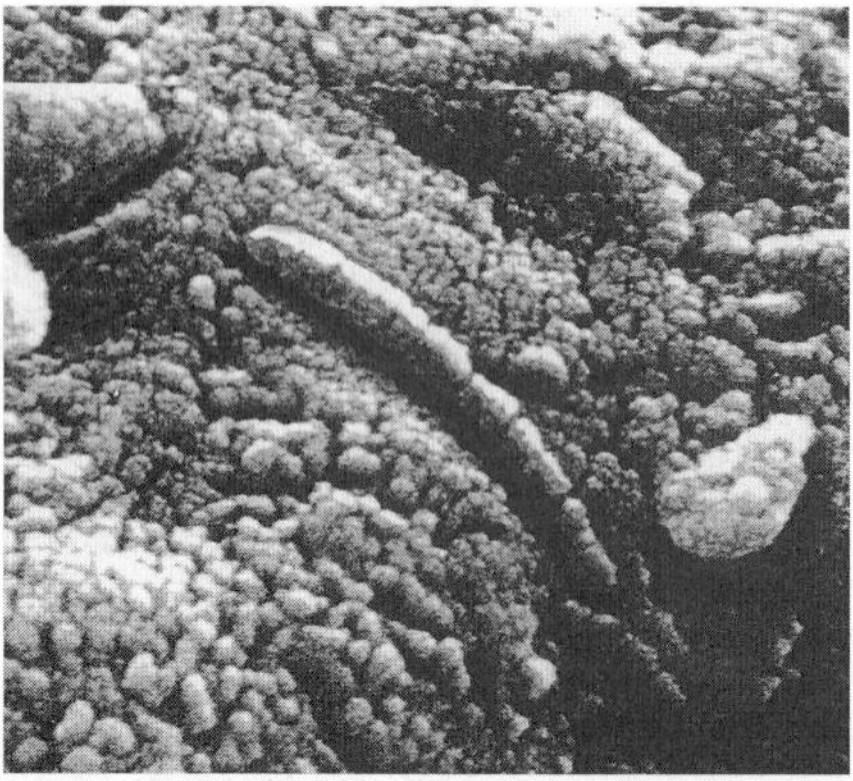

火星起源隕石のALH84001の中に発見された中央のイモムシのような形状が、地球の走磁性細菌が作り出す磁鉄鉱と同一であることがわかった。

火星起源隕石のALH84001は、1万3000年前に、地球へ飛行して南極に落下した。ALH84001は、雪氷の移動とともに動いて、南極のヴィクトリア雪原のアラン・ヒルズ山麓で地表面に出ているところをロベルタ・スコアー博士により発見された。

今後の予定

ＮＡＳＡのマーズ・グローバル・サーベイヤーは、極軌道を周回して、一九九九年三月一九日から本格的観測を開始して、二〇〇一年一月一〇日までに、五万八九七〇枚の地形画像を撮影、大気組成の観測も行った。公式の観測計画は完了したが、今後も、火星の地形内部の探査や、大気組成の観測が続けられる。また、２００１マーズ・オデッセイが二〇〇一年一〇月二四日に火星周回軌道到達を目指して飛行中。二〇〇三年五月二二日には、火星の地表面を走行探査するマーズ・ローバー１号と２号の打ち上げが予定されている。

続いて二〇〇五年八月には、二〇センチの分解能を誇る火星極軌道周回探査機のマーズ・リコネッサンス（Mars Reconnaissance）を打ち上げる。さらに二〇〇七年一〇月には、火星の地表面を長期間にわたって長距離走行して探査をする大型探査車が打ち上げられる。そして二〇一四年と二〇一六年には、ＮＡＳＡとＥＳＡの共同による、火星の資料を持ち帰るマーズ・サンプル・リターン探査機が打ち上げられる。

木星探査

木星軌道を周回しているガリレオ木星周回探査機と、ハッブル宇宙望遠鏡との観測によって、木星のオーロラや衛星の探査が進んでいる。

ハッブル宇宙望遠鏡により、木星の北極と南極で輝くオーロラが観測された。木星のオーロラは、イオの火山活動によって放出された粒子がもとになっていると推定されている。

ガリレオ探査機観測中

木星探査には、米航空宇宙局（NASA）のガリレオ木星周回探査機が、大活躍をしている。

ガリレオ木星周回探査機は、一九九五年一二月七日に、木星とガリレオの四大衛星イオ、エウロパ、ガニメデ、カリストを周回して観測する初期の超楕円軌道に乗った。

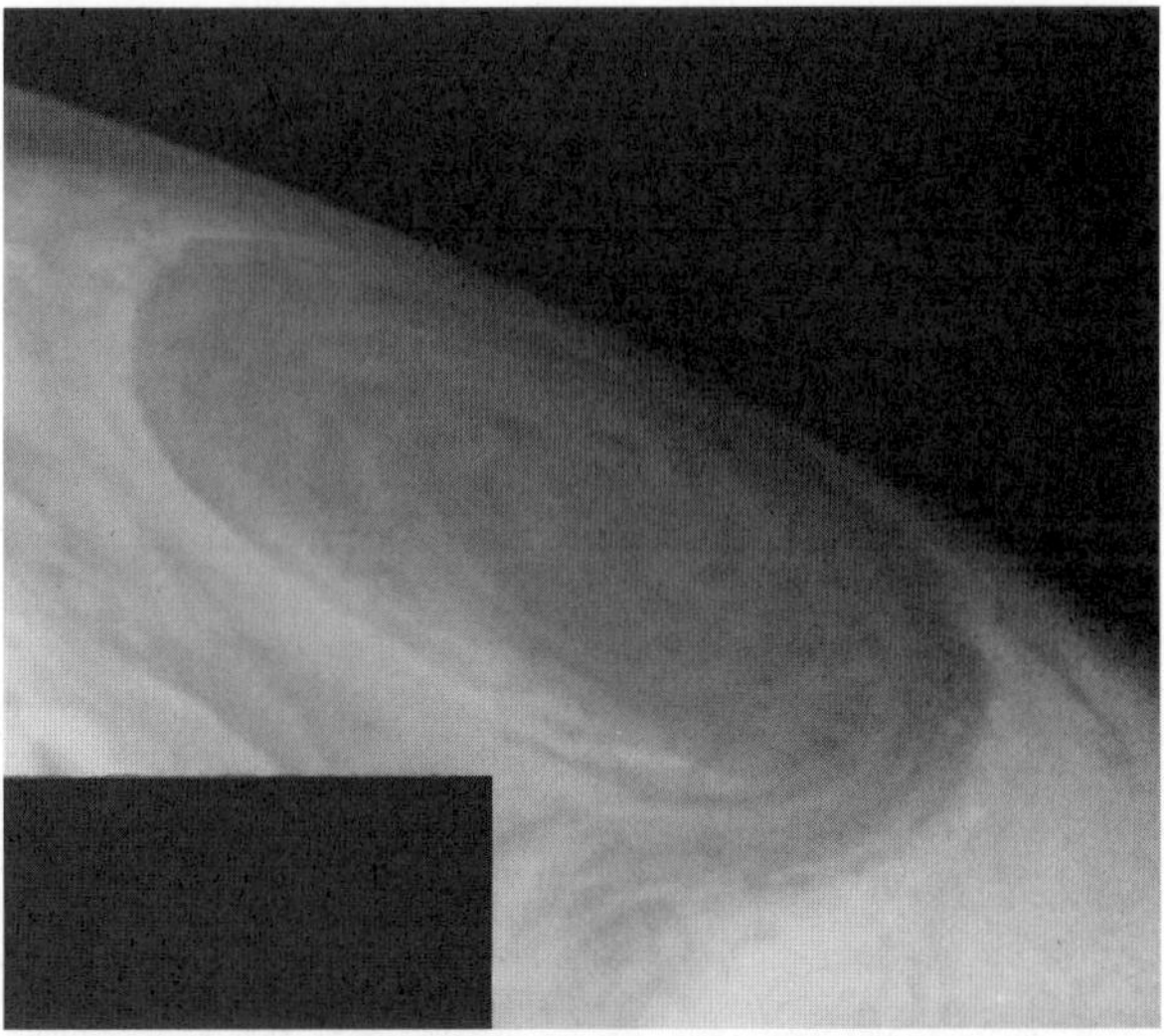

ガリレオ木星周回探査機が木星の大赤斑を上空から詳細に観測。大赤斑の長径は3万8500キロメートル、短径1万3000キロメートルで、その高さは9〜14キロメートルだった。大赤斑の表面積は地球の表面積とほぼ同じで、渦巻きは反時計回りに約142 時間で1回転している。

本観測を行うための軌道変換飛行をしながら、各種の試験観測を続け、一九九六年六月三日から本観測プログラムに入った。それから一年七ヵ月後の一九九七年一二月三〇日で、本観測プログラムは完了したが、さらに二〇〇〇年一月二九日まで、延長観測プログラムが進められた。

　しかし、一月末現在でも、ガリレオの観測機器が健在であったことか

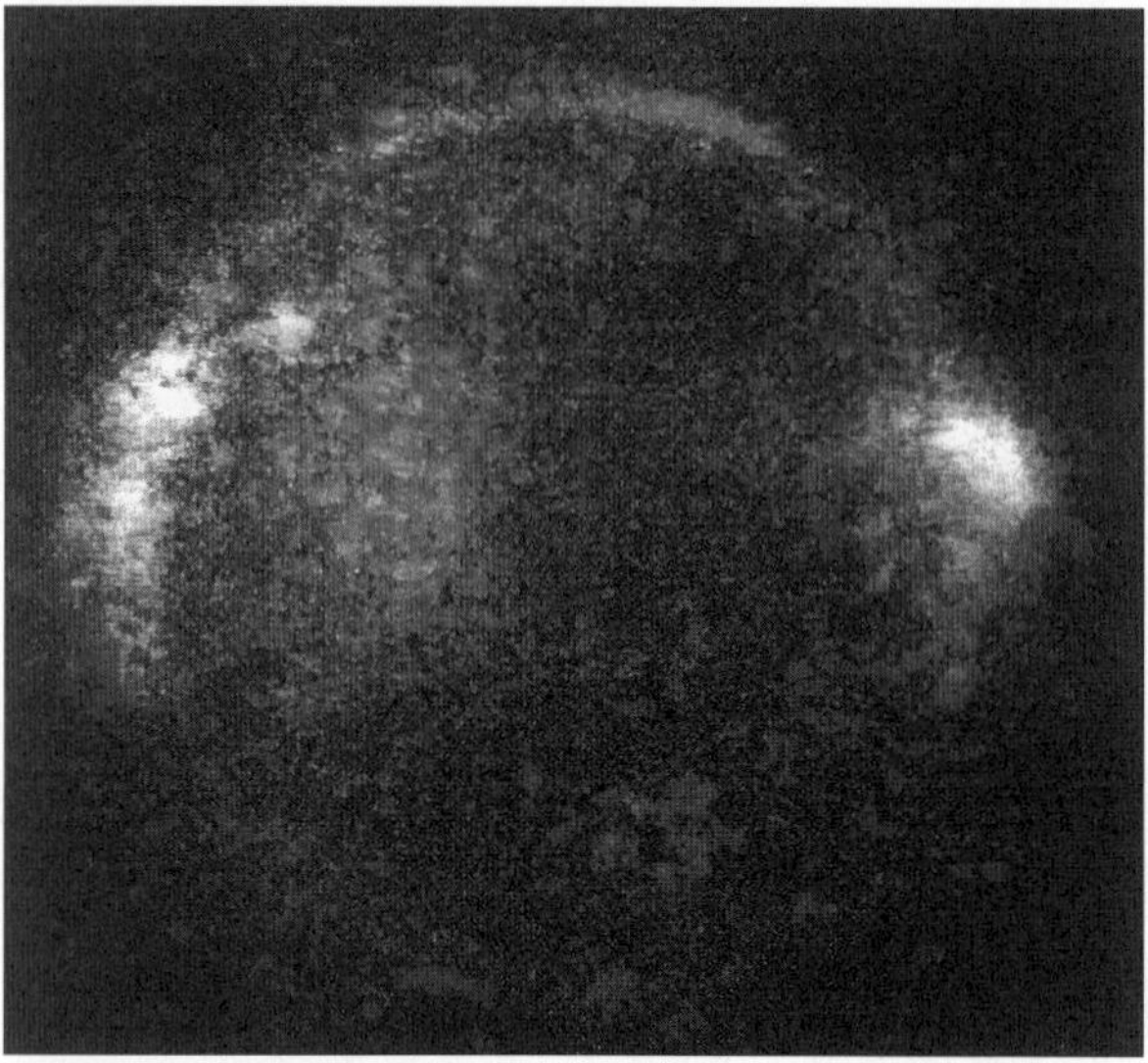

木星のＪ１イオの5ヵ所の火山のクラン、アミラニ、プロメゼウス、ザママ、アカラで、137分間にわたり赤色、緑色、青色、白色、黄色の光が乱舞するオーロラがハッブル宇宙望遠鏡により観測された。

ら、二〇〇〇年三月一日から二年間の予定で、新たにガリレオ・ヘリテージ・プログラムが開始された。

ガリレオの観測と連携して、ハッブル宇宙望遠鏡（ＨＳＴ）が、木星と四大衛星の随時観測を続けている。

惑星探査機が、惑星の重力を利用して、方向の変換と加速を行う宇宙慣性飛行システムが、スウィング・バイである。

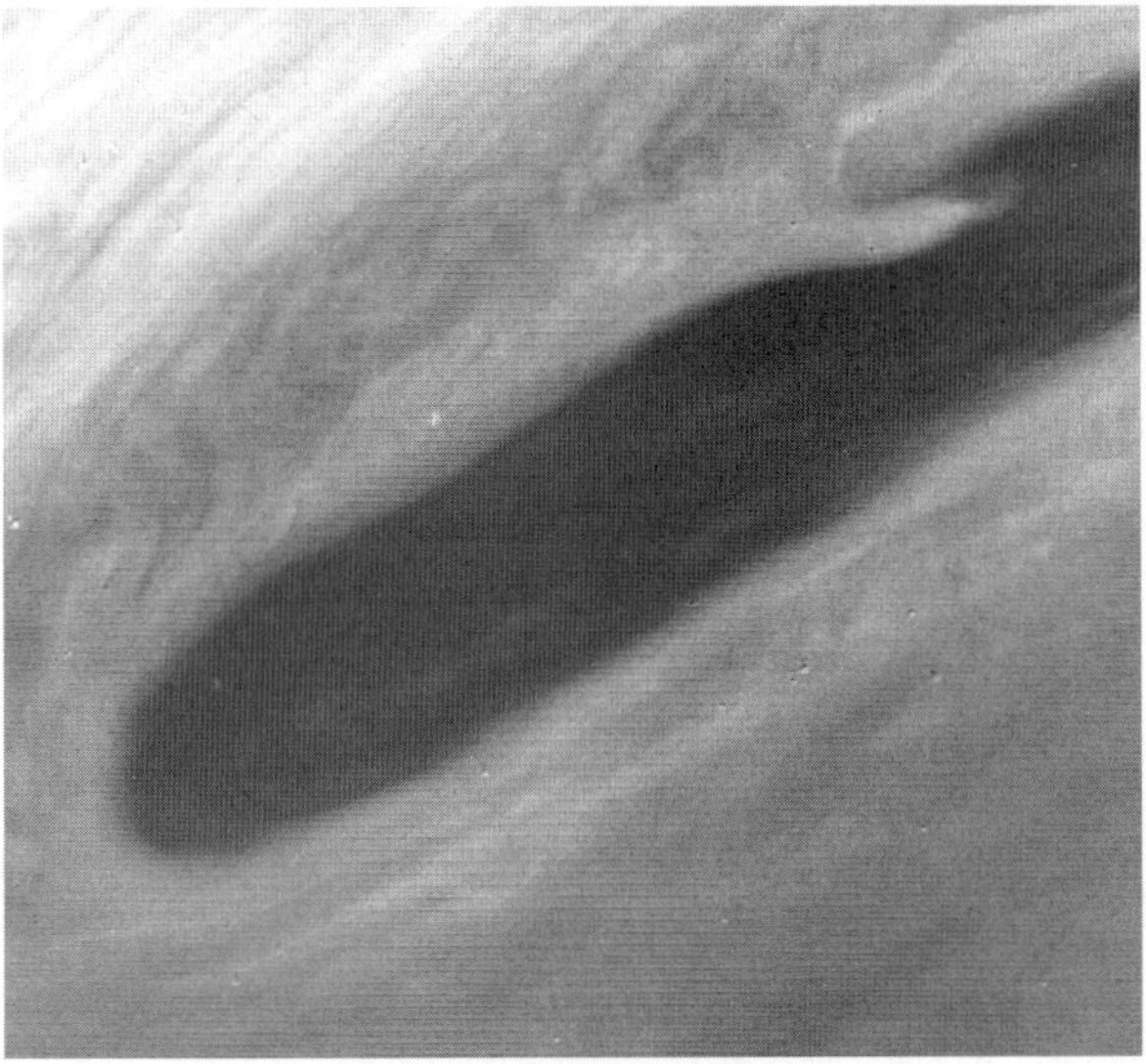

ボイジャー1号によって、木星の北赤道の所に発見された長さ約70キロの“木星の穴”。穴の中では秒速120メートルの暴風が吹いている。

一九七九年三月五日、木星から二七万八〇〇〇キロを再接近点として近接探査をしたNASAのボイジャー1号と、一九七九年七月九日、木星から六五万キロを最接近点として近接探査をしたボイジャー2号での観測データを基にして、ガリレオ木星周回探査機による観測計画が作成された。

ボイジャー1号と2号は、木星の観測と木星の最接近点を通過と同時に、木星の重力を応用したスウィング・バイにより、土星に向かった。さらにボイジャー2号は、土星の重力を応用したスウィング・バイにより天王星へ向かい、天王星でのスウィング・バイにより海王星へ向かった。

太陽系の第五惑星の木星は、ガス状の天体である木星型の惑星である。

木星の四大衛星の名称は、マリウスがギリシャ神話からとった第一衛星（J1）イオ、大二衛星（J2）エウロパ、第三衛星（J3）ガニメデ、第四衛星（J4）カリストの名が、国際天文連合（IAU）で認められている。

今日、木星には一七個の衛星が発見されている。なお、木星にもボイジャー1号によって発見された三つの環がある。

縞模様

木星が、巨大な液体水素の球であることを発見したのは、NASAの木星探査機パイオニア10号だった。その赤道直径は一四万二八〇〇キロメートル、体積は地球を一とすると一三一六倍、質量は三一七・八三倍である。木星は、金属や岩石で構成されている中心核が、地球の質量の一〇・五倍以上に達したとき、引力で引き寄せられた

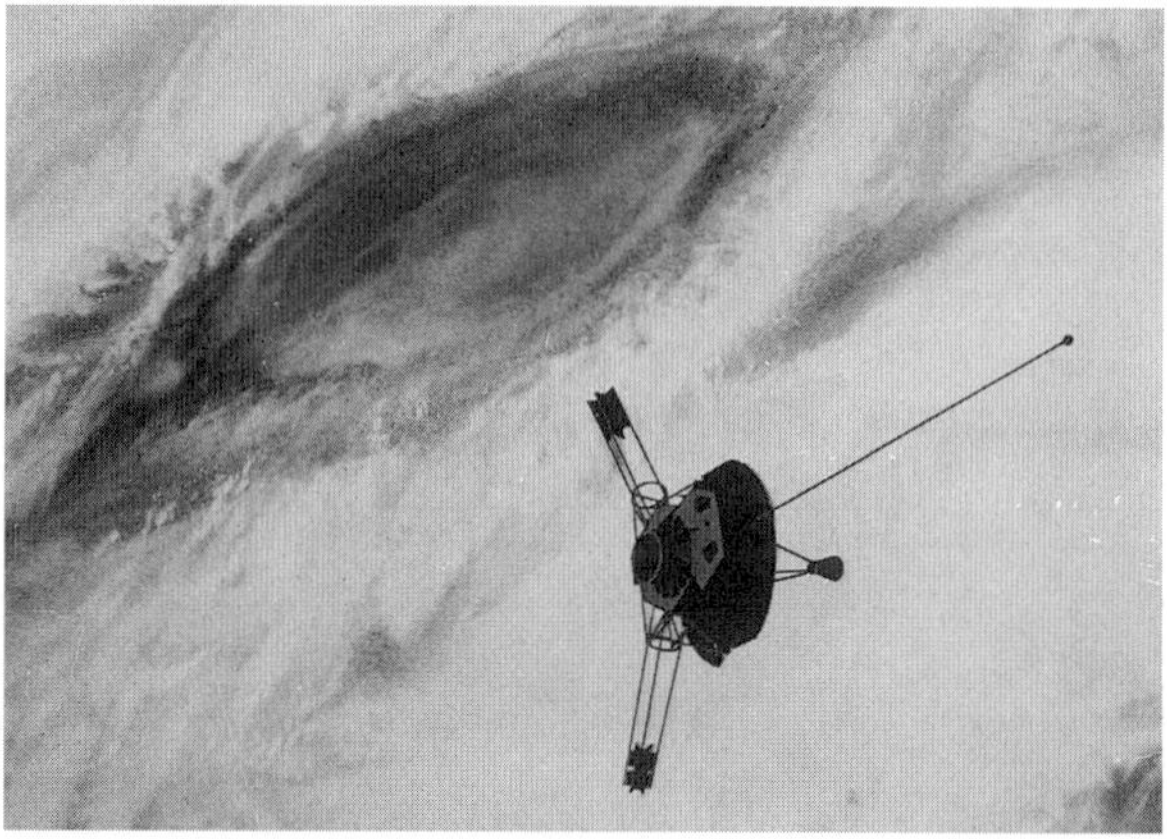

パイオニア11号が木星の大赤斑に近接。

周囲のガスが重力収縮を起こして、今日の大きさになったと推定されている。

ＮＡＳＡのパイオニア10号、11号とボイジャー1号、2号による近接観測から、木星の緯度によって異なっている自転システムが三つに明確に分類されるようになった。システム1は、赤道帯域の自転周期で、九時間五〇分三〇秒。システム2は、中緯度の北縞帯と南縞帯付近の自転周期で九時間五五分四〇秒。システム3は、金属や岩石で構成される中心核の自転周期で、アレシボ国立電波天文台（ＮＡＩＣＡ）による観測データも加えて分析を行った結果、九時間五五分二九秒と解析された。

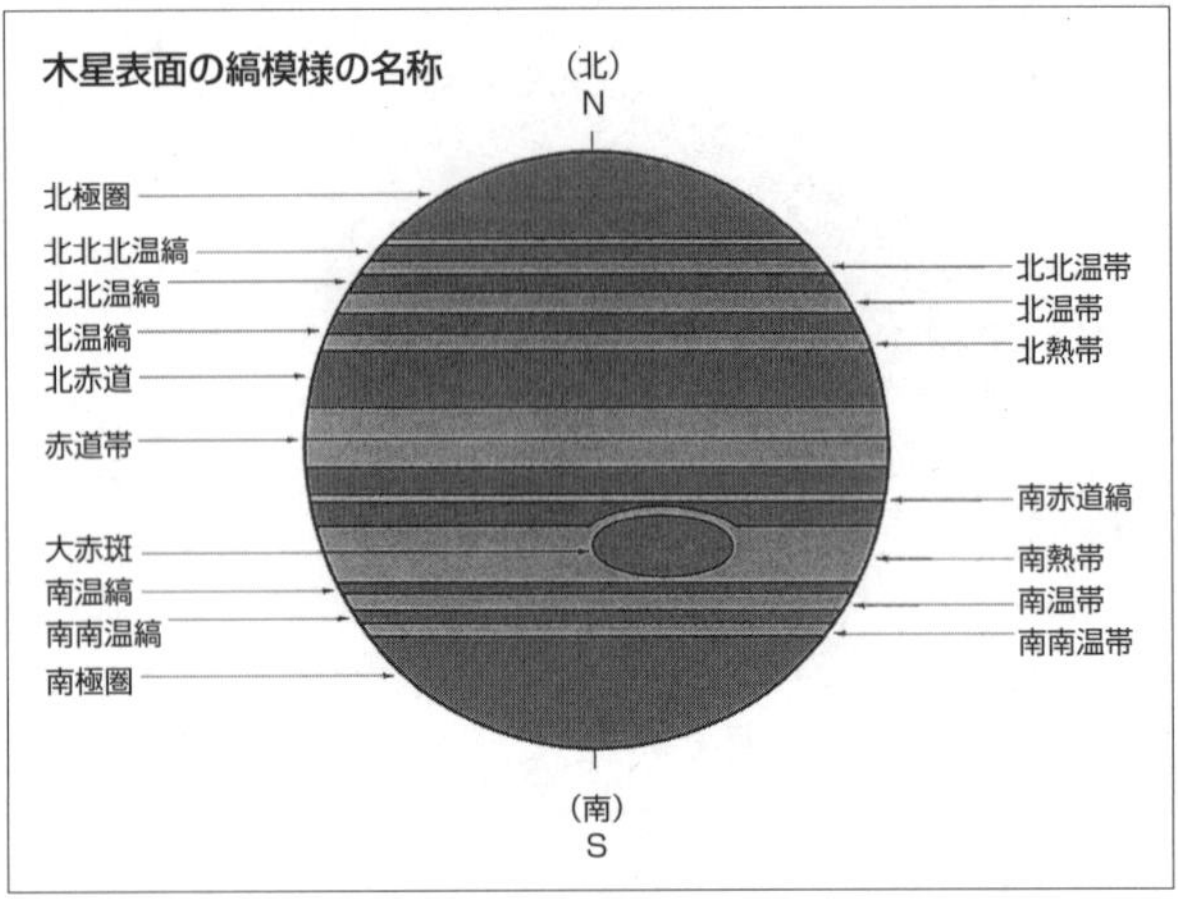

大赤斑

縞模様をさらに細かく見ると、大小の渦が複雑に動いていることがわかる。渦の最大の物は〝大赤斑〟で、一六五五年にフランスの天文学者のジョバンニ・D・カッシーニによって発見された。ハッブル宇宙望遠鏡（HST）による最新の観測データの解析では、大赤斑の幅は一万三八〇〇キロ、長さ三万八五〇〇キロで、周囲より一四・三キロも盛り上がった渦巻きである。

大赤斑の位置している、南緯帯から南温帯縞にかけて赤斑窪みが、一八七八年に発見されて以来、消えたり現れたりを繰り返している。一九六八年二月には赤

パイオニア10号、11号の構造

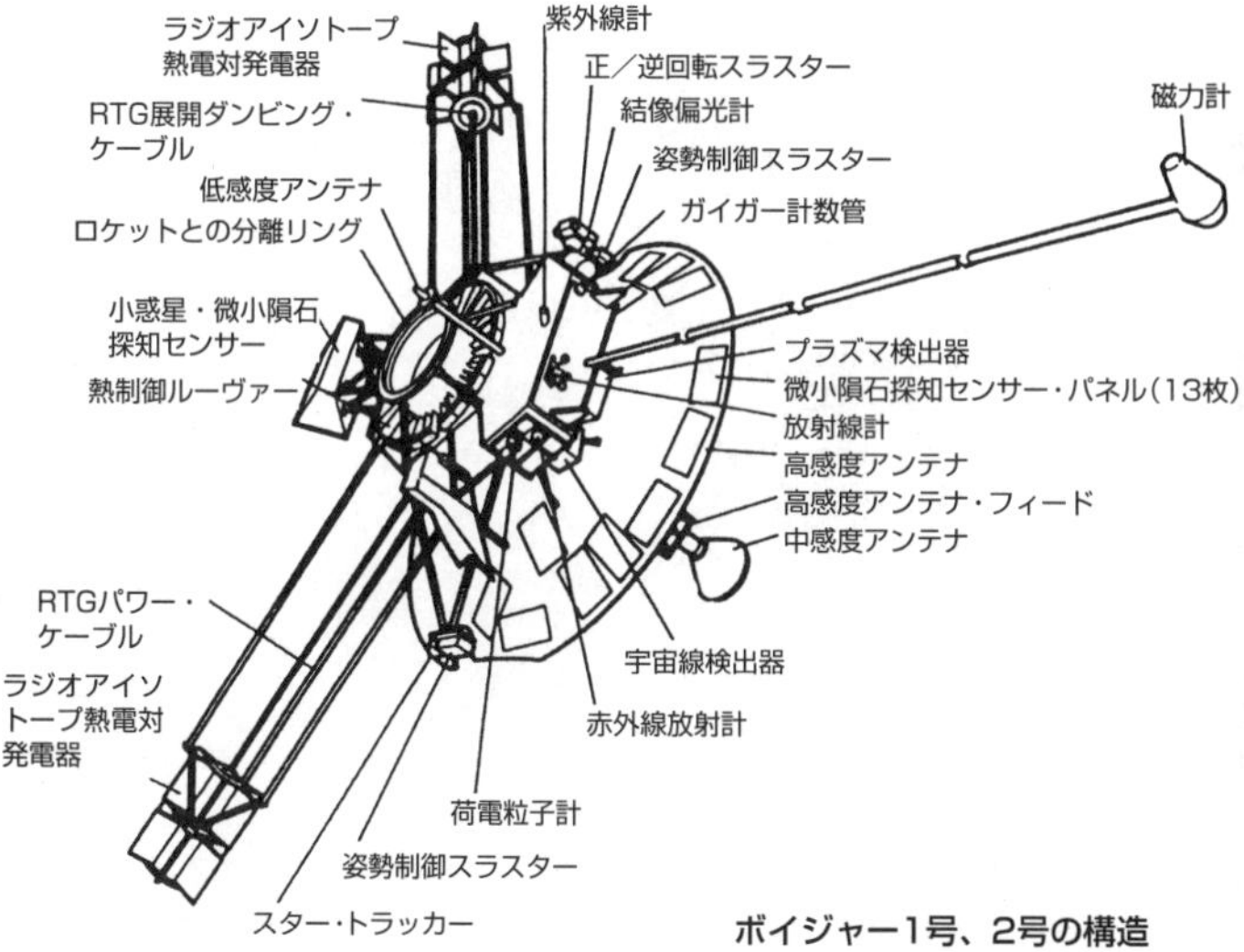
ラジオアイソトープ熱電対発電器
RTG展開ダンピング・ケーブル
低感度アンテナ
ロケットとの分離リング
小惑星・微小隕石探知センサー
熱制御ルーヴァー
RTGパワー・ケーブル
ラジオアイソトープ熱電対発電器
紫外線計
正／逆回転スラスター
結像偏光計
姿勢制御スラスター
ガイガー計数管
磁力計
プラズマ検出器
微小隕石探知センサー・パネル（13枚）
放射線計
高感度アンテナ
高感度アンテナ・フィード
中感度アンテナ
宇宙線検出器
赤外線放射計
荷電粒子計
姿勢制御スラスター
スター・トラッカー

ボイジャー1号、2号の構造

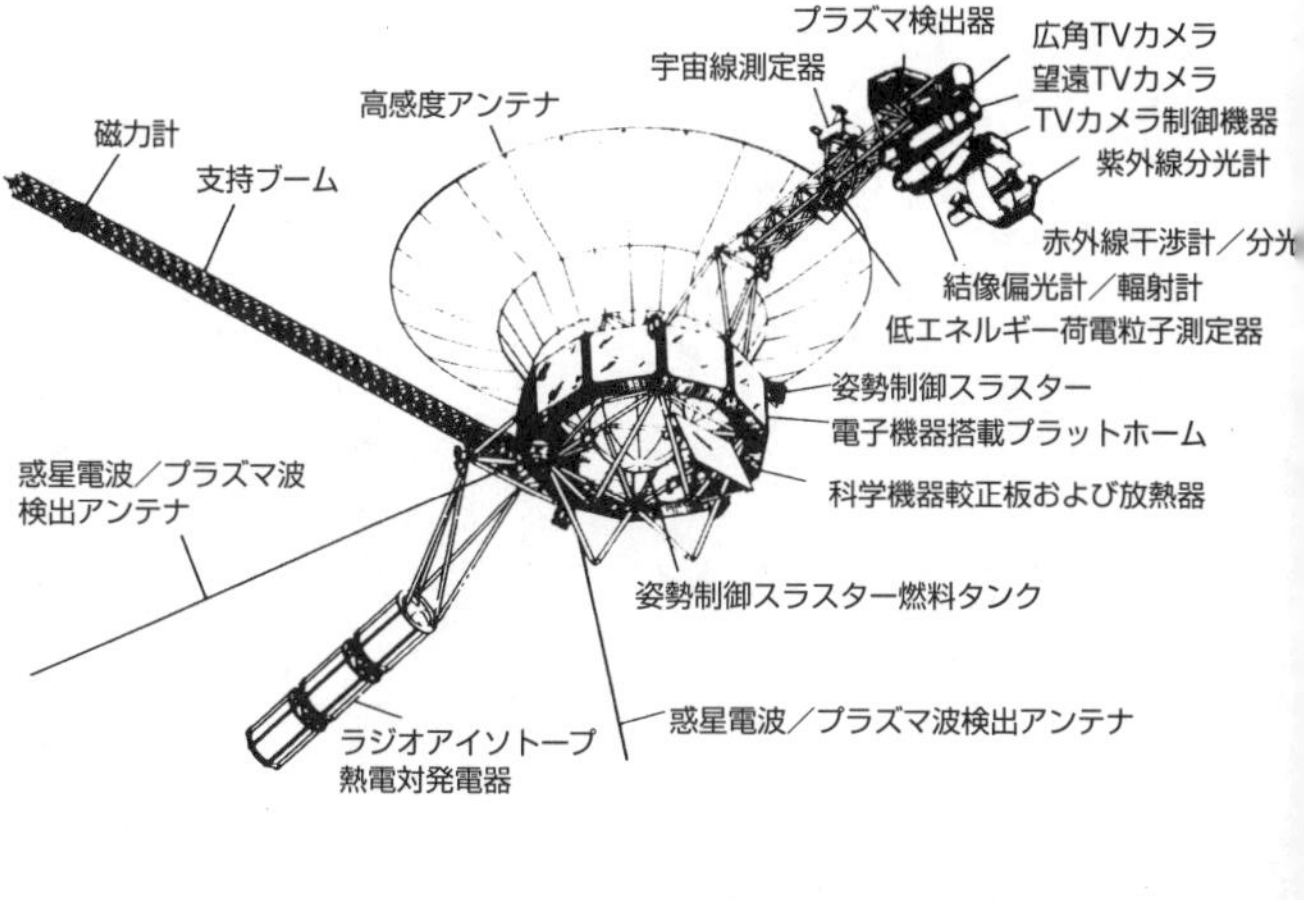
プラズマ検出器
宇宙線測定器
広角TVカメラ
望遠TVカメラ
TVカメラ制御機器
紫外線分光計
高感度アンテナ
磁力計
支持ブーム
赤外線干渉計／分光
結像偏光計／輻射計
低エネルギー荷電粒子測定器
姿勢制御スラスター
電子機器搭載プラットホーム
科学機器較正板および放熱器
惑星電波／プラズマ波検出アンテナ
姿勢制御スラスター燃料タンク
惑星電波／プラズマ波検出アンテナ
ラジオアイソトープ熱電対発電器

ガリレオ木星周回探査機

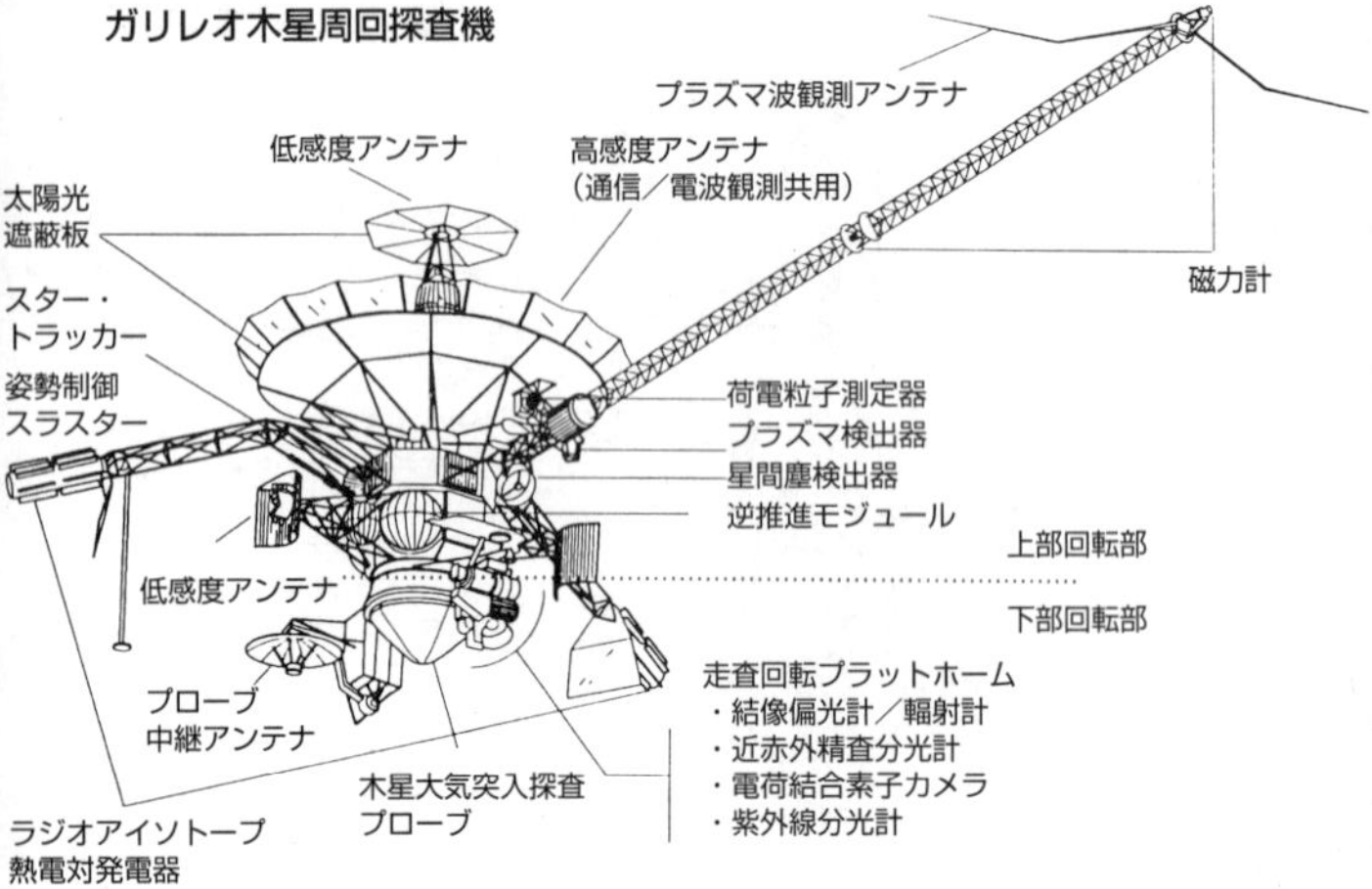

斑窪みの色が衰え始めたが、四月には元の濃い赤色に戻った。

木星の質量は、九つの惑星や小惑星などを足した質量の六八パーセントを占めている。木星の平均密度は、ボイジャー1号、2号の観測から一・三六立方センチ・グラムであることがわかった。これは太陽とほぼ等しい密度であり、木星が水素やヘリウムを主体とした軽い元素で構成されていることを示している。またボイジャー1号、2号の観測と、ガリレオによる再観測のデータから、木星が太陽から受けるエネルギーの約二倍の熱量を放出していることがわかり、原因が探し求められた。当初、デジタル信号の数

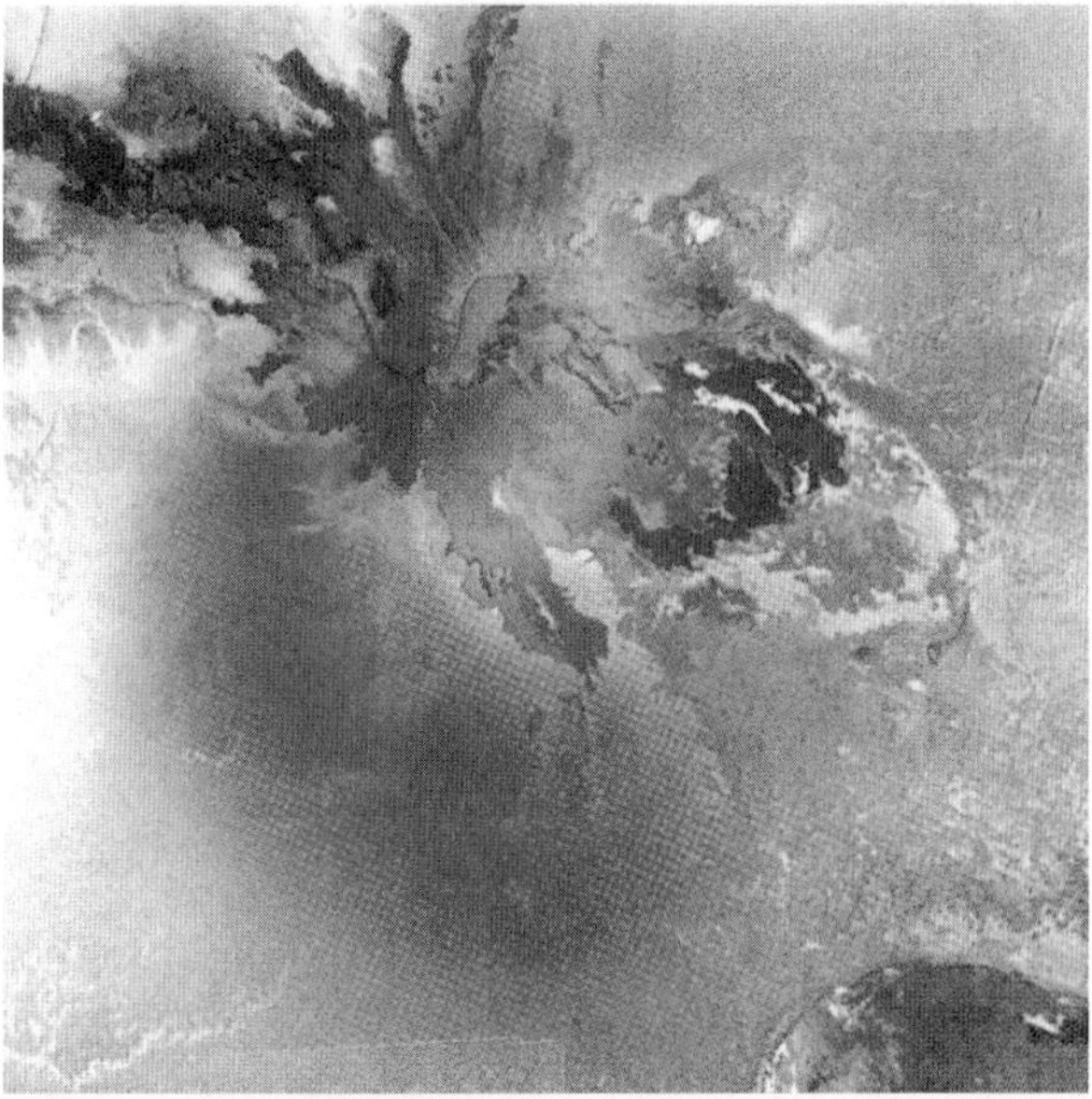

イオのカルデラ。ガリレオ木星周回探査機が、近赤外線精査分光計と紫外線分光計により観測撮影した。幅約50キロ、長さ約100キロの楕円形のカルデラ内にできた約25キロの亀裂が、硫黄を主成分とする溶岩がカーテン状に噴出している。

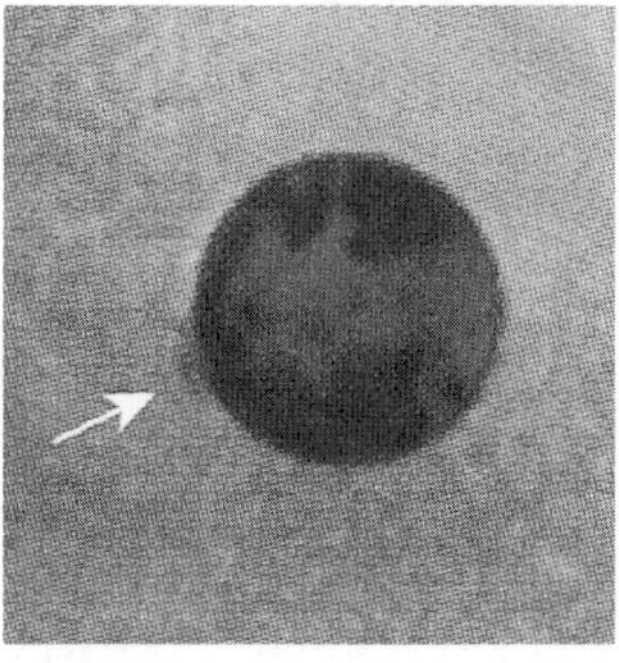

イオの火山の噴火（矢印）。噴出は高さ1.5キロに達している。

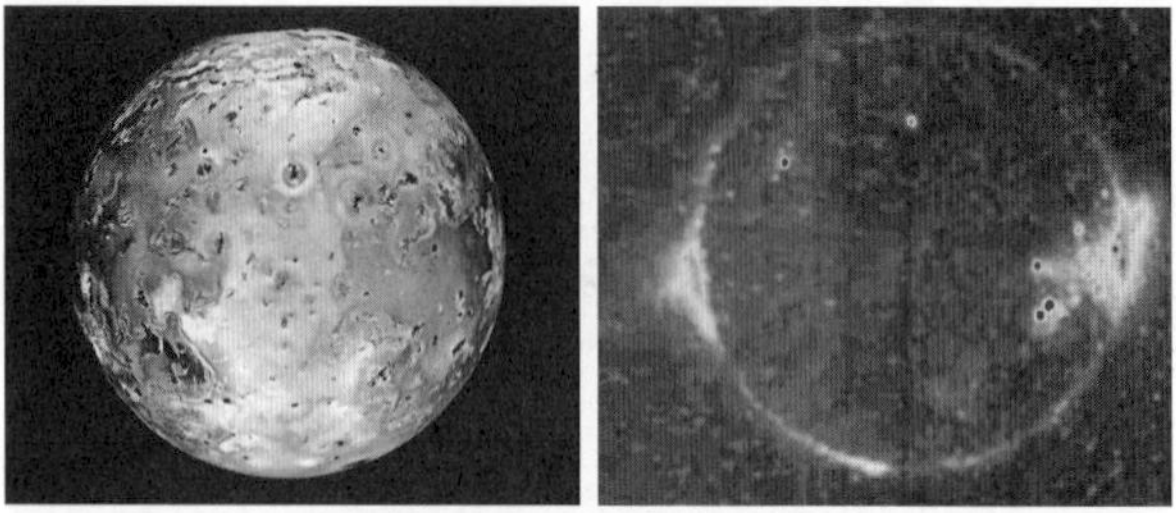

（右）ハッブル宇宙望遠鏡が観測したJ1イオの火山、プロメゼウスとアカラの大噴火。（左）ガリレオ木星周回探査機が観測したJ1イオの表面は、火山から噴出した硫黄成分で厚く覆われていた。

J3ガニメデ。

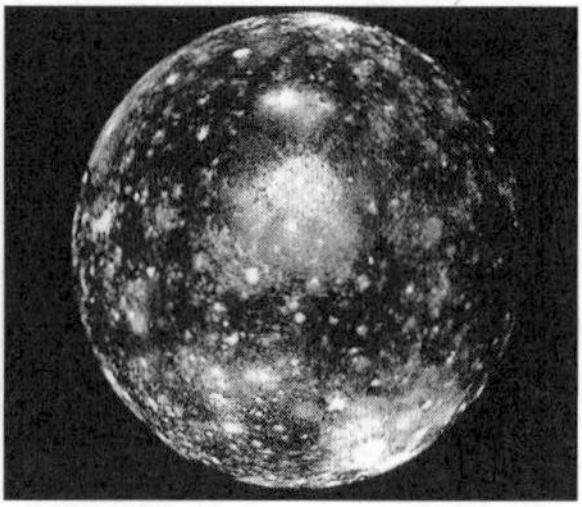

J4カリスト。

値換算に誤りがあり、観測データに大きな誤差が発生したと考えられた。しかし、木星が重力による収縮を一年に二ミリずつ続けていると仮定して、一年当たりに放出する重力エネルギーを計算すると、太陽から受けている二倍のエネルギーとほぼ一致することがわかった。

一九九四年七月一七日〜二二日に、P／シューメーカー・レビー第9彗

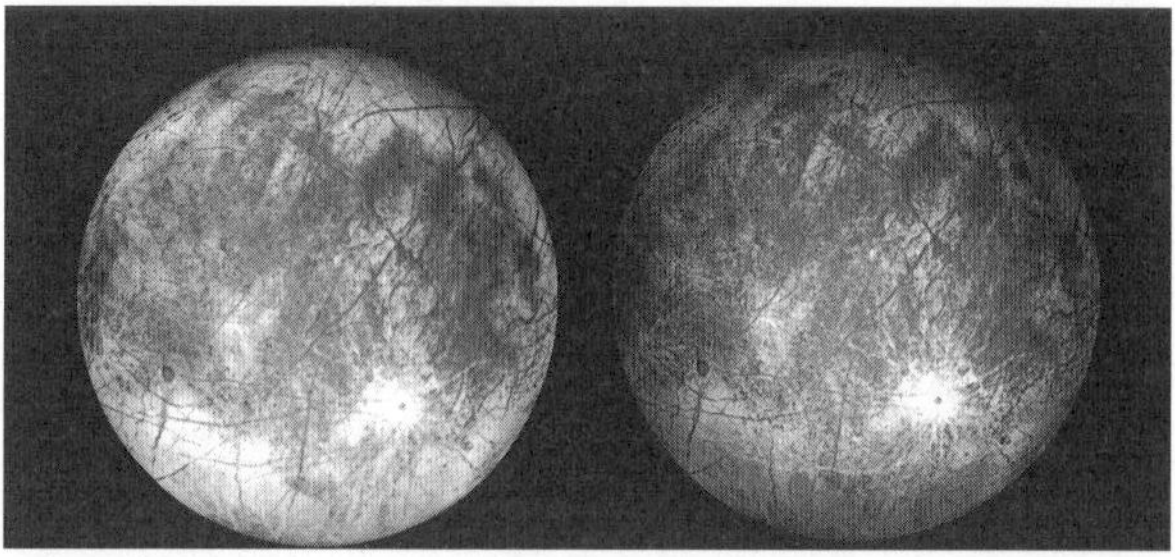

ガリレオ木星周回探査機が観測したJ2 エウロパの氷で覆われた表面。酸素を含んだ希薄な大気が発見された。

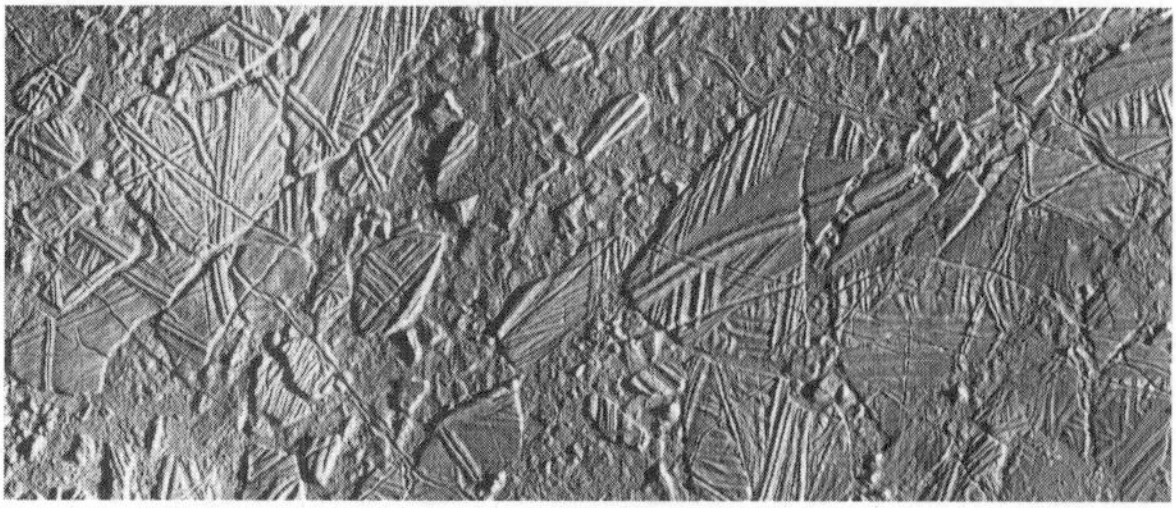

ガニメデの厚さ190キロの水の氷の外殻表層の模様。

星1993e（SL9）の二一個の分裂核が、次々と木星に衝突した。大きな核の衝突では、衝突による最大の〝きのこ雲〟の高さは、三〇〇〇キロメートルに達した。

ガリレオの四大衛星

　ガリレオの四大衛星についても、実像の解明が進んでいる。

〈イオ〉 赤道直径三六三〇キロのJ1イオには固有の磁場のあることがわ

かった。そしてJ3ガニメデの氷層殻を取り除くと、大きさと質量と、内部がイオに酷似していることがわかった。

〈エウロパ〉 J2エウロパは、最大で厚さ二〇〇キロの水の氷の外層と外層の内側に、部分的な水の海を斑のように各所に持っている。また、表層で一九〇〜二五〇ナノテスラ（nT）の磁力が初期の観測で検出されていたが、ガリレオ・ヘリテージ・プログラムによる観測から、弱い双極子磁場があると推定された。なお、北極域に、微細な水の霜が覆っている場所が複数ヵ所発見された。

〈ガニメデ〉 J3ガニメデの赤道直径は五三六二キロ。半径が約一一〇〇キロの流体の鉄のコア（中心核）があり、地球と同様な双磁子磁場を持っている。磁場はダイナモ作用により生じていて、赤道帯での磁力は七四三ナノテスラ（nT）である。なお磁軸は、南がN極で、北がS極であり、自転軸に対して一〇・一度傾いている。ガニメデの水などの氷で覆われた厚さ一九〇キロの外殻表層にも、酸素を含んだ希薄な大気が発見された。またガリレオ木星周回探査機によるJ3ガニメデの探査から、ガニメデの外殻表層下には、厚さが三八〇〇メートルから四二〇〇メートルの塩水の海の層がある。

ボイジャー1号、2号とガリレオ木星周回探査機による探査データを解析した結果、J3ガニメデでは、約一〇億年前に複数の火山で噴火が起きた。火山活動により、シャーベット状の水の氷が地下から噴出して、線状と縞模様の低地になだれ込んで凍りつき、J3ガニメデの表面を覆った。

〈カリスト〉 J4カリストの赤道直径は四八〇〇キロ、固有の磁場はなく、木星のプラズマ圏の作用により六・九〜七・一ナノテスラ（nT）の微弱な磁場も発生している。またカリストは完全な固体で、三八パーセント四〇パーセントの鉄などの金属と岩石が物質に混じった天体であることがわかった。

今後の計画

スターダスト彗星探査機型の「エウロパ・オービター（EOV）」を二〇〇八年二月〜四月の間に打ち上げる。エウロパの表層氷の下にある水などで構成された海の生物探査をし、また氷の厚さを含めた地勢図を作成するための観測をする。

土星探査

ハッブル宇宙望遠鏡の定点観測は、オーロラの発見や、衛星の公転運動の観測に大いに貢献している。

1998年1月4日にハッブル宇宙望遠鏡の赤外線カメラ・多天体分光器（NICMOS《ニクモス》）により、近赤外線の波長で土星の輪と白斑《はくはん》（大嵐《おおあらし》）を南半球から観測した。土星の右上縁の輝点は第3衛星のテティス。

土星のオーロラ発見

米航空宇宙局（NASA）のハッブル宇宙望遠鏡（HST）の本来の役割は深宇宙の観測なので、土星については主に定点観測の面で活躍している。その大きな成果のひとつが、ボイジャー2号により発見されたオーロラの詳細な観測だった（左下の写真）。また、巨

ハッブル宇宙望遠鏡の紫外線観測装置（STIS）により、土星の北極と南極で発生しているオーロラを紫外線の波長域で観測。土星のオーロラは太陽風がもとになって発生していることが判明した。

大な大嵐の発見と観測である。これは、パロマ山ヘール天文台の主鏡口径五メートルのヘール望遠鏡で、謎の巨大白斑として観測されていたものだった。

土星のオーロラは紫外線の波長域でしか観測できないが、紫外線の大部分は地球の大気に吸収されてしまうことから、これまで地上の望遠鏡での観測からは発見できなかった。一九八〇年一一月一二日にボイジャー1号は、土星から一二万四〇〇〇キロを最接近点として近接観測をした。この時、土星の南北両極にも、オーロラ現象のあることを発見した。さらに翌一九八一年八月二六日にボイジャー2号が土星から一〇万一〇〇〇キロを最接近点として近接観測をした。この時、より詳しく土星のオーロラ現象を観測した。ボイジャー1、2号の、オーロラ現象の発見データを分析して、ハッブル宇宙望遠鏡（ＨＳＴ）・紫外線観測装置（ＳＴＩＳ）による土星の連続観測が行われ、土星のオーロラの形態が解明された。

土星の大嵐（大白斑）

また、一九九一年二月九日、ハッブル宇宙望遠鏡（ＨＳＴ）は土星の大嵐（大白斑）を観測した。大白斑は土星の北半球で二万キロの長さに展開していた。なお、現在カッシーニ土星周回探査機が土星に向かって飛行中である。ＮＡＳＡのジェット推進研究

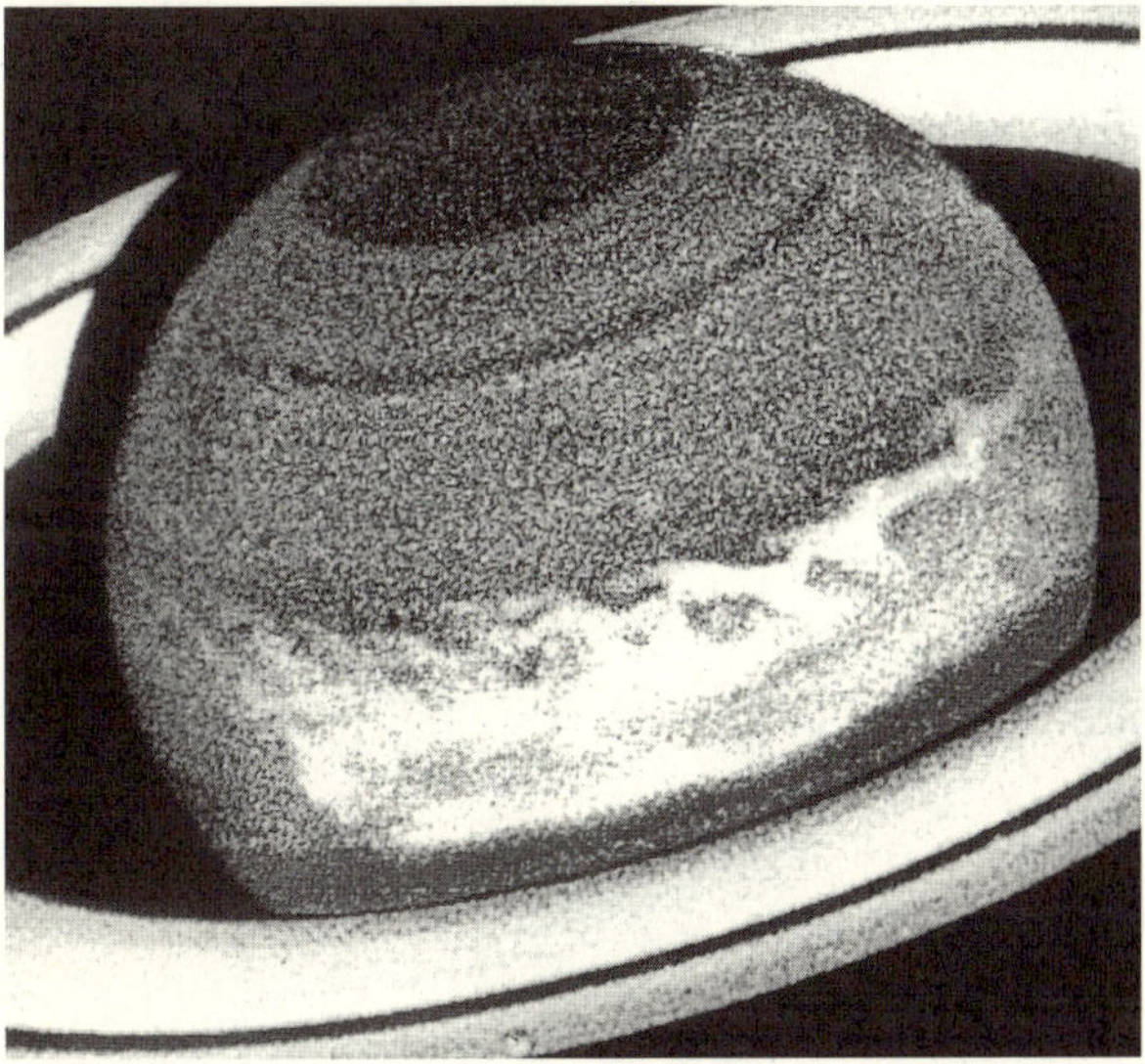

土星表面の大嵐（大白斑）。中央帯から北赤道縞のあたりに長さ32万キロ、幅1万キロで広がっている。ハッブル宇宙望遠鏡・広角惑星カメラ（HST／WF／PC）が撮影。

所（ＪＰＬ）が主管になって開発した史上初の土星周回探査機「カッシーニ」は、一九九七年一〇月一五日にケネディ宇宙センター（ＫＳＣ）から打ち上げられた。

カッシーニは、太陽系の第二惑星の金星で、一九九八年四月二六日と一九九九年六月二四日にスウィング・バイを行って、軌道変換と加速をした。さらに一九九九年八月一八日に地球の南太平

ハッブル宇宙望遠鏡が、1995年8月6日に土星の環の消失後、再び復活し始めた様子を観測。輪の左側の上はS3テティス衛星、輪の右側端の下はS10ヤヌス衛星。

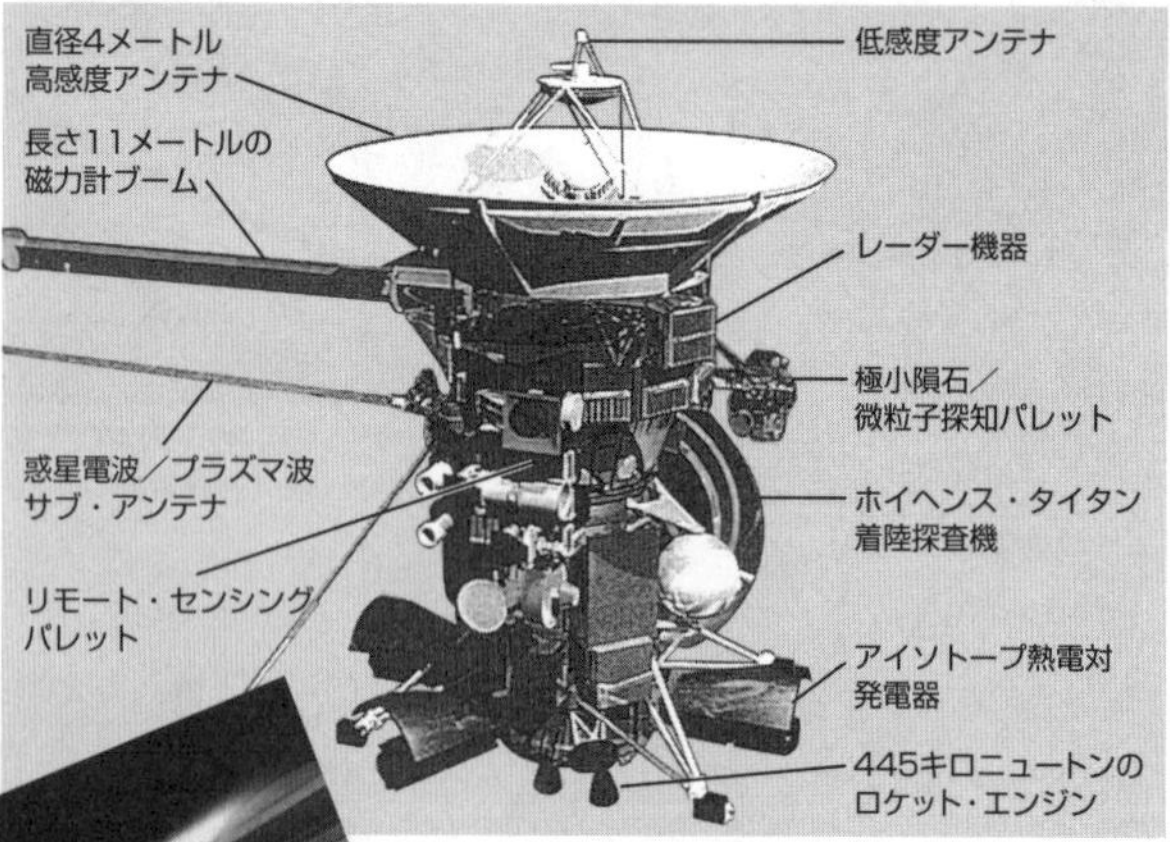

初の土星周回探査機カッシーニ。1997年10月15日にケネディー宇宙センターから打ち上げられ、2004年7月1日到着を目指して、土星への旅を続ける。

逆噴射ロケットを噴射し、土星周回軌道に入る土星周回探査機カッシーニ。

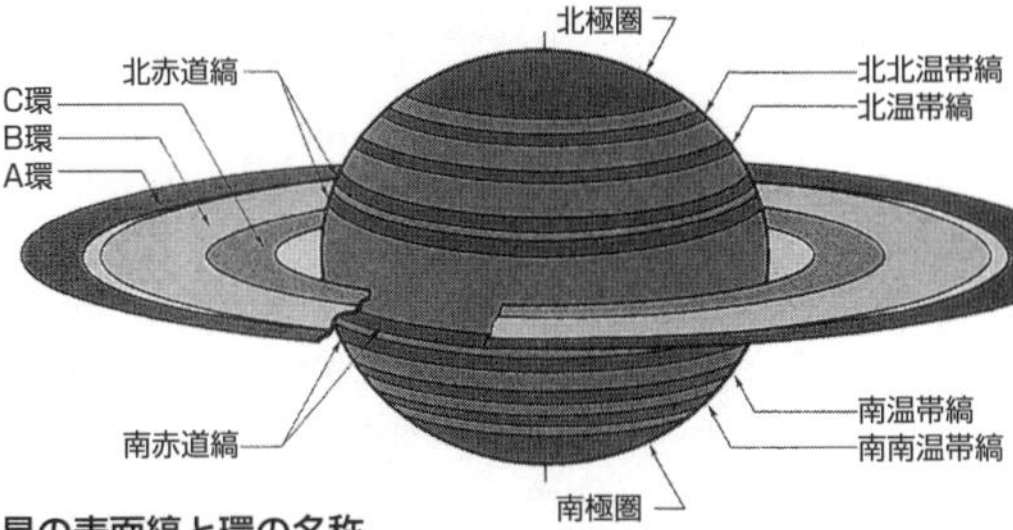

土星の表面縞と環の名称

土星のB環をボイジャー2号のTVカメラで撮影。

洋上空一一五四キロまで近接をしてスウィング・バイをして加速し、第五惑星の木星に向かった。二〇〇〇年一二月三〇日に木星でスウィング・バイをして、一路、目ざす土星へ向かった。さらに慣性飛行を続けて二〇〇四年七月一日、土星を周回する軌道に乗る。土星の観測を続け、衛星のタイタンと位置が最適になった同年一一月六日、カッシーニから、ホイヘンス着陸探査機（ホイヘンス・プローブ）を分離する。その後、カッシーニの軌道を修正して、ホイヘンスからの観測データ収得の電波通信に備える。

E環、G環発見

ガリレオ・ガリレイは一六一〇年、太陽系第六惑星の土星に、帽子の鍔《つば》のような土星の輪を発見した。しかしガリレオは、彼の望遠鏡の分解能が低かったことから輪とは気がつかず、観測ノートに、土星を、「耳のある惑星」と記述している。土星の耳が輪であることを発見したのは、オランダ人のクリスチャン・ホイヘンスで、一六五五年のことだった。

E環の発見

ガリレオの言う〝土星の耳〟が、輪であることをホイヘンスが発見してから二〇年後の一六七五年に、パリ天文台長のジョバンニ・ドミニック・カッシーニが、土星の環は外環（A環）と内環（B環）に分かれていることを発見した。また今日、A環とB環の空隙を〝カッシーニの空隙〟と呼称している。

土星の環と赤道面は一致しているが、公転軌道面に対して二六・七三度傾いている。

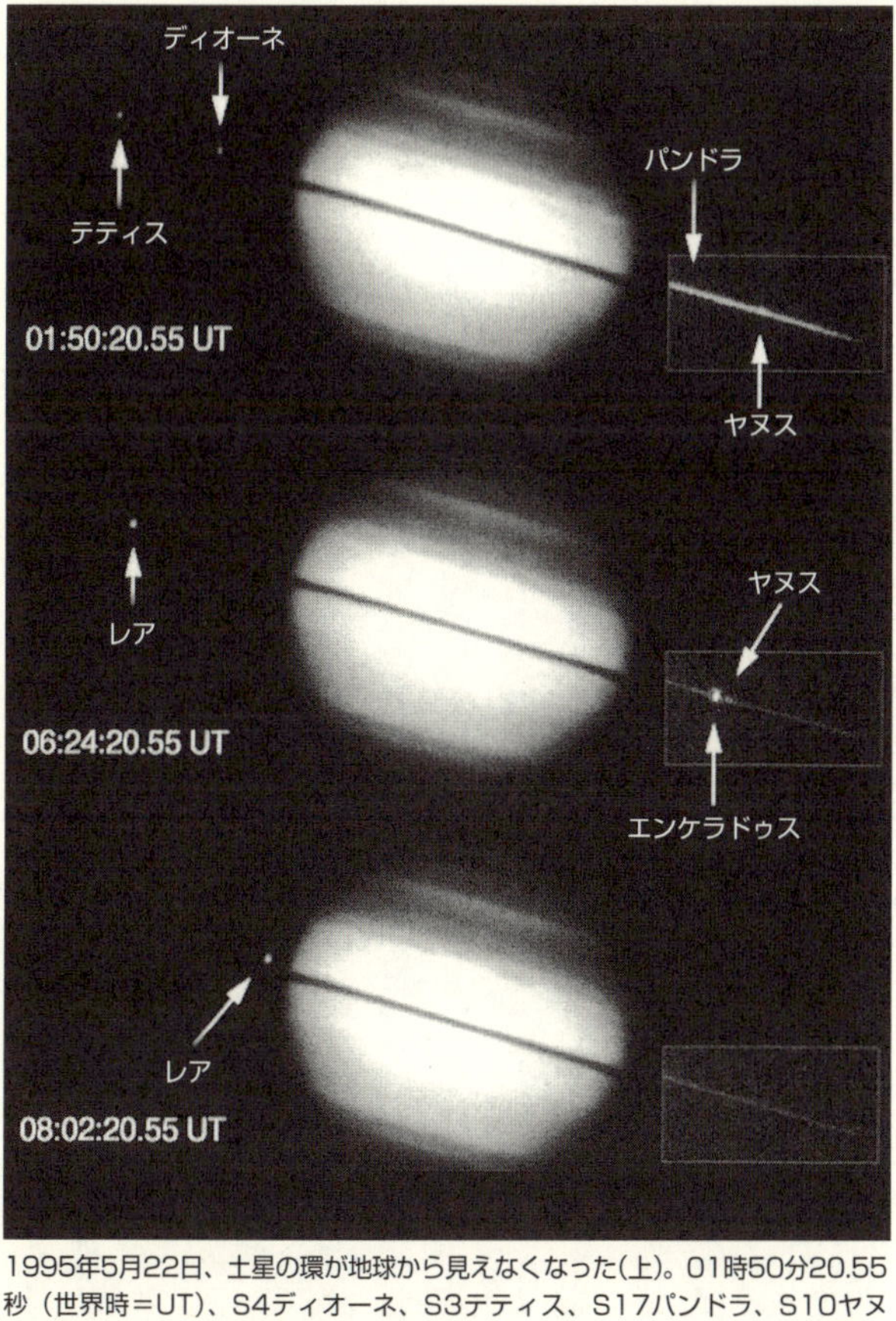

1995年5月22日、土星の環が地球から見えなくなった(上)。01時50分20.55秒（世界時=UT)、S4ディオーネ、S3テティス、S17パンドラ、S10ヤヌスが見える（中)。06時24分20.55秒（UT)、S5レア、S10ヤヌス、S2エンケラドゥスが見える。08時02分20.55秒（UT)、S5レアが見える（下)。ハッブル宇宙望遠鏡で観測撮影した。

ゆえに土星が太陽を回る公転周期二九・五三二年のうち、半分の一四・七七年ごとに、地球から見て土星の環が真横になって消失したようになる位置に来る。近年では、一九九五年五月二二日と八月一一日と一一月一九日、それに一九九六年二月一二日の四回だった。次回、土星の環が消失したようになるのは、二〇〇九年で、次々回は二〇二五年であり、共に一回ずつである。土星の環は、A環とB環と、一八五〇年にW・C・ボンドとG・P・ボンド父子により発見されたC環の三本であると、長い間考えられていた。ところが一九七九年九月二日、土星へ二一万四〇〇〇キロまで近接観測をしたパイオニア11号により、A環の外側にF環が発見された。その直後、パイオニア11号に二ミクロンほどの微小物質が多数衝突したのが検知され、E環の存在が予測された。パイオニア11号の結像偏光計の写真をコンピュータ処理をして画質を向上させた結果、G環が発見された。

一九八〇年一一月一二日、土星の雲の頂上から一二万四二〇〇キロの空域点を最接近点として土星を近接観測したボイジャー1号により、E環が発見され、一部の科学者から存在が疑問視されていたG環も再発見された。また、ボイジャー1、2号により、予測されていた極めて希薄なD環が土星の赤道表面から六七三二キロの距離から七六八キロの幅で存在していることがわかった。また空隙は、A環とB環の間がカッシーニの空隙、B環とC環の間がマックスウェルの空隙、A環とF環の間にエンケの空隙とキーラーの空隙が発見されている。土星の七本の環の全体の幅は、四一万三〇〇〇キロメートルである。

土星は、太陽からの最小距離が一三億七四〇〇万キロ、最大距離は一五億七〇〇〇万キロで、土星が太陽を公転する速度は秒速九・六四キロで、二九・五三二年を掛けて一公転している。

大きさは、赤道直径が一二万六六〇キロメートル、質量は地球を一とすると九五・一六倍、体積は七四五倍、中心固体核の半球径は一万四八〇〇キロで、金属や岩石などで構成されている。

土星の環の厚みは、A環で最大一キロ、B環で最大一キロ、CとD環で一五〇メートルから五〇〇メートル、E環で三万キロ強、F環で一〇〇〇キロ、G環で一〇〇〜一〇〇〇キロである。

土星には一八個の衛星があり、英語名の「Saturn」の頭文字の〝S〟をとって、第一衛星から発見した順にS1、S2と通番を付けている。

水星探査

太陽に最も近く、灼熱の惑星と考えられていた水星にも、水（氷の状態で）が発見された。

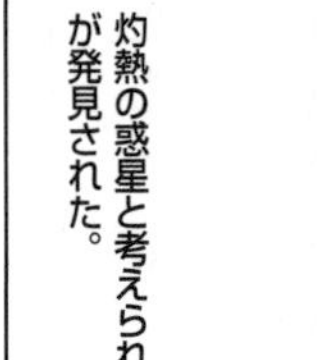

灼熱の水星で「水」発見

水星は、太陽系の九惑星の中で、最も内側を公転している第一惑星である。

一九九六年五月、その名も水の星、水星の北極域と南極域に、水の氷が発見された。アリゾナ大学教授で、同大の月惑星研究所長を務めたジェラルド・カイパー博士は、水星には急で高い断崖のようなクレーターがあると予想し、水の存在も示唆していた。

一九七四年三月末に水星へ近接探査をしたマリナー10号は、水星も月や火星と同様に表面がクレーターで覆われていることを発見した。水星の氷の存在については、北極域では「デスペス」というクレーターなど八ヵ所で水の氷が発見された。南極域では、直径四〇〇キロメートルのチャオメンフー・クレーターの中に直径一二七キロの水の氷面を発見したほか、二ヵ所のクレーターで水の氷面を発見した。

水の氷の観測は、米カリフォルニア州モハーベ砂漠にあるＮＡＳＡ・ＪＰＬ・ゴールドストーン深宇宙電波追跡観測網中央ステーションの、口径六七メートル電波望遠

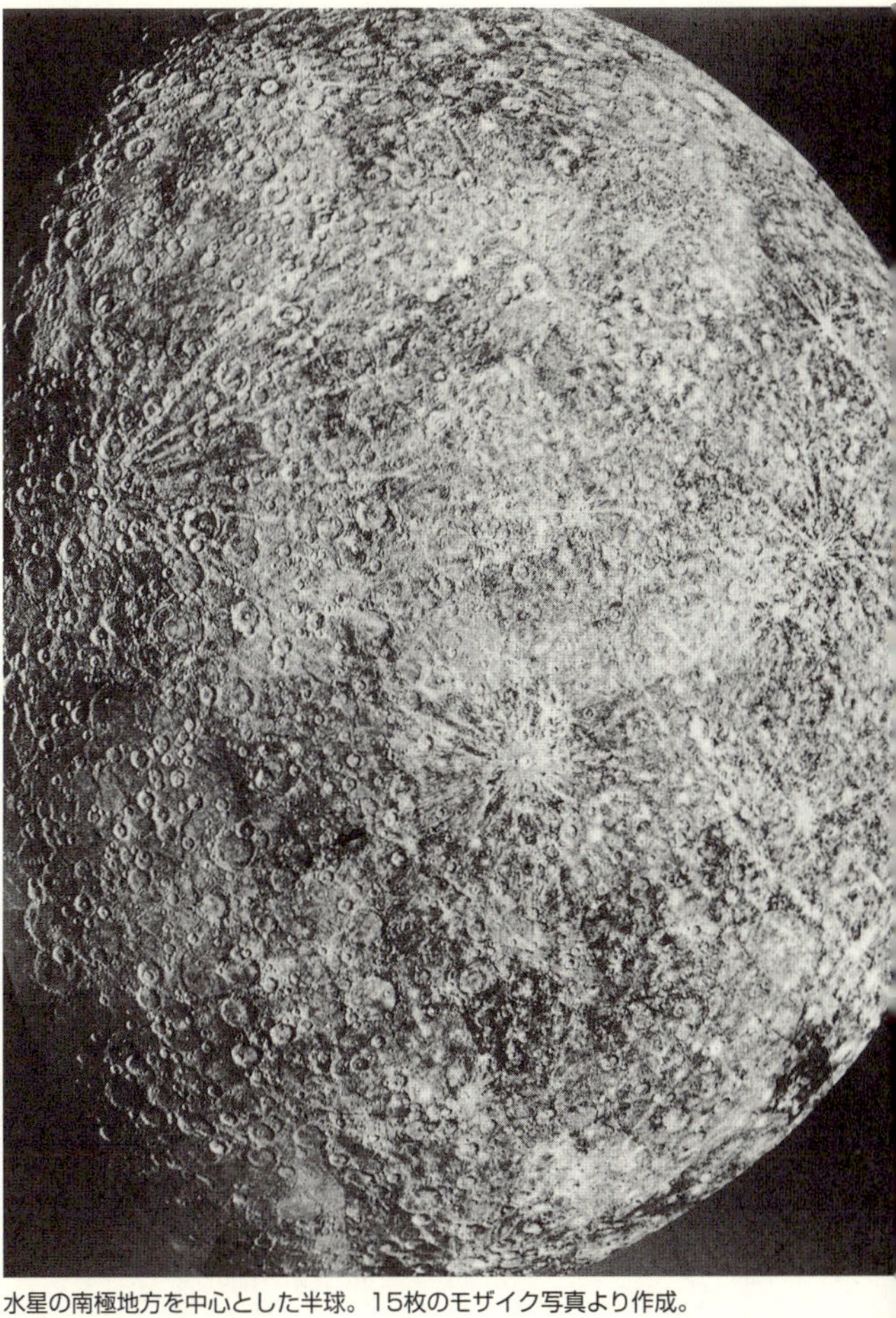

水星の南極地方を中心とした半球。15枚のモザイク写真より作成。

鏡から、水星へ向けて電波が発射された。

水星の地表面で反射された電波は、往復で一億八〇七〇万キロの宇宙空間を旅して、米ニューメキシコ州ソコロ市近郊の大型開口合成電波干渉計（VLA）で受信された。Y字状に展開する合計六三キロのレールの上に、一基の口径が二五メートルの開口合成電波干渉計を二七基配置したのがVLAだ。合成解像力は、波長二一センチで一秒、波長一・三センチで〇・一秒と高感度である。

口径六七メートルの電波望遠鏡とVLAの連携で、七ヵ月にわたり観測が続けられた。そして五ヵ月間の解析で、水星に水の氷を発見したのである。

ブルース・マーレー博士が統括科学官を務めたマリナー10号は、一九七三年一一月三日五時四五分GMT（グリニッヂ標準時）に打ち上げられた。マリナー10号は、星間物質、太陽風などの観測を続けながら、最初の観測目標である金星へ向かった。

そして、一九七四年二月五日一七時一分GMTに、金星へ五七六八キロまで接近して、TVカメラ、紫外線分光計、磁力計などで観測を行った。マリナー10号は、金星の最接近点を通過と同時に金星の重力を利用したスウィング・バイで、水星へ向かうように軌道の変換と加速を行った。

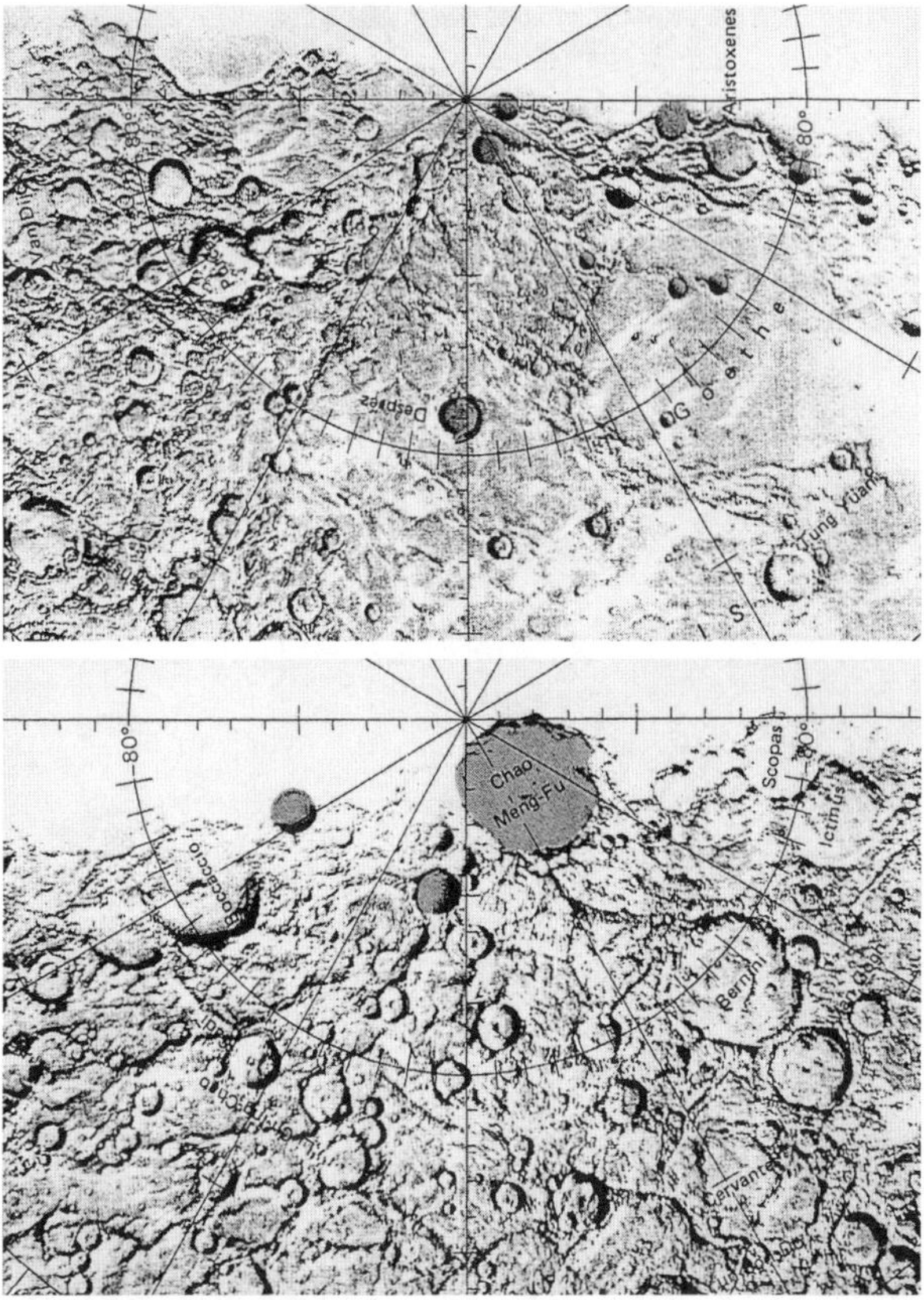

水星の北極域（上）と南極域（下）
のクレーター内（色の濃い部分）
に、水の氷が発見された。

マリナー10号水星・金星探査機。

マリナー10号の構造

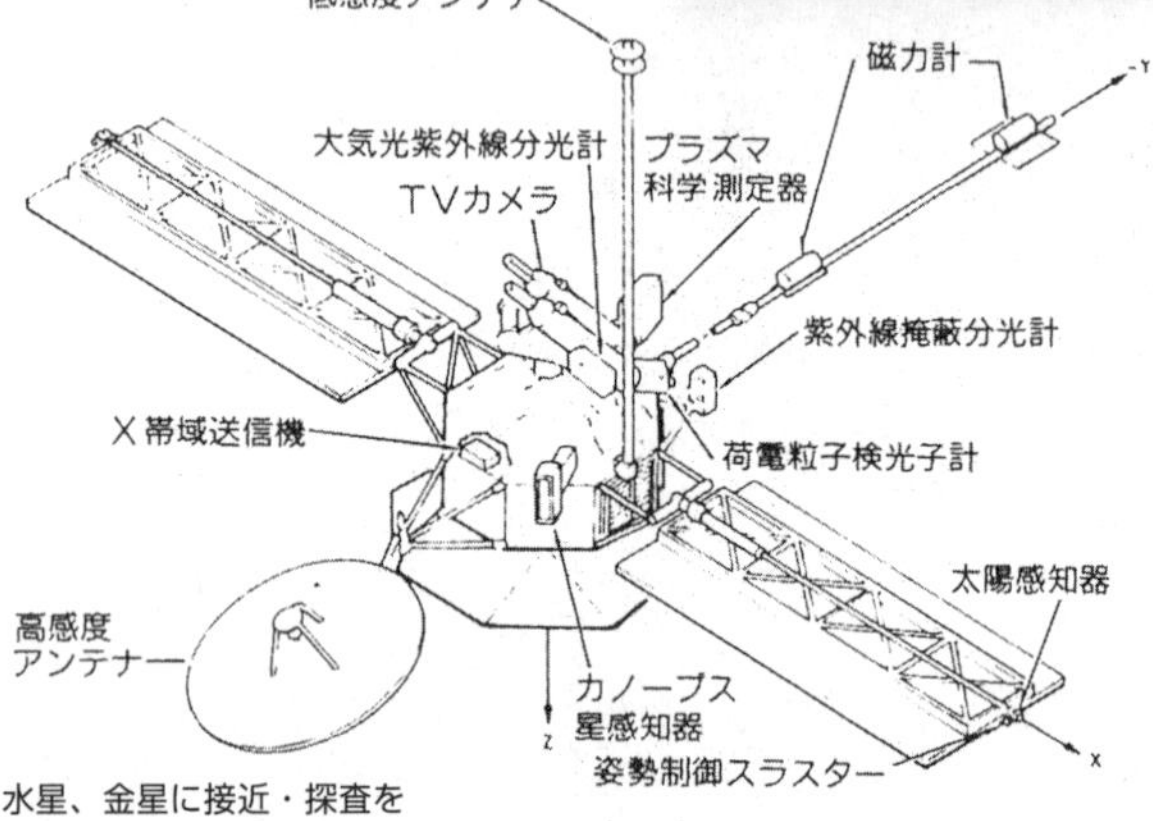

水星、金星に接近・探査をしたマリナー10号の構造。

三月二三日、マリナー10号は、水星から五三〇万キロの空間点に到達し、本格的な観測態勢に入った。

マリナー10号により一九七五年二月一三日までに、四一六五枚の画像が撮影された。また、赤外線干渉計による観測から、水星の昼側地表の温度は三五〇度に達し、水星が近日点に達したときには、四〇〇度まで上昇することがわかった。ま

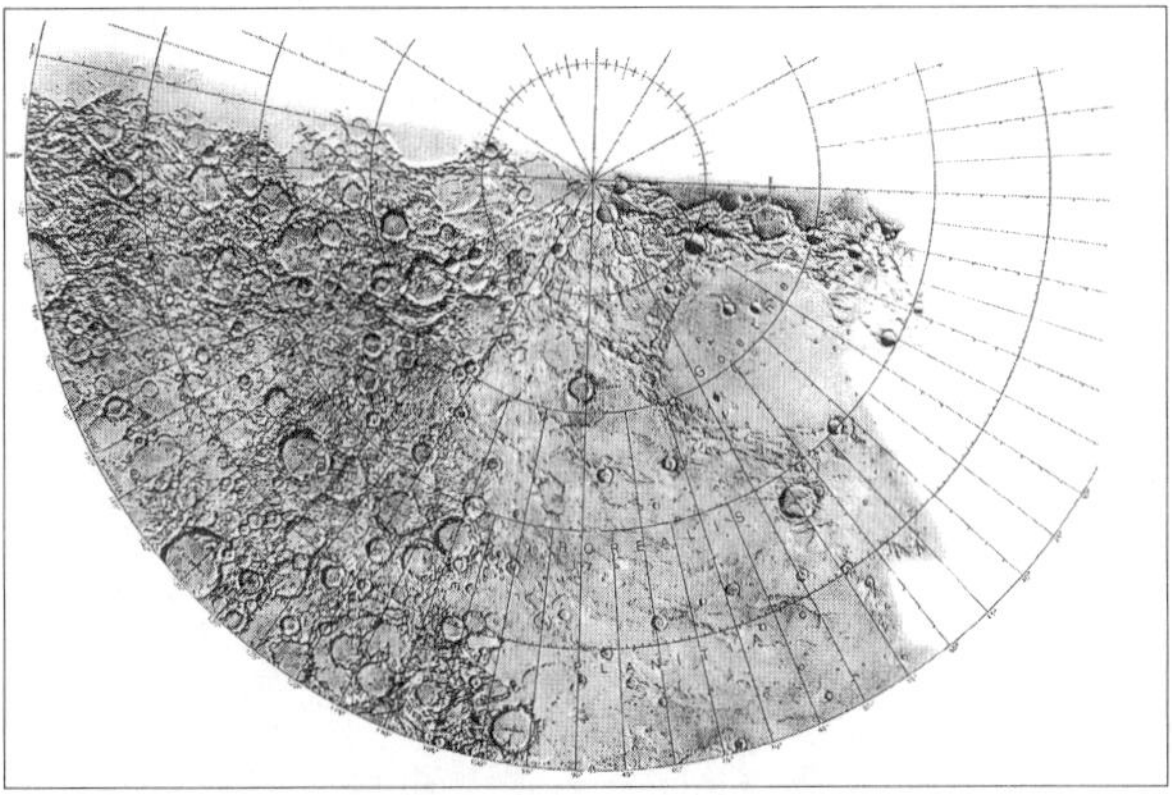

下のモザイク写真を基にして、USGS（米国地質調査所）が製作した地形図。写真地図に比べて地形がより鮮明に識別できるようになっている。

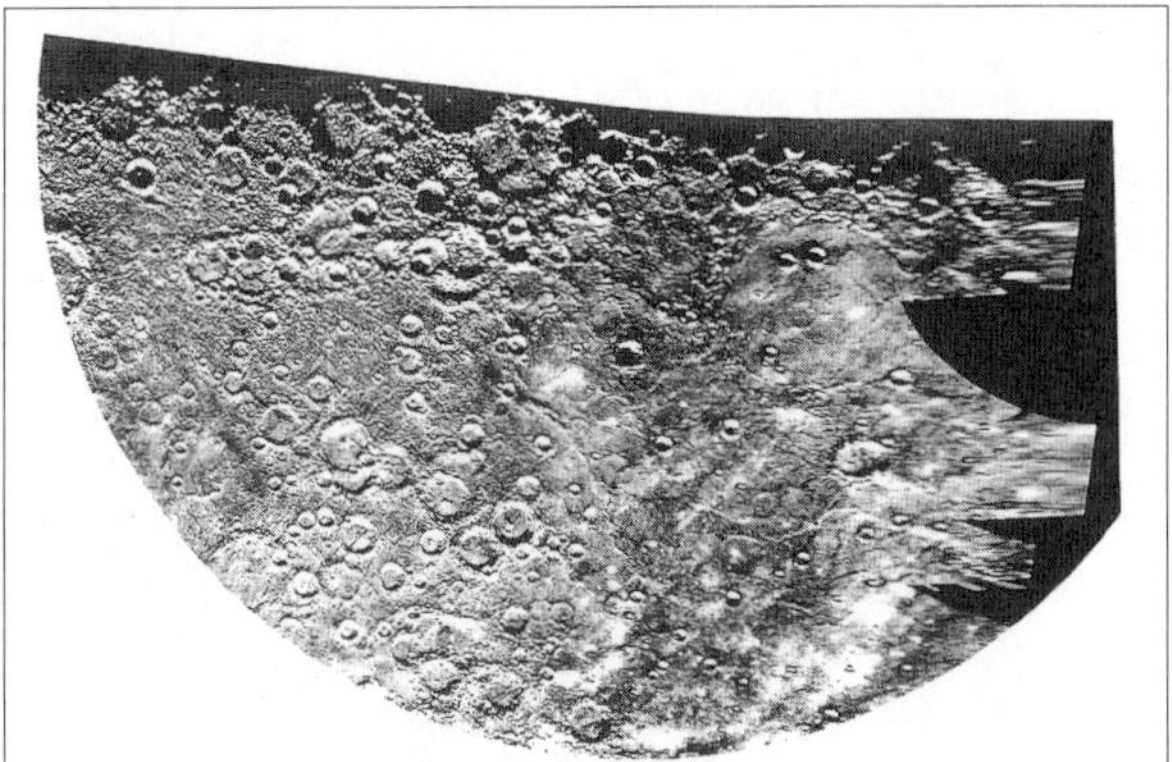

水星の北極点を中心に、緯度65度、経度0～190どまでの表面。21枚のモザイク写真により構成されている。

た、水星の夜側の地表の温度は、マイナス一六〇度まで下がる極寒であった。

地球の月や木星の月のガニメデなどにはなく、水星にだけ見られる特徴的な地形は、「リンクル・リッジ」と呼ばれる切り立った長い断崖である。断崖の高さは二～四キロ、長さは五〇〇キロ以上に及んでいる。これはアルプス山脈の高さであり、東京—神戸間ほどの長さである（左ページの写真）。

高熱であった水星が冷えて、コアとマントルに分化する時期に水星全体の収縮が起きて、その時の四方八方からの圧縮力で断崖が形成されたと推測されている。

今後の水星探査計画

ＮＡＳＡは、水星周回探査機のメッセンジャーを二〇〇四年三月に打ち上げる。金星で二度のフライバイをした後、二〇〇八年一月と一〇月に水星へのフライバイをして探査する。そして二〇〇九年九月の水星への三回目の接近時に水星を周回する軌道に乗る。また欧州宇宙機関（ＥＳＡ）は、二〇一〇年頃までに水星探査機のベピ・コロンボを打ち上げる計画である。

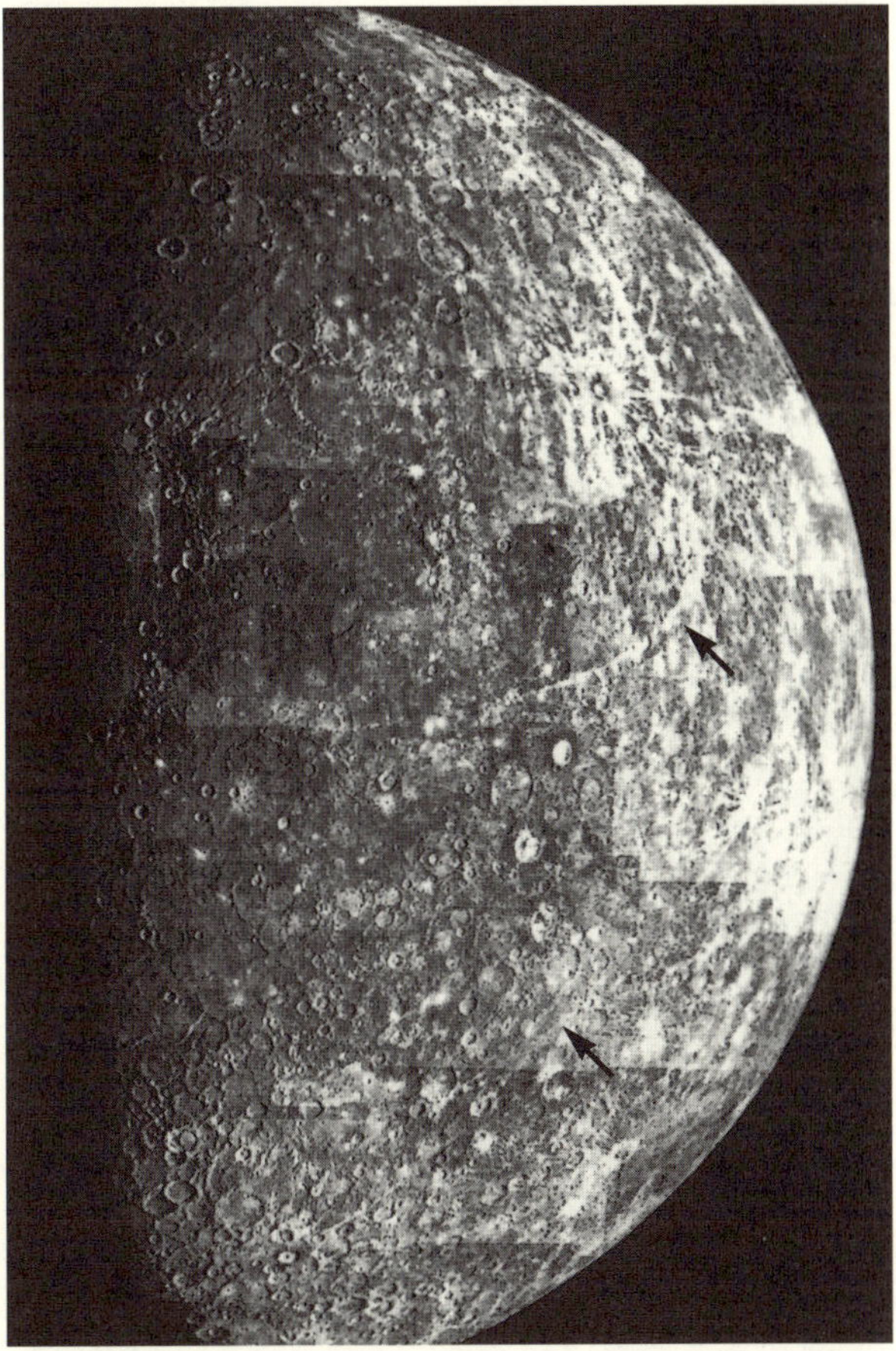

水星の特徴である切り立った断崖地形（矢印）が続く水星の表面。黄道面からマリナー10号が撮影。

金星探査

金星は、マリナー、マゼラン、パイオニア探査機や、地球からのレーダー電波により、大気、地形など、最もよくわかっている惑星だ。

マリナー2号、初の接近探査に成功

地球型惑星の金星は、太陽からの平均距離一億八二〇〇万キロ、地球の内側を公転する太陽系の第2惑星である。太陽からの最小距離一億七五〇〇万キロ、最大距離一億八九〇〇万キロと差が小さく、ほぼ円に近い公転軌道を持っている。金星は、太陽と月を除くと、全天で最も明るい天体であり、スウィング・バイが行える最小の質量をもつ天体である。

惑星探査機による金星の探査で、最初に成功を収めたのは、NASAのマリナー2号（重量二〇二キロ）であった（119ページの写真）。マリナー1号と2号は、月探査機レインジャーB型を改造して製作された。

マリナー1号は、一九六二年七月二二日九時二一分GMT（グリニッジ標準時）に、ケープカナベラルから打ち上げられた。しかし、第一段ロケットの推力が不足していたため、軌道に乗らないと判定され、打ち上げ後四一秒後には異常振動も始まったたた

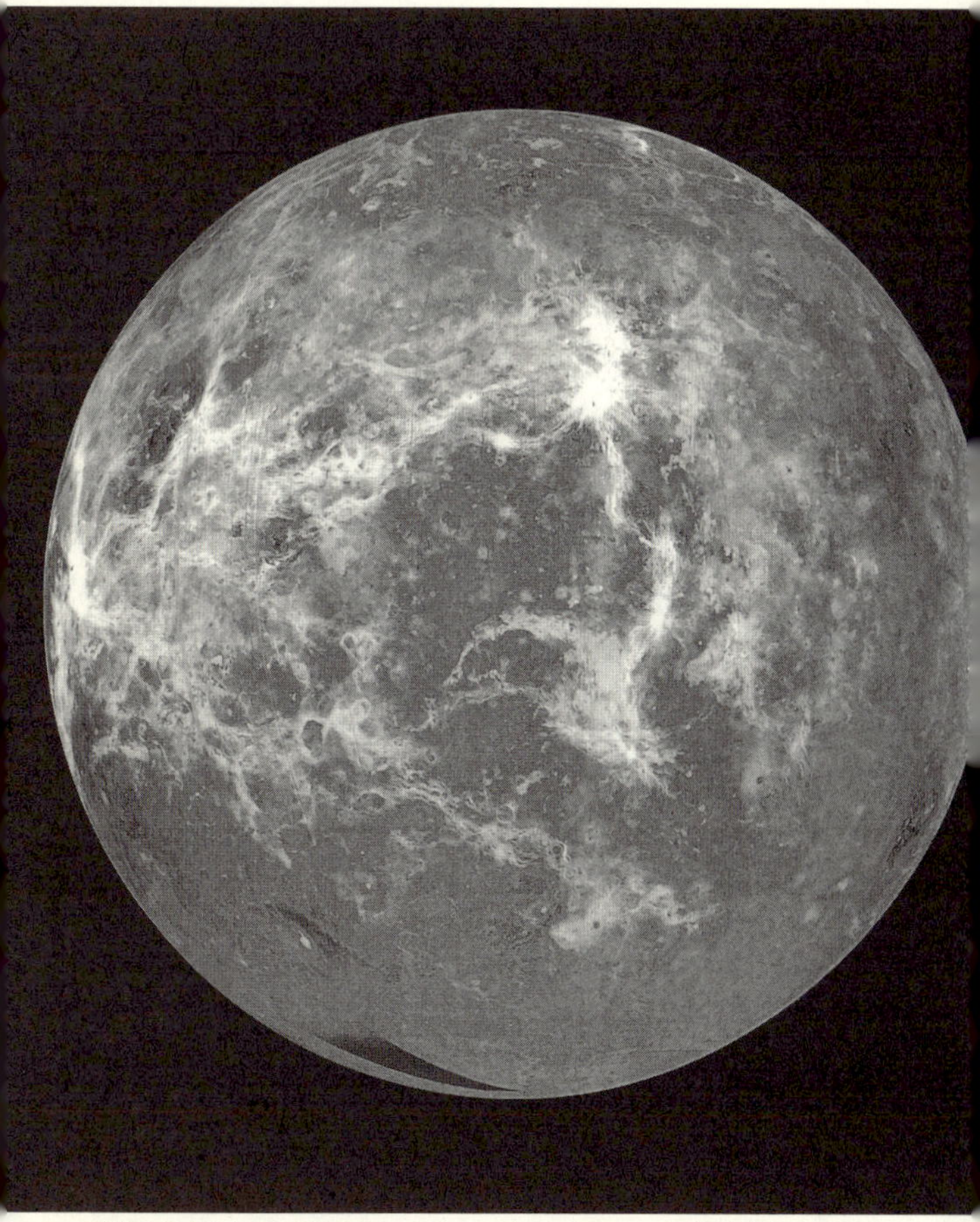

東経270度を中心に見た金星の全球。マゼラン金星レーダー探査機（MVRMM）撮影。

め、たった二九三秒後に爆破された。

マリナー2号金星探査機は、一九六二年八月二七日に、ケープカナベラルから打ち上げられた。地球出発から一〇九日目の一二月一四日、一億三五九万三六〇〇キロの距離を飛行して、金星を探査する走査領域に到達。そして金星から三万四八二七キロを最接近点として通過しながら、大気表層の温度が四三〇度であることなどを探査した。マリナー2号は、金星を通過後に太陽を回る人工惑星となった。一九六三年一月三日七時一分GMTまで追跡慣性が続けられ、六四三万キロという世界最初の超遠距離通信の記録を樹立した。

金星初着陸はベネラ4号とパイオニア金星1号

マリナー2号に続く、NASAの金星探査機マリナー5号は、一九六七年六月一四日、ケープケネディから打ち上げられた。

ソ連は、ベネラ4号を、二日前の一九六七年六月一二日、チュラタム（バイコヌール）宇宙基地から打ち上げていた。ベネラ4号は、一九六七年一〇月一八日金星に到達、降下中にベネラ4号から放出されたカプセルは、金星の夜側の北緯一九度、経度

NASA初の金星探査機マリナー2号。金星の近接観測に成功した史上初の探査機である。

三八度に軟着陸した。ベネラ4号カプセルは、金星に軟着陸して、地表面の気温が摂氏四〇〇度、気圧九〇気圧であるとの観測をした史上初の探査機となった。

マリナー5号は、一二八日間の慣性飛行をした後、一九六七年一〇月一九日に、三九〇〇キロを最接近点として金星を通過した。マリナー5号の観測データは、金星の表面の大気が、九五パーセ

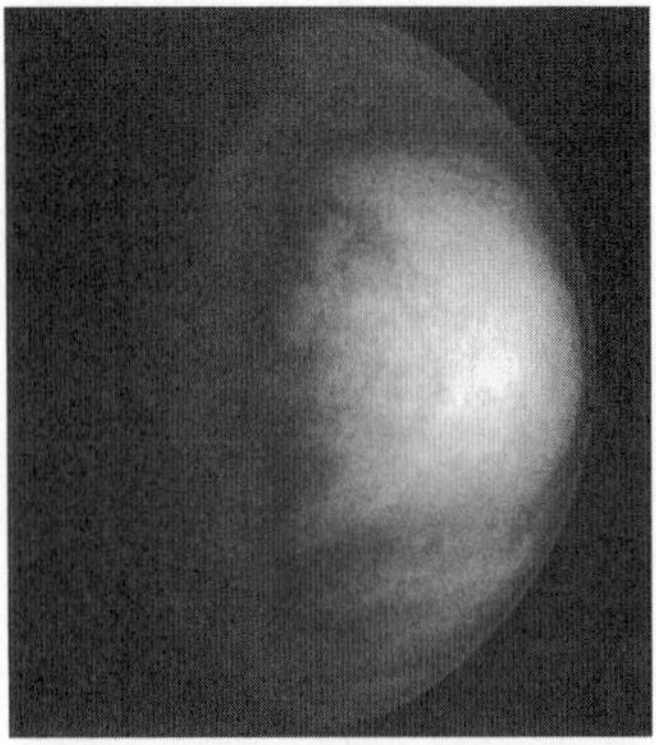

ガリレオ木星周回探査機が1990年2月14日、スウィング・バイの後にAUVS（大気光紫外線分光計）で撮った金星の大気表面。

ントの二酸化炭素と、三〜四パーセントの窒素、原子量36の原子希ガスと放射性カリウム40の崩壊による原子量40の原子希ガスとが五〇対五〇で構成されたアルゴン、約〇・一パーセントの水蒸気、約四〇ｐｐｍの一酸化炭素などで構成されていることを示していた。マリナー5号は、金星を通過した後も、太陽を回る人工惑星となって一九六七年一一月二一日まで、星間粒子、宇宙空間の磁場、太陽プラズマなどの観測を続けた。

ＮＡＳＡのパイオニア金星1号は、一九七八年五月二〇日ケネディ宇宙センターで打ち上げられた。続いて、パイオニア金星2号が、一九七八年八月八日七時、ケネディ宇宙センターから、打ち上げられた。

パイオニア金星1号は、一二月一八日から、搭載している地表面レーダー探査器（ＳＲＭ）によるテスト観測を始め、本観測は、一九七八年一二月二日に始動した。パ

地球周回軌道上のスペースシャトルからマゼラン金星レーダー探査機が金星へ向けて発射された。

イオニア金星1号は、八三四回の周回をして、北緯七三度から南緯六三度にわたる金星の全表面九二パーセントの地表を探査した。

二大大陸の発見

探査の結果、金星の地形は赤道半径の六〇五二キロより二〇〇〇メートルも高い大陸が表面の六五パーセントを占めていることがわかった。SRMにより、イシュタールとアフロディーテという二つの広大な大陸を発見したのだ。パイオニア金星1号は、金星全域と大気の組成を、本格的に探査した最初の探査機となった。

パイオニア金星2号は、LP（大型突入探査器）、三機のSP（小型突入探査器）それぞれが、金星の上層大気、磁力などを観測しながら金星へ突入した。

またパイオニア金星1号は、一九八六年二月二日から五日にかけて、金星を周回する軌道から、回帰中のハレー彗星を一二五〇万キロの距離で、大気光紫外線分光計（AUVS）により観測した。彗星のコマ（大気）や尾、金星上層大気などの高いエネルギーの成分から強い紫外線が放射されているので、大気の組成や動きを可視光線よりも詳細に観測することができた。

NASA・JPLは、一九七八年に構想した金星周回撮像レーダー探査機計画を見直して、金星周回撮像レーダー探査機計画の約半額の三億ドルで実施できるコンパクトな探査機のスタディを行い、マゼラン金星レーダー探査機（MVRMM）計画が作成された。VOIR計画では、金星の総合探査をめざしていたが、MVRMM計画では金星の精密な地形図作りに目的が集約された。

その後、スペースシャトルの打ち上げが、二年八カ月後の一九八八年九月二九日、103ディスカバリーで再開（通算二六回の飛行）された。

打ち上げの順番待ちをしていたマゼラン金星レーダー探査機（MVRMM）は、一

アフロディーテ大陸東端の標高8000メートルの火山マートモンズの地形図。マゼラン金星レーダー探査機によるレーダー画像をコンピュータ解析で3次元にした。

九八九年五月四日、ケネディ宇宙センターからスペースシャトル104アトランティスにより金星に向かう軌道に投入された。

MVRMMは、地球出発から四六二日間に二億五七〇〇万キロを飛行して、一九九〇年八月一〇日、三時間九分で金星を一周回する近金星点二四九・五キロ、遠金星点八〇二九キロの長楕円軌道に乗った。

八月一五日から合成開口レーダー（SAR）による金星表面の試験観測が開始され、九月七日まで続けられた。第一次観測期間が開始された。

観測データの解析から、金星でもプレ

ートテクトニクスが成り立っていることがわかった。また、アフロディーテ大陸の東端に位置するマートモンズが活火山と推測された。噴煙など活火山であることを示す直接の証拠は得られていないが、山頂付近から麓《ふもと》まで続いている溶岩が流れ出たような何条もの跡、岩石の風化の度合いなどを分析した結果、活火山であると結論された。

ＭＶＲＭＭは、一九九三年五月二〇日までに四回にわたり、全表面の九八・六パーセントの探査を完了した。そして金星の内部構造を詳しく探査するための精密重力測定を行った後、一九九四年一〇月一一日に金星大気に突入して消滅した。

成果と今後の計画

ＮＡＳＡの金星探査計画は、打ち上げに失敗したマリナー1号を除いて、他の六機はすべて、完璧と言える観測成果を得て成功している。マリナー2号とマリナー5号、マリナー10号は、近接探査機だった。パイオニア金星1号は、金星の磁気圏の大気、重力などの観測により、最初の〝金星〟の物理モデルが作られた。パイオニア金星2号では、一つの大型突入プローブ（探査器）と、三つの小型プローブにより、金星大気内部の物理状態と、地表面の物理状態を精密に観測した。これらの観測から、金星の地表面は気温が摂氏四〇〇度、大気圧九〇気圧（地球で海面下九〇〇メートルに相当）、風は秒速三〜八メートルが不規則に吹いている。晴れた日の視界は約二〇キロだが、極端に高い気圧のために、遠景の視界は歪んでいる。金星の地表面は予想されたより明るかったが、それでも地表面に到達する太陽エネルギーは、全日射量の一・八パーセントにすぎない。また地表面から高度二〇キロ〜四〇キロの範囲では濃塩酸、塩化水銀、硫黄などの微粒子を含んだ雨が不定期に降っていて、時折り、地表まで到達している。高度四〇キロ〜七〇キロの領域では、主として一ミクロンの濃硫酸の微粒子が雲を構成していることが、パイオニア金星1号と、パイオニア金星2号と、旧ソ連のベネラ10号などの観測からわかった。そしてマゼランの観測から、金星の各地で、断層、崖崩れが発見され、地震が頻繁に起きていることもわかった。

パイオニア金星1号、2号、マゼランによる観測データを用いた研究は、今後も続けられる。そして次回の探査器は、大型のローバーを搭載した着陸探査器が、二〇一五年頃の実施をめざして構想されている。

月探査

月は地球に最も近い天体で、最初に人類が立った天体でもある。NASA、ESA、日本でも探査計画がある。

月にも水を発見したルナー・プロスペクター

NASA・ジェット推進研究所（JPL）は、一九九八年一月六日に、アテナⅡ型ロケットで、月極軌道周回探査機ルナー・プロスペクターを打ち上げた。ルナー・プロスペクターの重量は二九五キログラム、搭載観測装置は、磁力計やガンマ線分光計（月表面の岩石の化学組成を観測）、アルファ粒子分光計（月面からのガスの放出を観測）、中性子分光計（月面の水の氷の有無を観測）、電子密度計の五つである。

ルナー・プロスペクター

JPLは、ルナー・プロスペクターによる一九九八年九月二〇日までの観測データから、月の北極域と南極域で約四〇億年にわたり太陽光の当たらないクレーターの内側部分に、それぞれ三〇億トンの水の氷が存在すると解析した。

ルナー・プロスペクターは、設計残存寿命が過ぎた一九

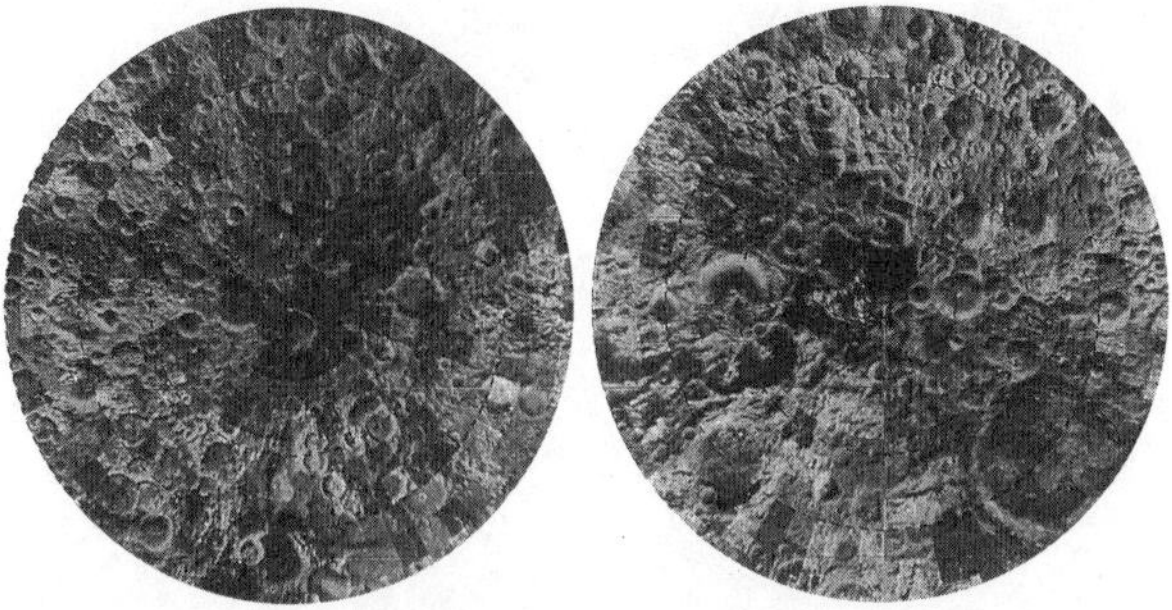

ルナー・プロスペクターが観測した氷状態の水の分布と密度の図。緯度70度以北の北極域（左）と、月の緯度70度以南の南極域（右）。

九九年二月二〇日以降も故障なく、極軌道の周回高度を、一〇〇キロからわずか七キロに下げて、磁場の分布や重力分布の測定を続けていた。そして姿勢制御スラスターの燃料が残りわずかとなってきたことから、最期にもう一度、水の有無をたしかめる実験が行われた。

ルナー・プロスペクターを、月の南極中心部のクレーターへ衝突させ、その際に放出される水蒸気をハッブル宇宙望遠鏡などで観測できれば、水の氷確実に存在していると、実証できるとされた。

一九九九年七月三一日、ルナー・プロスペクターは、予定通りに追突したが水蒸気は観測されなかった。

月の赤道直径は三四七六キロで、極直径は、

月の石。アポロ16号での着陸点ケイリー高原で採取された。斜長石を多く含む。

理論計算によると赤道直径より三二メートル短いだけの真球である。また、NASAの月周回探査機ルナー・オービタ1〜5号までの観測により、月の地球に向いた面は、平均の赤道半径より約二・六キロへこんでおり、裏側は約二・六キロ飛び出している。そして月は、直径二三〇〇キロの第九惑星・冥王星よりも大きな天体である。

海の岩、陸の岩

NASAのガリレオ木星周回探査機は、一九九〇年一二月八日に第一回の地球接近をした。この時、地球と月の全景を撮影した。月は以来、二〇年ぶりに裏

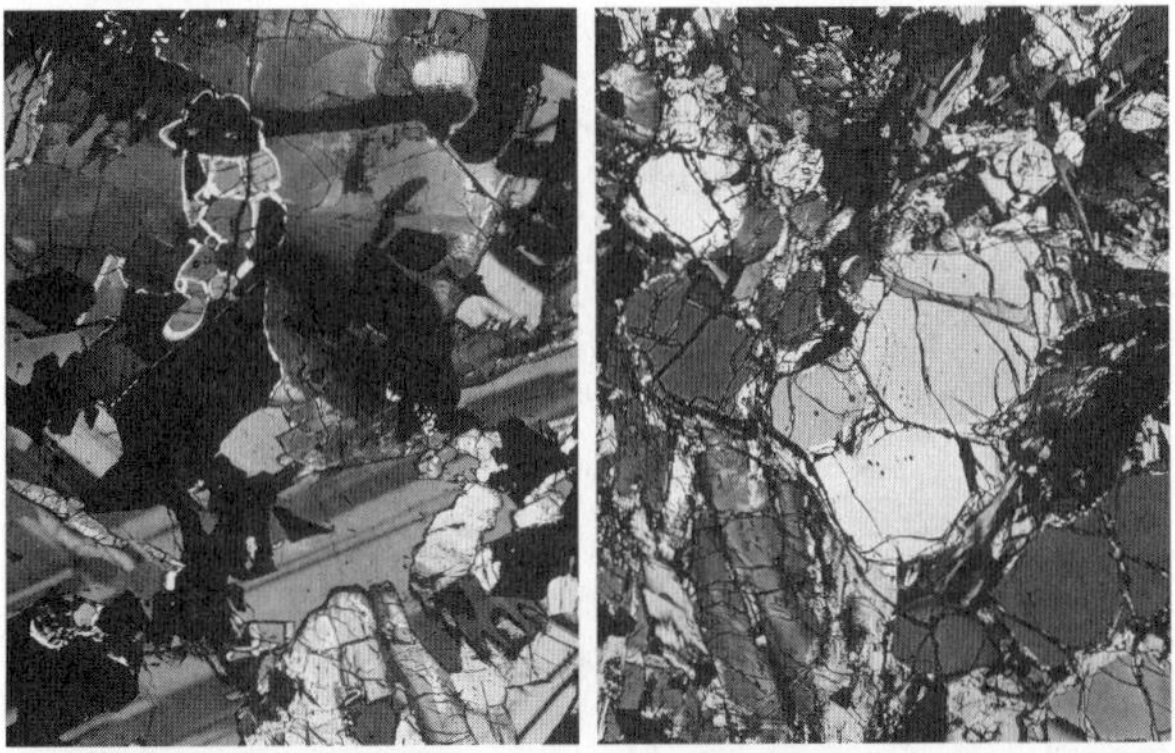

タウルス・リトロー高地に着陸したアポロ17号月着陸船チャレンジャーが採取した月の石の顕微鏡写真。アノーサイトが多く含まれている石（右）と、斜長石と輝石・イルメナイト（チタン鉄鉱）が多く含まれている石（左）。

側（地球から見えない側）が撮影された。（128ページの写真）その写真の中央には、直径が一九三〇キロもあり、月の半径一七三八・一キロよりも大きな大きさを持つオリエンタル・ベイスン（東の海）が鮮明に写し出されていた。

オリエンタル・ベイスンは、アポロ宇宙船による紫外線／赤外線観測データを解析した結果、約四〇億年前に小惑星が衝突して作られたと推定された。また、小惑星の衝突エネルギーは、当時の月が分解してもおかしくないほど強烈であったと推定された。

月面の海は、日本ではウサギの餅つきに、中国では蟹《かに》に、ヨーロッパでは女性

ガリレオ木星周回探査機が２回目の地球スィングバイの後、1992年12月16日、月から628万キロの距離より撮影した月と地球。月は手前にある。

の横顔に見えると言い伝えられている。

月の海が黒っぽく見えるのは、主として玄武岩質の溶岩が表面を覆っているからであり、陸の地域が白っぽく見えるのは、主として、斜長石という岩石でできているからである。また、アポロ宇宙船が持ち帰った月面物質の分析から、海は三二億〜四〇億年前に、陸は三八億〜四〇億年前に誕生したと推定されている。

月の中心核

ルナー・プロスペクターの最大の成果は、月の中心核が地球に比べて極端に小さいことを探査したことだった。

ルナー・プロスペクターから発信する

電波信号を地球の追跡管制局で測定し、ルナー・プロスペクターが地球に近づいたときと、遠ざかったときとのドップラー変位から月面各所の重力値を観測する。これから月の慣性モーメントを計算して、月の中心核の大きさを推定する方式である。推定された月の中心核の直径は四五四キロ～九〇六キロであった。

もう一つは、地球には太陽風によって形成されている、地球磁場の広がりである磁気圏ティルがある。太陽側では地球半径の一〇倍程度だが、反対側（夜側）では、地球半径の三〇〇倍くらいにまで展開している。月が地球の磁気圏ティルを通過する時、月の中心核に多少でも鉄があれば、月には一時的に磁場が発生する。これをルナー・プロスペクターの磁力計と電子密度計で観測し、集積された観測データを解析して、月の中心核の大きさを推定する方式である解析された月の中心核の直径六一四キロ～八六二キロであった。またアポロ宇宙船11号、12号、17号が月へ接近して行く時の加速度の変化率から算出した月の質量は、地球の八万一三〇二分の一に相当する七三四八×一〇の一九乗キログラム（七三四八京《ケイ》トン）であった。そして中心核の質量は、月の総質量の二・二パーセントである。また月の中心核の鉄の含有量が、地球の中心核に比べて極端に少ないこともわかった。近年有力となっている〝月の起源説〟の

「巨大天体衝突説」では、火星（六・四三×一〇の二〇乗トン）の二・五七倍程の天体が地球に衝突し、大量の地球の一部も含めた巨大破片を地球周回軌道に散らばらせた。やがて破片同士が衝突や融合を繰り返して、今日の月の三分の二程の〝原始月〟が誕生したと、解析されている。地球に火星の二・五七倍程の天体が衝突した時点で、地球の鉄の大部分は地球の中心核に集中していて、破片としてほとんど飛び出さなかったことから、月の中心核には鉄が少ないと推論されている。

月の大気

月の表面の重力加速度は、地球の六分の一で、脱出速度は、秒速二・三七五キロである。このように重力が弱いことから、月は大気を地球のように多量に留めておくことができず、ほんのわずかしか大気がない。例えば、水素原子を一つ月面に放ったとする。地球から見て、満月の月面での昼間では二・一時間で、新月の月面での夜間では三・六時間で宇宙空間へ飛んで行ってしまう。水素原子より、かなり重い酸素分子は、月面の昼間で約一〇〇万年は留めておくことができると計算されている。

アポロ11号の月探検では、太陽風測定器が月面に設置され、アポロ12号、14号、15

号の月着陸船には真空度測定器が搭載されていた。これは月に微量に存在するとされる大気の種類を測定するのが目的であった。月面に存在したガスは水素分子、ヘリウム、ネオン、アルゴンで、アルゴン以外は月面に吹きつける太陽風によって、アルゴンは月の地殻から遊離したことがわかった。また、これらのガスの濃度は、一立方センチ当たり二×一〇の五乗分子であった。これらの測定は、アポロ月着陸船から排出されたガスなどの影響を受けない夜間の環境で行われた。

今後の計画

ＮＡＳＡは、二〇一〇年ごろから開始する月の裏側を重点的に探査する月極軌道周回探査機、月震観測・昼夜間月環境観測無人ステーションなどを構想している。また、米国の民間組織が、独自の月探検と商業利用を計画している。一方、欧州宇宙機関（ＥＳＡ）は、二〇〇二年一〇月、電気推進による月探査機の「スマート１」を打ち上げる。日本では、宇宙科学研究所（ＩＳＡＳ）が、二〇〇三年度に実施予定の月探査機ルナＡ計画を推進している。また、宇宙開発事業団（ＮＡＳＤＡ）とＩＳＡＳは、共同で、月周回探査機セレーネを、二〇〇四年度に月へ送る計画を推進している。

彗星探査

欧州宇宙機関（ESA）のジオット探査機が
一九八六年ハレー彗星に接近、核の撮影に成功。NASAの
ディープスペース1号、スターダストは、現在飛行中だ。

初の彗星接近探査機

欧州宇宙機関（ESA）のハレー彗星探査機ジオットは、一九八六年三月一四日、ハレー彗星へ六七〇キロまで近接して、ハレー彗星のコマ（大気）の中に突入して、核の撮影に成功した。英国のグリニッジ天文台のエドモンド・ハレーが発見した周期が七六周年のハレー彗星は、紀元前二四〇年一二月一日を第一回として、三〇回目の回帰をしてきて、一九八六年二月九日に近日点を通過した後、遠日点をめざして飛行を始めた。次の回帰は二〇六一年七月二九日である。

30回目の回帰をしてきた
ハレー彗星

ところで、一九九一年二月一二日、遠日点をめざして飛行をしているハレー彗

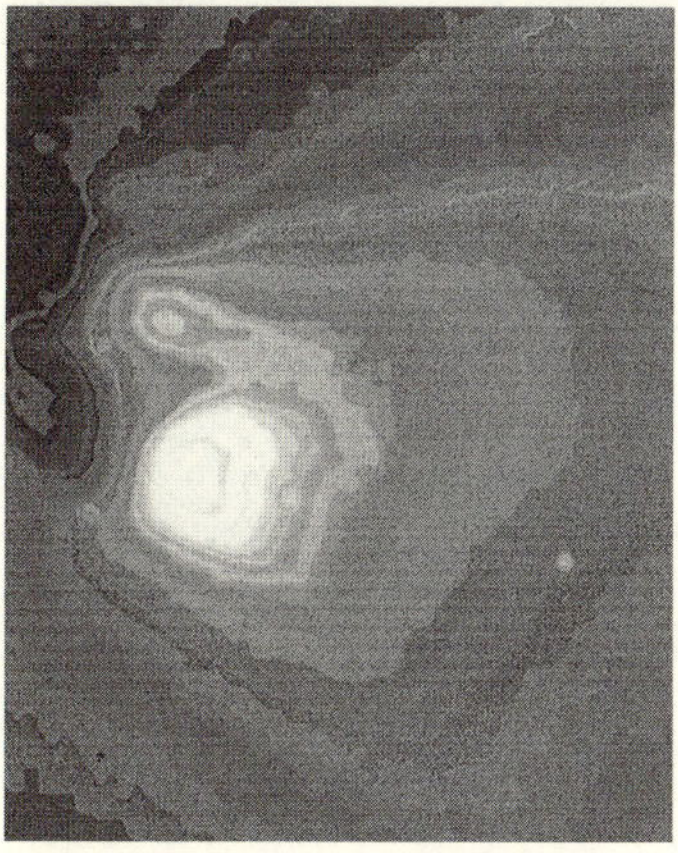

ジオットが撮影したハレー彗星の核とコマ（大気）。

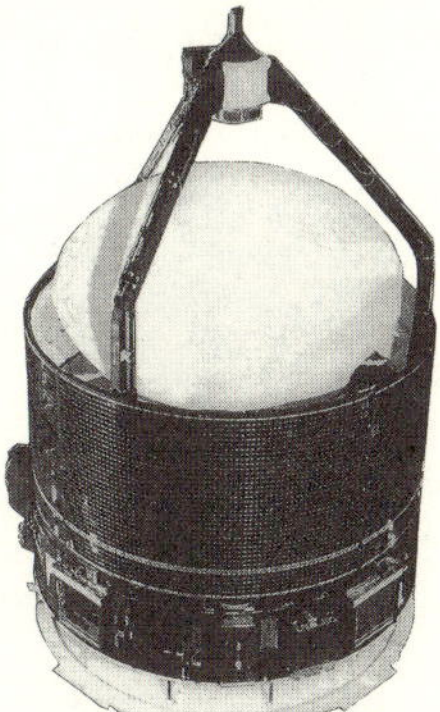

欧州宇宙機関（ESA）のハレー彗星探査機ジオット。

ハッブル宇宙望遠鏡で観測撮影したシューメーカー・レビー第９彗星（SL-9）の分裂核

星が、突然明るくなった。チリの欧州南天文台（ＥＳＯ）が撮影観測したもので、急激な増光の原因は、ハレー彗星の核に隕石《いんせき》が衝突して、一部が飛散したためと推測されている。

二〇世紀最大、ヘール・ボップ彗星

一九九四年七月一七日から七月二二日にかけて、シューメーカー・レビー第九彗星（ＳＬ－９）の分裂核二一個が、次々と秒速六〇キロの超高速で木星に衝突する出来事があった。

二〇世紀最大といわれたヘール・ボップ彗星（Ｃ／１９９５Ｏ１）は、一九九五年七月二三日に、一〇・二等の明るさ

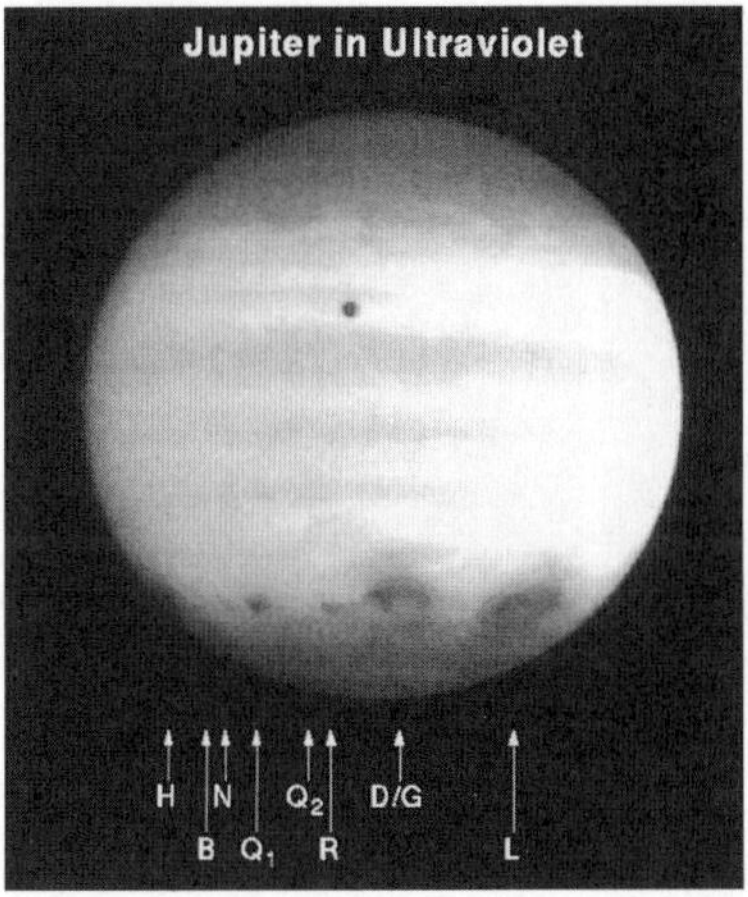

木星に衝突したSL-9の分裂核の衝突痕。

で、射手座の中に発見された。ハッブル宇宙望遠鏡による一九九五年一二月一五日までの観測から、ヘール・ボップ彗星の核は長径五〇キロ、質量は一兆トン以上、コマの直径は一〇〇万キロ以上で、回帰する周期は二四〇〇年と推定される。

ハッブル宇宙望遠鏡は、二〇〇〇年八月、リニア彗星の撮影を行った（↓139ページの写真）。

彗星の謎、解明の探査機

彗星は、紀元前から知られている天体で、太陽の近辺を近日点とする超楕円軌道や双曲線軌道を巡る小天体である。彗星は、回帰してくる周期が二〇〇年以内

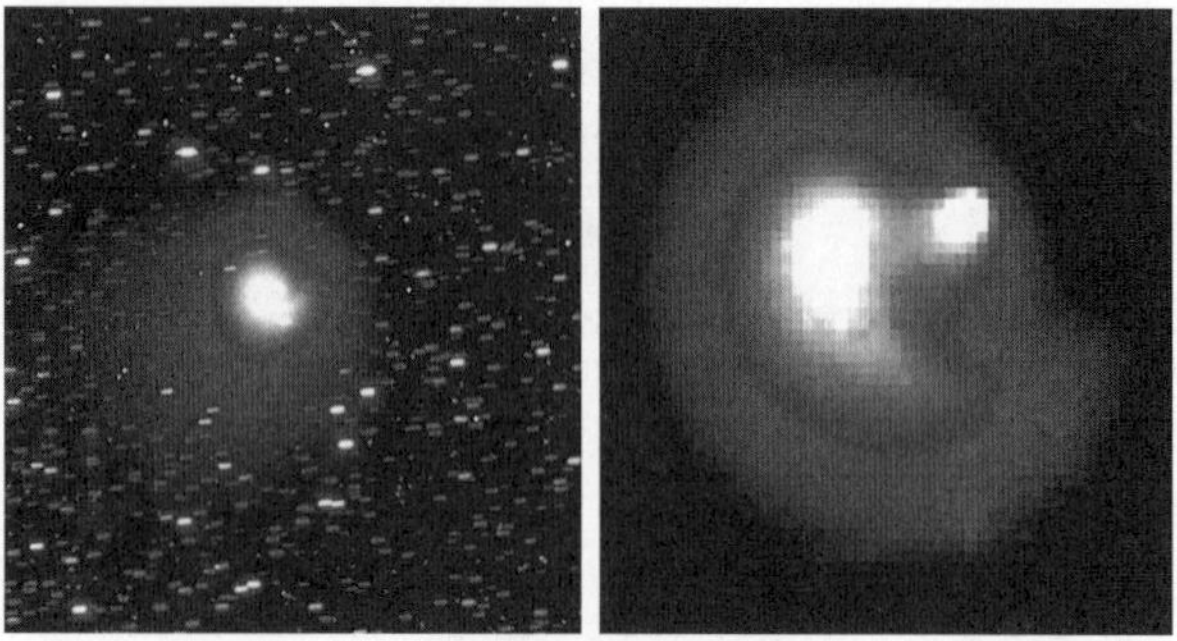

ハッブル宇宙望遠鏡で、1995年9月に撮影されたヘール・ボップ彗星の核。

の短期彗星と、それより長い長期彗星に分類されている。

長期彗星が誕生する〝巣〟であるカイパー・ベルトは、太陽から一万〜一〇万AU（AU＝天文単位。太陽と地球間の平均距離＝約一億五千万キロ）のところに存在するという仮説がある。この〝巣〟から飛び出した長期彗星は、太陽の近傍へ回帰を繰り返し、長い年月の間に木星や土星の引力の影響を受けて、短期彗星になっていく――。そして、回帰のたびに核が蒸発によって小さくなり、やがて消滅してしまうと推測されている。

一九九八年一〇月二四日に打ち上げられたディープスペース1号は、複数の彗星と小惑星に近接して探査をする探査機で、史上初のキセノンを気化して噴射する電気ロケットのキセノン・エンジ

長い尾を引いているリニア彗星1999S4（左上）と、2000年8月5日にハッブル宇宙望遠鏡で観測撮影したリニア彗星の核。

ンを搭載している。

一方、一九九九年二月八日に打ち上げられたスターダスト彗星探査機は、ワイルド2彗星とランデブーをして、彗星の揮発性粒子を採取し、二〇〇六年に地球へ帰還して、採取をしたサンプルの入ったカプセルを米国ユタ州の砂漠に降下させる。

ＥＳＡは、二〇〇三年一月にバータネン彗星の探査機ロゼッタを打ち上げる計画である。ロゼッタは二〇一一年一一月にバータネン彗星に近接して核の外観とコマの探査をするとともに、着陸カプセルのシャンポリオンを核に軟着陸させて、核の構造と組成を探査する。

天王星探査

ハッブル宇宙望遠鏡は現在、ボイジャー2号が残した観測テーマを追観測している。

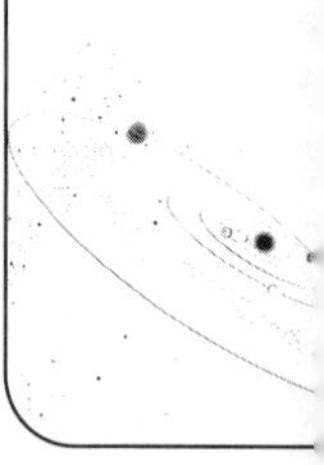

ボイジャー2号、横倒しを発見

木星型惑星の天王星は、太陽からの平均距離二八億七一〇〇万キロ、地球の外側を公転する太陽系の第七惑星である。

ＮＡＳＡの外惑星探査機ボイジャー2号は、一九八六年一月二四日に天王星、一九八九年八月二五日に海王星をそれぞれ近接探査した。ボイジャー2号の観測から、天王星は、自転軸と磁気軸が六〇度開いているほか、赤道面が軌道面に対して九七度九分も傾いていることがわかった。つまり自転軸が横倒しになっているため、自転に伴って昼と夜が変わることはなく、地球時間で四二年ごとに夜と昼が入れかわっている。

天王星の自転軸が横倒しになった原因については、微惑星の衝突仮説が最も支持されている。原始天王星に、直径がその半分ほどある氷を主成分とする微惑星が、原始天王星の公転運動面に対して垂直に近い角度で衝突した衝撃により、横倒しになったというのである。また、天王星の輪は、微惑星から生じたガスや破片が基になってい

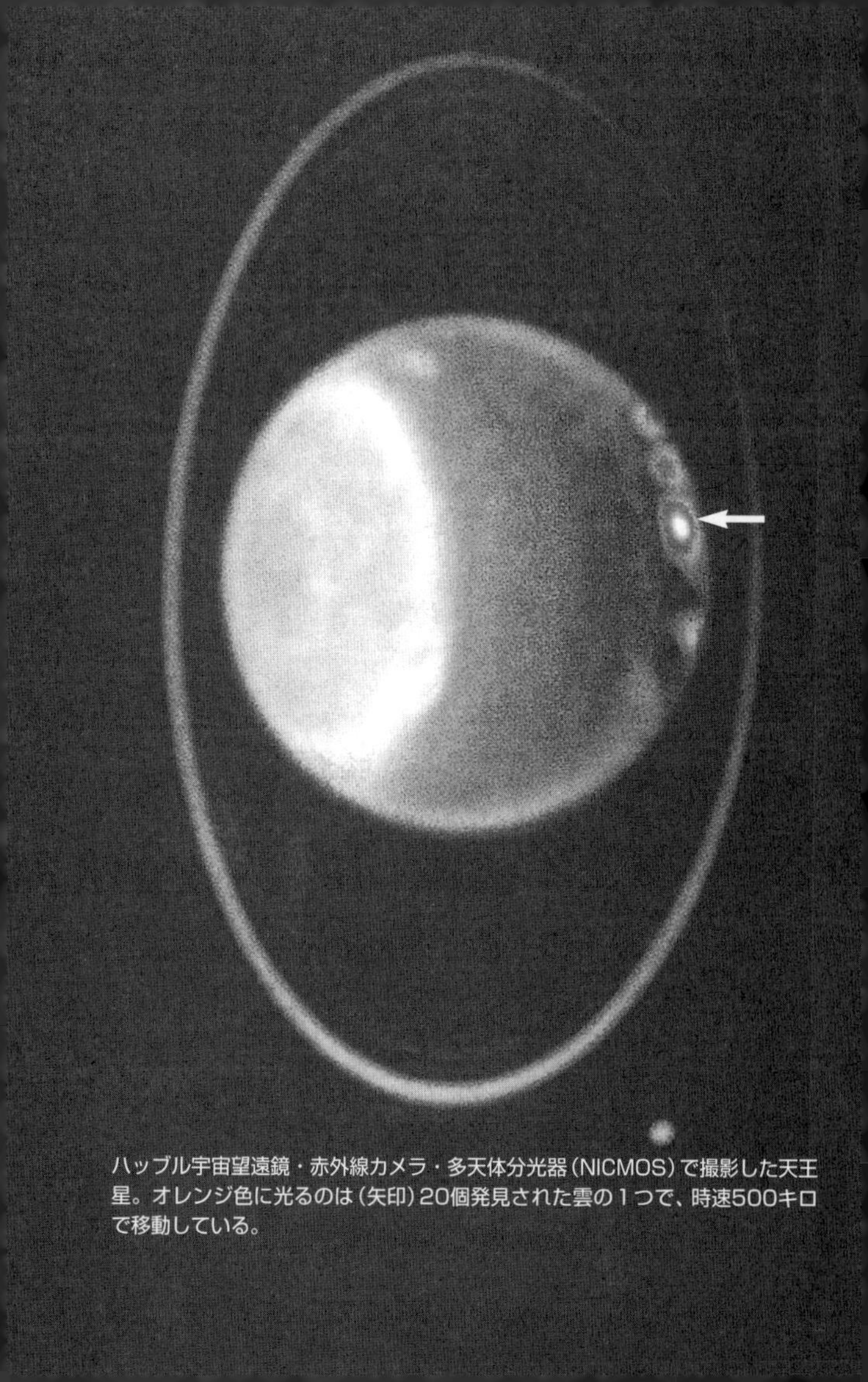

ハッブル宇宙望遠鏡・赤外線カメラ・多天体分光器（NICMOS）で撮影した天王星。オレンジ色に光るのは（矢印）20個発見された雲の１つで、時速500キロで移動している。

ると、推論されている。

ボイジャー2号が、天王星から観測した七八キロヘルツの電波と、天王星の表面の雲の動きから、天王星の自転周期は一七時間八分一六秒であることがわかった。また、ボイジャー2号が雲の表面から八万一〇〇〇キロまで最接近したとき、北極側にオーロラを観測した。これは、天王星に磁場があることを示している。

地球型惑星でも、木星型惑星でも、電流と磁場は、惑星の中心のコア（核）が自転に伴って回転することにより発生すると理論づけられていた。しかし、天王星には、この理論の通用しないことがわかった。

天王星には、一一本の環がある。最も内側の環は1986U2Rで、天王星の赤道表面から一万二四四〇キロ（中心から三万八〇〇〇キロ）の距離にあり、幅は二五〇〇キロである。九番目のδ《デルタ》環と、一一番目のε《エ・プシーロン》環で、赤道表面から二万五五八〇キロの距離にあり、幅は二〇～一〇〇キロである。

また、環の形を維持する役割を果たしている羊飼い衛星のオフェーリアを持っている。なお、天王星の環の構成粒子は直径が一メートル以上と土星の環よりも大きい。

また、炭素質の物質を多く含んだ岩石で形成されているので、光の反射率が低く暗く

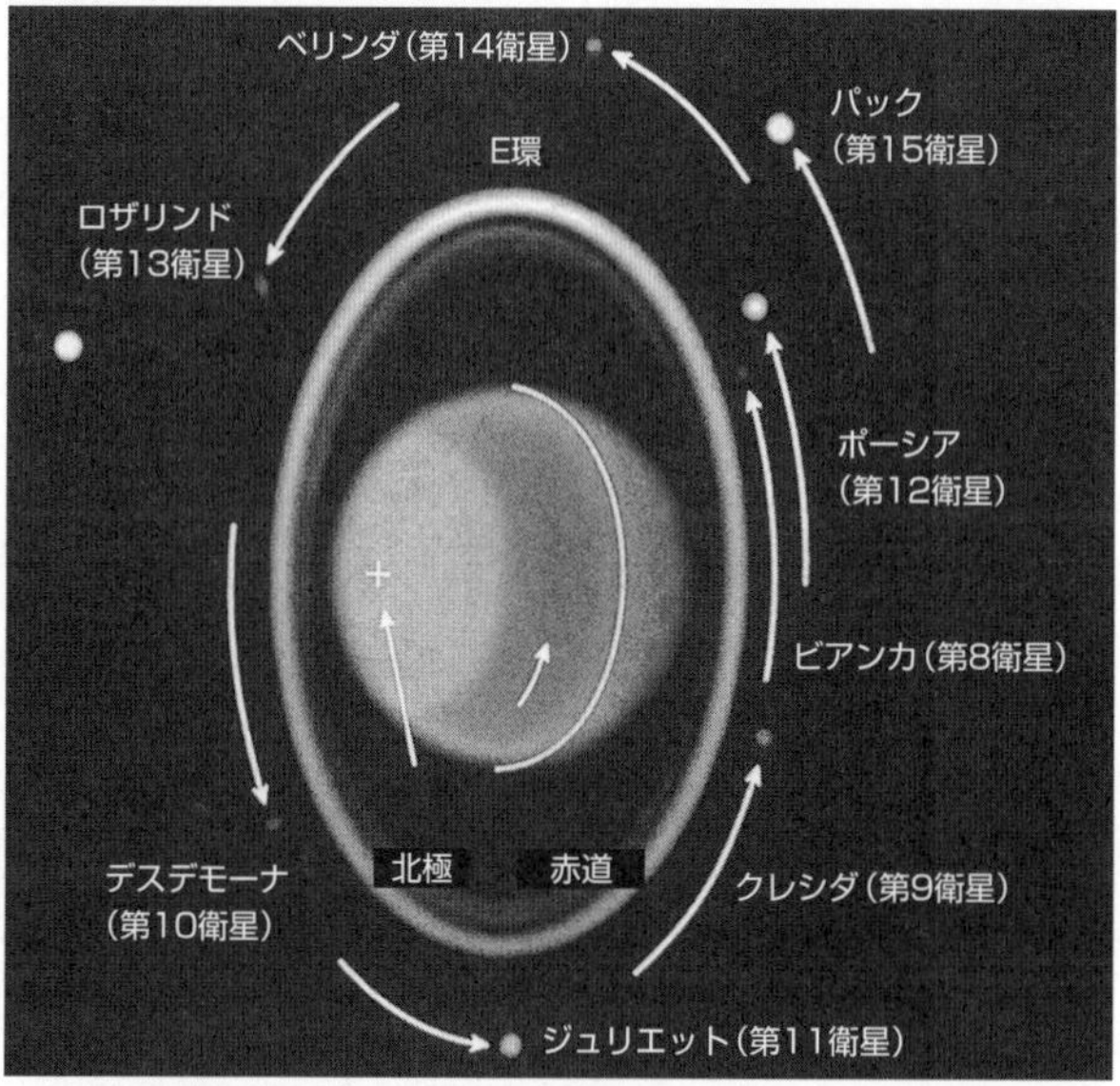

ハッブル宇宙望遠鏡・赤外線カメラ・多天体分光器（NICMOS）で観測撮影した天王星と衛星。

見える。

赤道直径五万一一一八キロ、地球を一とした時の質量が一四・六七倍の天王星には一七個の衛星がある。天王星では英語名のUranusの頭文字Uをとって、第一衛星から発見した順にU1、U2と通番を付けている。

ボイジャー2号以降、天王星へ近接探査をする計画は立てられていない。

海王星探査

ハッブル宇宙望遠鏡が現在、ボイジャー2号が残した観測テーマを追観測している。

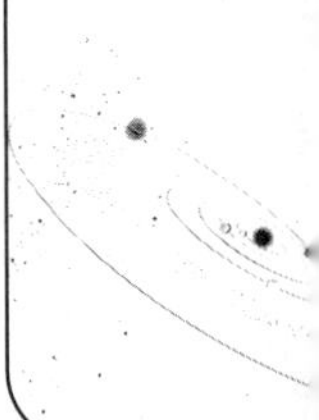

ボイジャー2号、異質の核発見

木星型惑星の海王星は、太陽からの平均距離四四億九七〇〇万キロ、地球の外側を公転する太陽系の第八惑星である。

ボイジャー2号が一九八九年八月二五日に接近観測するまで、海王星と天王星は、「双子ではないとしても、従兄《いとこ》ぐらいの共通点はある」と考えられていた。ところが、ボイジャー2号が、海王星の表面から四八〇五キロという至近距離を最接近点として通過したときの観測結果から、海王星像の修正が必要となった。まず、半径二万四七六四キロの海王星の中心から半径八一〇〇キロ以内に、岩石と金属から構成される固体核のあることがわかった。半径の三分の一の大きさを持つ球体が固体核というのは、水素を主体としたガスと、それが液化したものが主な組成の木星型惑星の中では、天王星とともに異質ではある。

海王星の大気層に浮かぶ、地球上の巻雲にも似た雲は、凍りついたメタンでできて

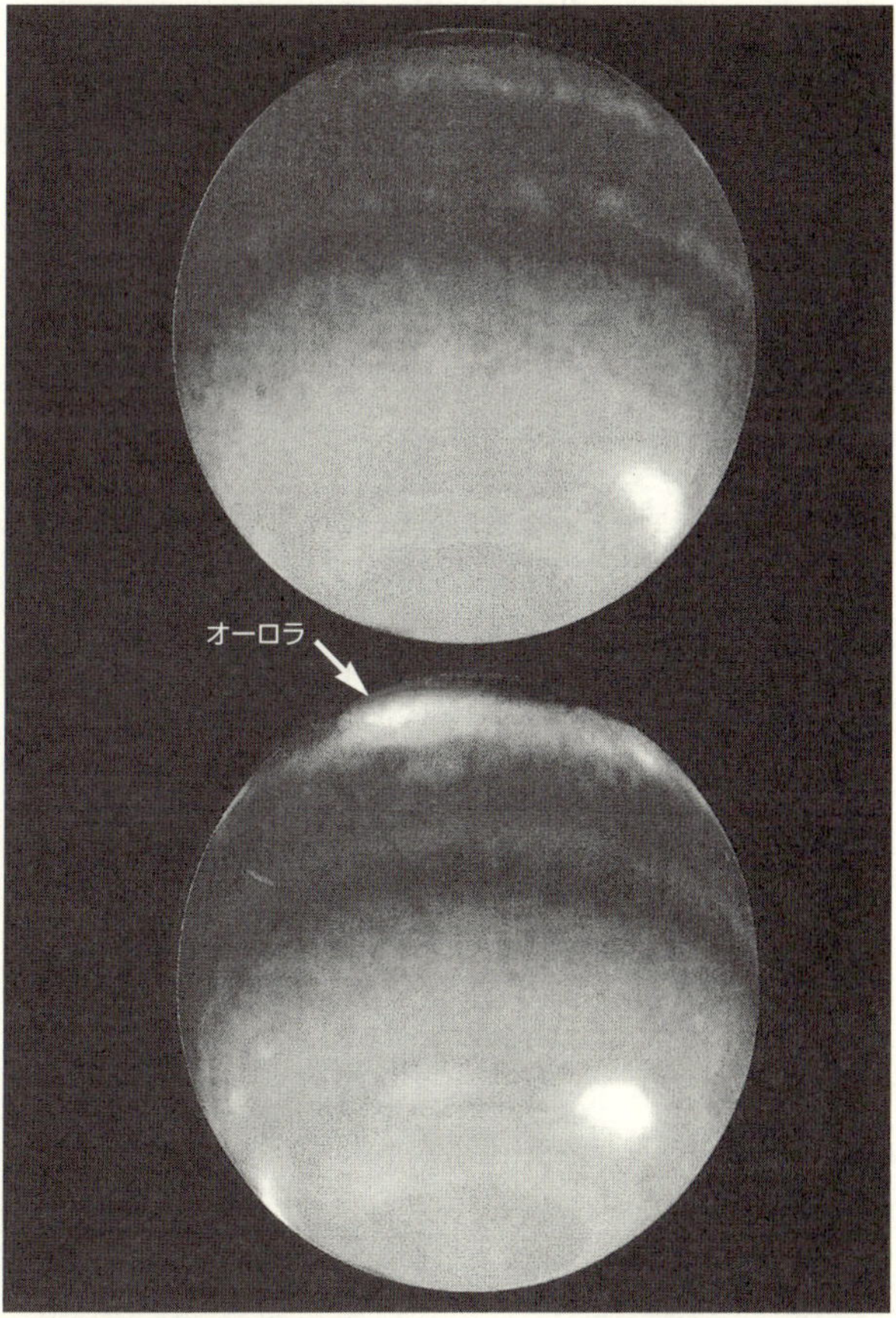

ハッブル宇宙望遠鏡で観測撮影した海王星（上、下）。大気中のメタンガスが、赤色の光を吸収するために全体として青く見える。北極域ではオーロラが輝いている（矢印）。

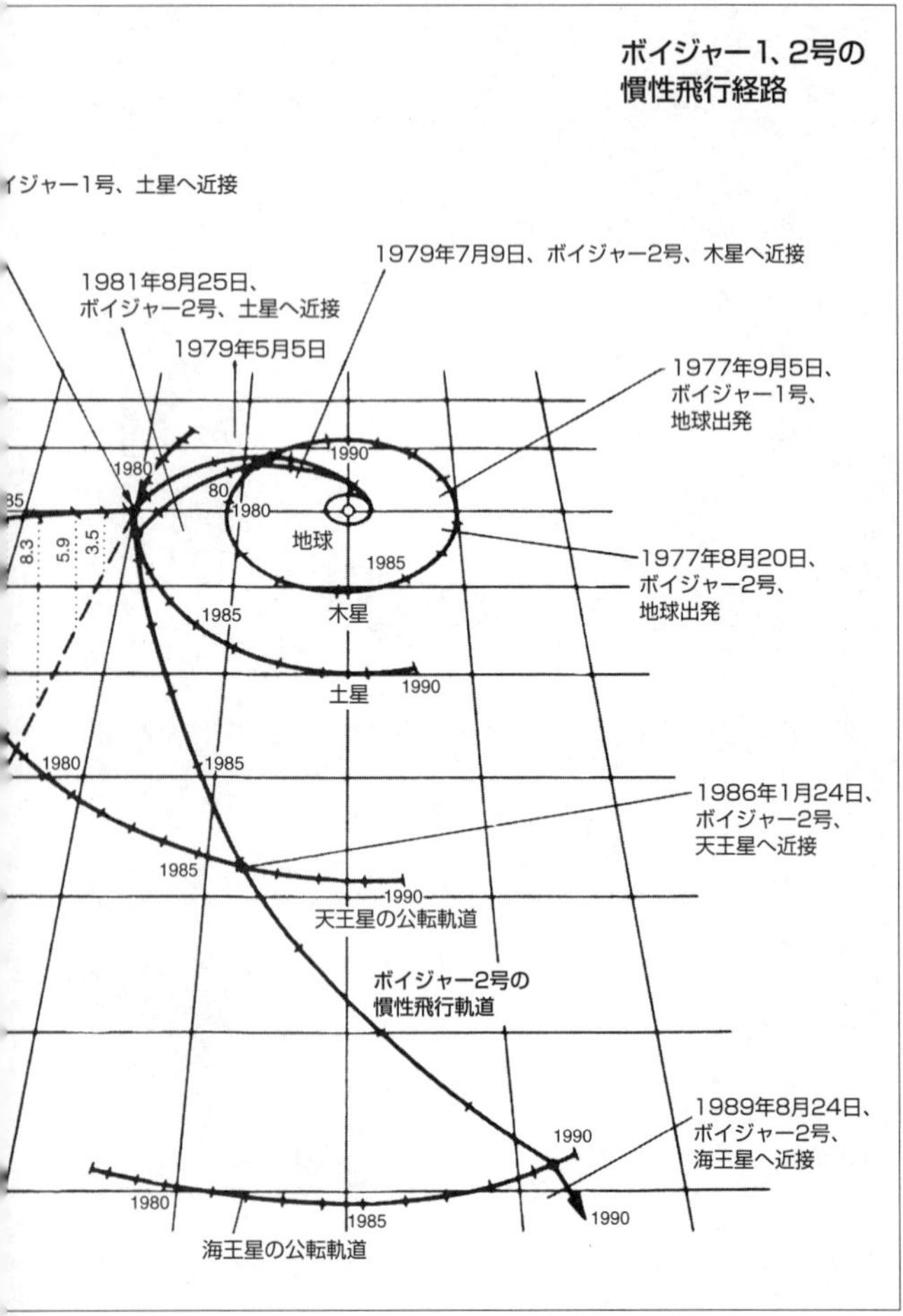
ボイジャー1、2号の
慣性飛行経路
イジャー1号、土星へ近接
1979年7月9日、ボイジャー2号、木星へ近接
1981年8月25日、
ボイジャー2号、土星へ近接
1979年5月5日
1977年9月5日、
ボイジャー1号、
地球出発
1990
1980
80
1980
85
8.3
5.9
3.5
地球
1985
1977年8月20日、
ボイジャー2号、
地球出発
1985
木星
1990
土星
1980
1985
1986年1月24日、
ボイジャー2号、
天王星へ近接
1985
1990
天王星の公転軌道
ボイジャー2号の
慣性飛行軌道
1989年8月24日、
ボイジャー2号、
海王星へ近接
1990
1980
1985
1990
海王星の公転軌道

ボイジャー2号。

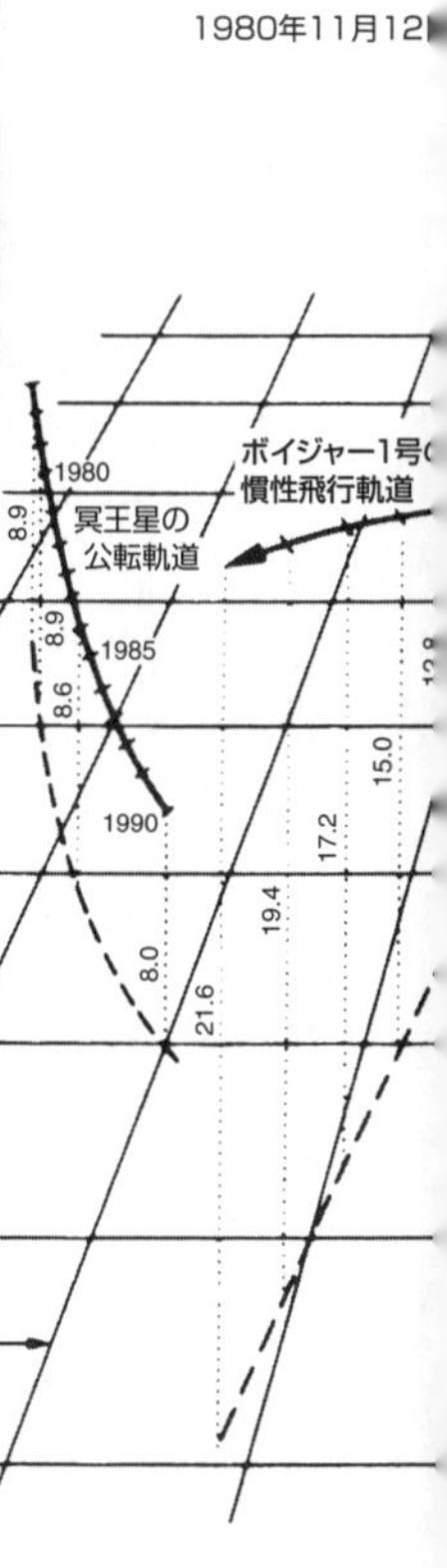
1980年11月12
ボイジャー1号
慣性飛行軌道
冥王星の
公転軌道
1980
1985
1990
8.9
8.9
8.6
8.0
21.6
19.4
17.2
15.0
5天文単位=7億5,000万km

いる。この筋状の雲は、秒速一八〇メートルで移動している。また、ボイジャー2号の接近観測により、南緯二〇度付近に大暗斑（Great Dark Spot）が、南極に近いところに小暗斑（Small Dark Spot）が発見された。楕円形の大暗斑は、長径二万一〇〇〇キロで、地球の赤道直径よりも大きく、海王星の自転周期と同じ速度で動いている。

この大暗斑は、木星の大赤斑（Great Red Spot）のように単純な大気の渦ではなく、惑星内部からの対流現象も、その形成に影響を与えていると推論されている。

さらに、米ウィスコンシン大学の外惑星研究チームは、一九九六年五月から一九九八年九月までハワイ島のＮＡＳＡ赤外線望遠鏡や、ハッブル宇宙望遠鏡を用いて、海王星の大気の観測を行った。その結果、海王星では、秒速四〇〇メートルもの、強風が吹き荒れていることがわかった。外惑星研究チームは、赤外線望遠鏡とハッブル宇宙望遠鏡を使い、海王星の白い大気の渦（雲）の動きなどを連続観測した。その結果、赤道付近を西から東へ猛烈な風の吹いていることがわかった。しかし、この超音速の風が発生する仕組みは不明である。地球で起きる風は、太陽エネルギーが原動力になっている。ところが、地球から見て外惑星の海王星は、太陽から受けるエネルギーは地球の一〇〇〇分の一程度しかない。ゆえに、超音速の風が発生するメカニズムが謎となっている。

一方の小暗斑は、五時間四〇分で一自転をしている。またスクーターと名付けられた、大規模な青白く見える渦巻き雲が南半球にある。また、以前から予測されていたように、海王星にも輪が発見された。環は、はっきりした五本の環で構成されている。

海王星には、八個の衛星がある。海王星では英語名のNeptuneの頭文字Nをとって、第一衛星から発見した順にN1、N2と通番を付けている。ボイジャー2号に搭載した望遠と広角TVカメラ、紫外線分光計、赤外線干渉計、磁力計により、N1トリトンの観測がされた。そして、トリトンの氷火山からは、窒素ガスの噴煙を噴き上げている様子が観測された。そして全表面が氷状の窒素とメタンで覆われていることがわかった。N1トリトンは、海王星の自転方向と逆に回っていることから、つねに海王星から、後ろ向きに引っぱられている。このため、トリトンの公転軌道は、きわめてゆっくりと縮まっている。一億年後には、公転軌道が小さくなって海王星に近づきすぎた結果、海王星の潮汐《ちょうせき》力により砕かれて消滅することになる。

ボイジャー2号以降、海王星へ近接探査をする計画は立てられていない。

冥王星探査

パロマ山ヘール天文台の口径五メートル望遠鏡でも、冥王星は点としか映らなかった。ハッブル宇宙望遠鏡は、表面をとらえた。

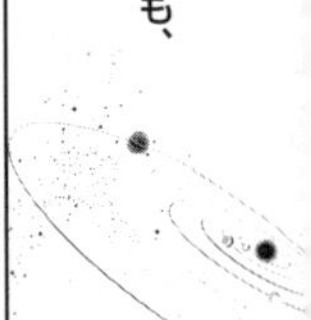

唯一、探査機未踏の惑星

地球型でも木星型でもない冥王星は、太陽からの平均距離は五九億一四〇〇万キロ、地球の外側を公転する太陽系の第九惑星である。とはいっても、その小ささ、極端に大きい軌道傾斜角など、ほかの惑星とは異質な天体といっていい。ゆえに、一九九九年二月、国際天文連合（ＩＡＵ）で、四度目の冥王星格付け論議が起きた。太陽系第九惑星の冥王星を〝惑星のまま据えおくか、小天体に格下げするか〟といった論議だった。

太陽から七〇～一〇〇天文単位離れた距離に小天体が集まった帯であるエッジウォース・カイパーベルトがある。冥王星は、このエッジウォース・カイパーベルトから飛び出してきた小天体であり、由緒正しい他の八つの惑星とは格が異なるという論議だった。今回もＩＡＵが「惑星としての位置付けに変更はない」と声明して一応鎮静化したが、冥王星が太陽系円盤からできた惑星ではなく、エッジウォース・カイパー

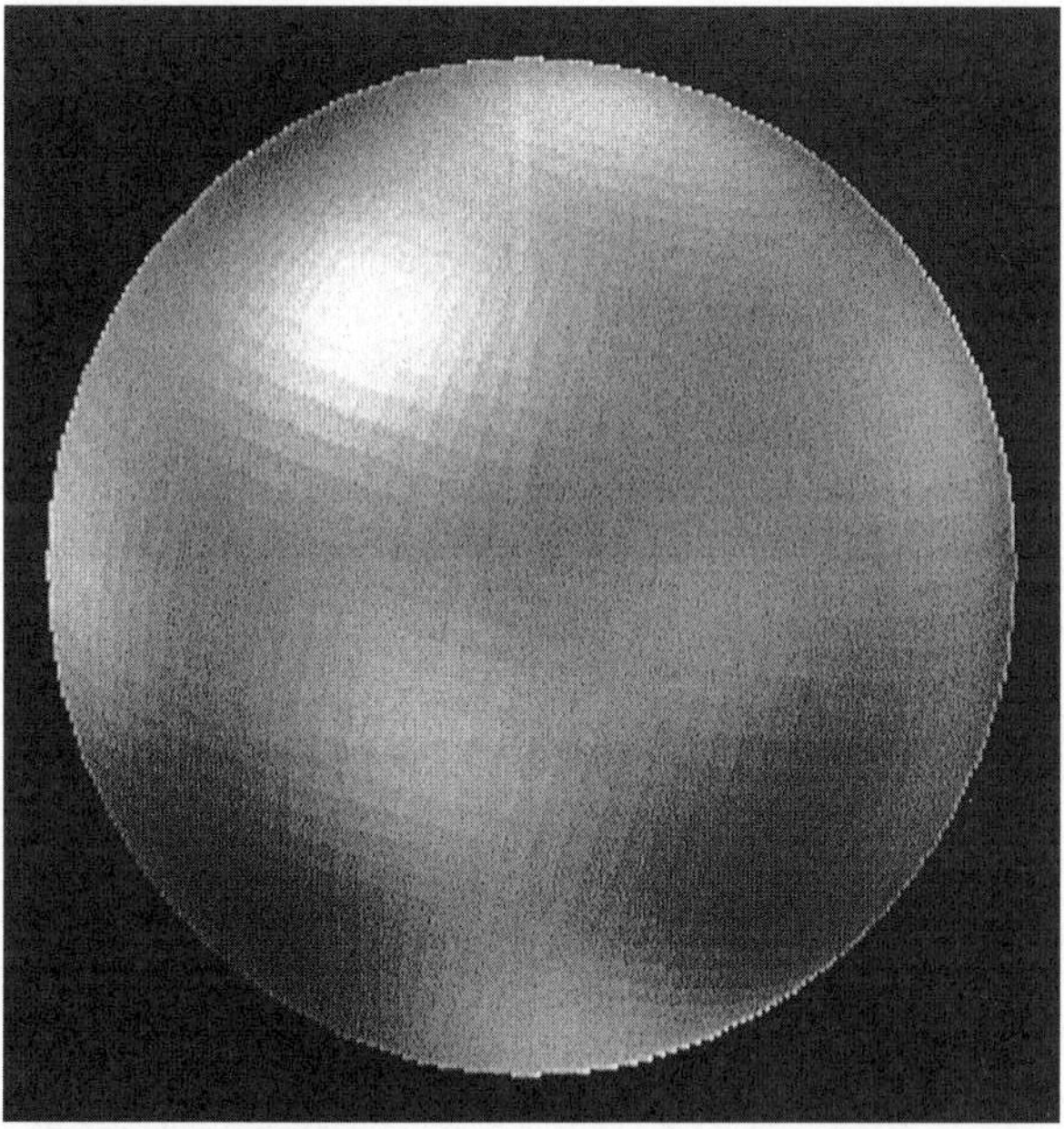

ハッブル宇宙望遠鏡で撮影した冥王星。地球を除くと、太陽系惑星の中で最もはっきりとした明暗のあることがわかった。冥王星は長楕円軌道を公転していることから、太陽からの距離によって、窒素とメタンの大気が凍ったり、溶けたりしをている。

ベルト出身という〝二重国籍論〟を唱える科学者たちは、「IAUの声明は、宇宙科学研究の発展を阻害している」としている。

冥王星の赤道直径は二三九〇キロで、月の赤道直径三四七六キロよりも小さい。質量は、地球を一としたときに〇・〇〇一七倍、体積は〇・〇一三倍、中心固体核の直径は約九一〇キロで、岩石が主体に少量の金属などで構成されている。中心固体核の周りには、厚さ約二七〇メートルの水の氷の層がある。さらに外側に厚さ数キロのメタンの氷の層がある。

冥王星の大きさは、発見当時は直径二万八〇〇〇キロくらいと考えられていた。ところが、一九七六年には、アリゾナ大学の月・惑星研究所のジェラルド・P・カイパー博士による、見かけの明るさと反射能の観測による推定から、冥王星の直径は五八〇〇キロを超えないという結果が得られた。

一九八五年四月に、ハーバード大学のダグラス・ミンク博士のグループは、一九八八年六月二九日に、冥王星が乙女座の一二等星を覆う恒星食が起きる、との予測を発表した。

ミンク博士のグループが計算予測をしたとおりに、秒単位まで予測された日時で冥

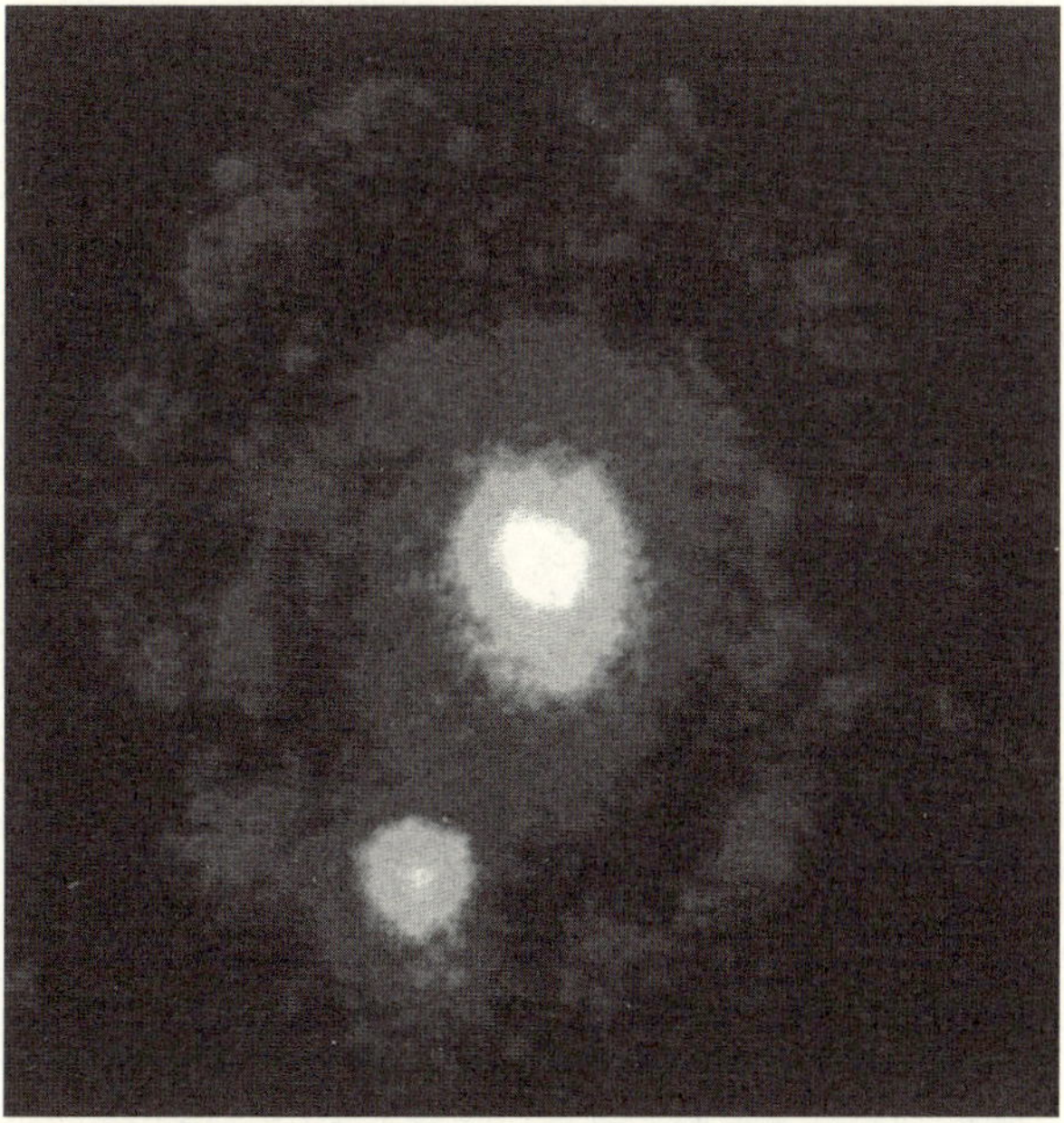

ハッブル宇宙望遠鏡・微光天体カメラ（HST・FOC）で撮影した冥王星と衛星カロン。冥王星の直径は2390キロ、衛星カロンの直径は、1284キロで、冥王星の半分近い大きさがある。カロンは、冥王星の回りを6.4日で公転している。

王星の恒星食が起きたのである。

七ヵ所の天文台による観測と、NASA・エームス研究センター(ARC)に所属するGPKAO(〝空飛ぶ天文台〟NASA714ジェラルド・P・カイパー1号)による観測が行われた。

GPKAOに搭乗した観測チームは、搭載してある口径九一・五センチ反射式赤外線望遠鏡で冥王星の恒星食をとらえた。減光していく光度曲線は、比較的緩やかなカーブを描いた。

これは天体の光が、厚い大気層の中へ徐々に吸収されていくときの特徴であり、冥王星が大気を持っていることが発見された。減光が二段階に分かれて起きて、増光も二段階にわたり元の明るさに戻った。GPKAOから観測した星食の持続時間は九六秒であった。赤外線観測から、冥王星のメタンの大気は透明と半透明の二層の分かれていることがわかった。

冥王星は一九八九年九月一二日に近日点を通過して、今日、遠日点を目ざして運行している。遠日点通過は、二一一三年である。

冥王星の起源については、

①小惑星帯付近に誕生した微惑星が、木星などの大惑星の摂動を受けて今日の領域まで押し出されたとの説
②天王星の衛星であったものが、何かの原因で放り出されたという説
③海王星の引力圏で誕生した微惑星が、海王星の衛星と衝突して、弾き出された天体が今日の冥王星であるとの説
④今日の軌道上に誕生した微惑星が冥王星であるとの説

などの諸説があるが、一片の矛盾もなく証明できる仮説は一つもないのが現状である。

近接や周回探査機が送られたことのない冥王星の観測は、地上の天文台と、ハッブル宇宙望遠鏡・広角惑星カメラ－2（ＨＳＴ・ＷＦ／ＰＣ－2）によって続けられている。

第二の太陽系探査

地球外文明の探査と交信は、空想科学ドラマでなく、正真正銘の科学ドキュメントである。

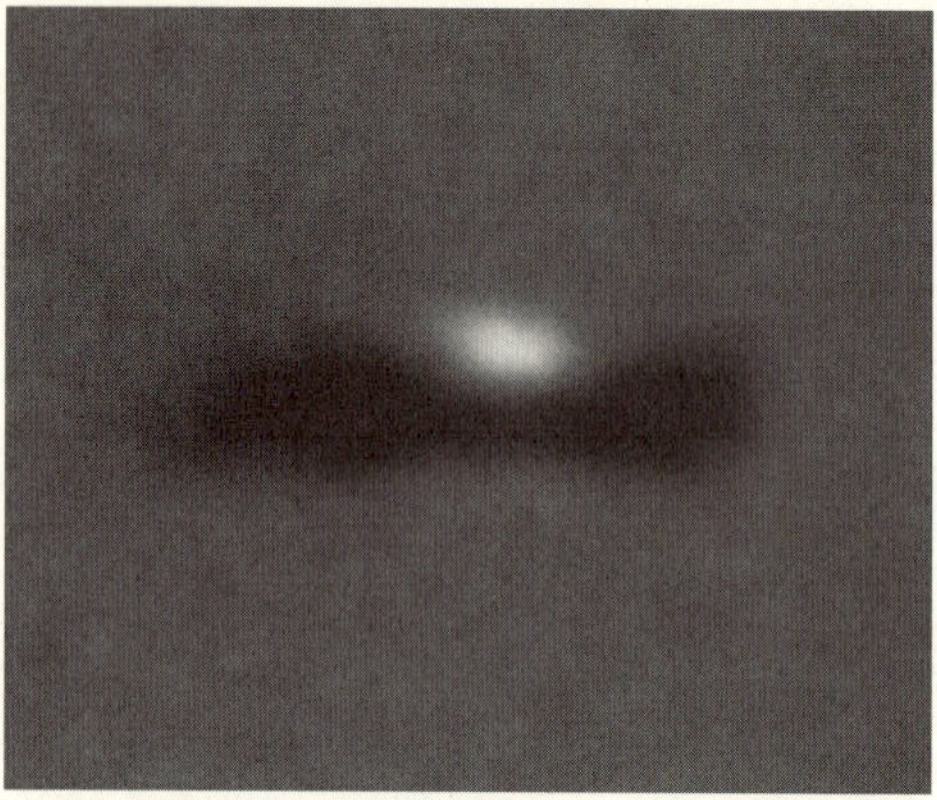

オリオン星雲内の原始惑星系円盤を、ハッブル宇宙望遠鏡が真横から観測した。

初めて太陽系外惑星を発見

われわれの太陽系には九つの惑星があるが、人間のような知的生命体ばかりか生命が見つかった惑星は地球だけである。地球と同じような条件の惑星が存在していた場合、知的生命体つまり宇宙人がいる可能性を否定できない。太陽系以外の惑星を発見するために今日、ハッブル宇宙望遠鏡（ＨＳＴ）をはじめ、その仲間の観測衛星や望遠鏡が活躍している。

初めて「第二の太陽系と、その惑星発

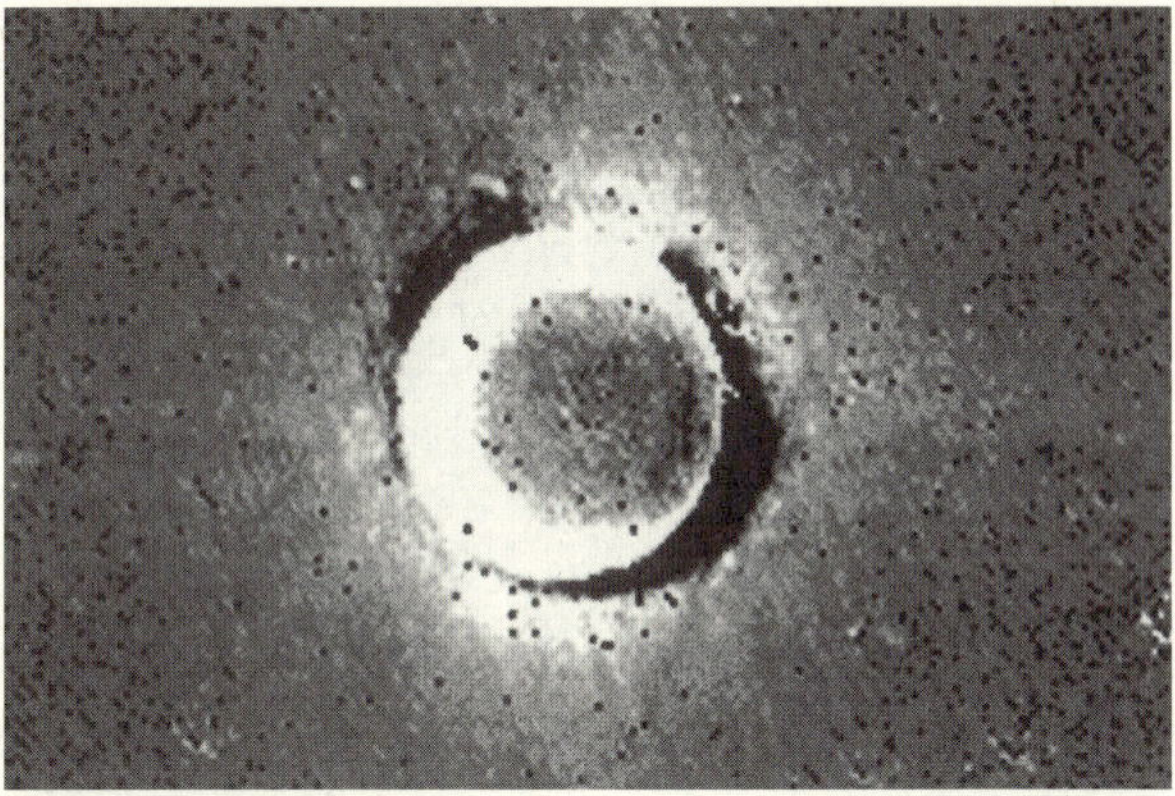

ハッブル宇宙望遠鏡の赤外線カメラ・多天体分光器（NICMOS《ニクモス》）で蟹座《かにざ》の55番のまわりに塵《ちり》円盤を発見した。

見か」と期待が持たれたのは、画架座のベータ星だった。一九八三年、NASAジェット推進研究所（JPL）が、国際赤外線天文観測衛星（IRAS）を用いて、太陽から五〇光年の距離にある南天の小さな星座、画架座のベータ星を観測。その周囲に形成されている原始惑星系を発見した。

NASAのオリジン計画

NASAは、宇宙の起源と、惑星の誕生と進化を探るオリジン計画を推進している。

オリジン計画は、①先駆ミッション（PM）、②第一世代ミッション（FGM）、

宇宙恒星間探査機（SIM）。

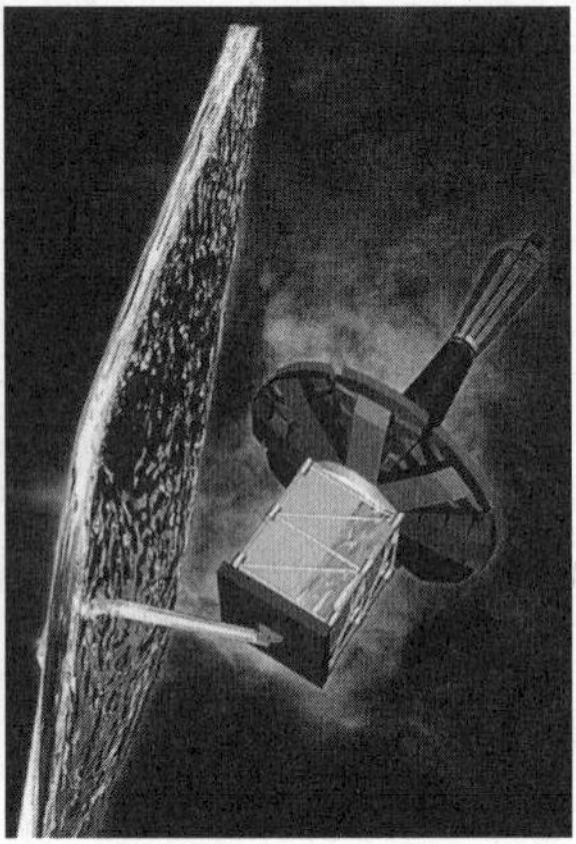
次世代宇宙望遠鏡（NGST）。

③第二世代ミッション（SGM）、④第三世代ミッション（TGM）の四つのグループから構成されている。

①は、すでに稼働中のHSTや、一九九九年六月四日に打ち上げられた遠紫外線スペクトル衛星フューズ（FUSE）、一九九九年三月五日に打ち上げられ、二〇〇〇年三月二九日にミッションを終了した。広域赤外線衛星ワイア（WIRE）、それに二〇〇二年一二月から運用が開始される第二代の空飛ぶ赤外線天文台ソフィア（SOFIA）、二〇〇一年一二月に打ち上げられる宇宙赤外線望遠鏡サートF（SIRT-F）によって実行される。

②は、HSTの数倍の規模で構想される

空飛ぶ赤外線天文台（SOFIA）。

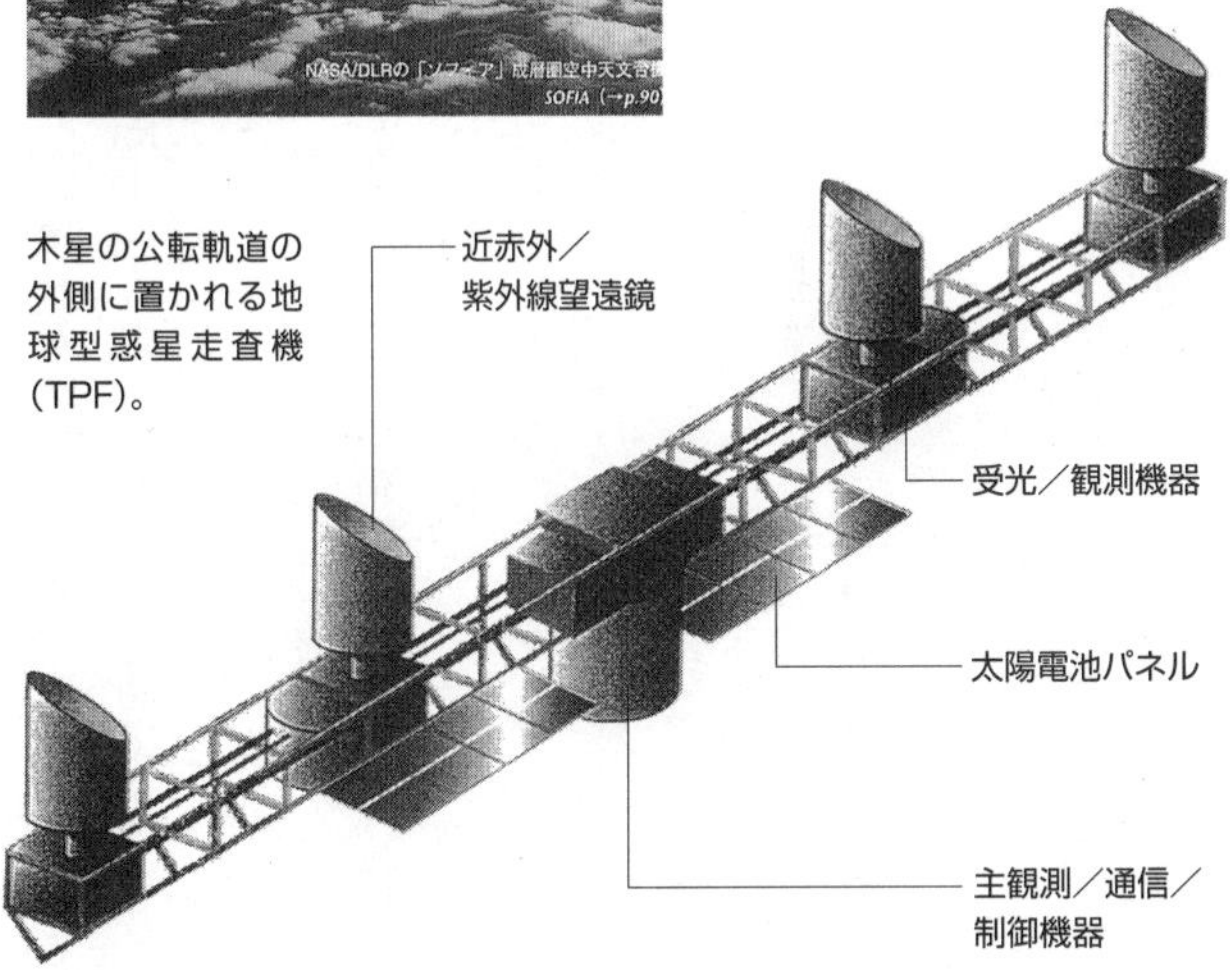

木星の公転軌道の外側に置かれる地球型惑星走査機（TPF）。

次世代宇宙望遠鏡（NGST）により実行される。

③は、二〇〇六年六月に宇宙恒星間探査機シム（SIM）を地球周回軌道に打ち上げる。このSIMは、二〇一一年までに木星の外側で太陽を公転する軌道に打ち上げる地球型惑星走査機テフ（TPF）の開発試験機である。TPFは、口径二〇メートルの望遠鏡四基を約七〇メートル間隔で配置した大型の施設で

ある。④は、まだ開発構想が初期のフェーズ（段階）1だが、二〇二七年ころに木星の外側で太陽を公転する軌道に打ち上げる惑星イメージャー（ＰＩ）がある。

宇宙人がいる条件

地球が太陽を公転している平均距離（離心距離）は約一億五〇〇〇万キロメートルだが、地球が現在の位置（離心距離）から太陽へ五・四パーセント（八一〇万キロメートル）以上近かったら、温室効果によって生命の誕生が難しい。また、地球が太陽を公転する軌道の近日点と遠日点の比率が一対一・三七以上で、加えて現在の位置から一・二パーセント（一八〇万キロメートル）以上外側を公転していたら、地球には氷河期が頻繁に起きることになる。

地球が太陽を周回する公転軌道の形も、見事なほどに真円である。この二つの条件の下で、地球には多様な有機物質の生命が存在できる環境が保たれていることが理解できる。そして、宇宙人を含めて生命が存在できる太陽系外惑星を発見するためには、現在の太陽と地球との距離などの関係が重要な条件となる。

地球外文明の存在する数を推定する方程式の提唱者で知られるフランク・ドレーク

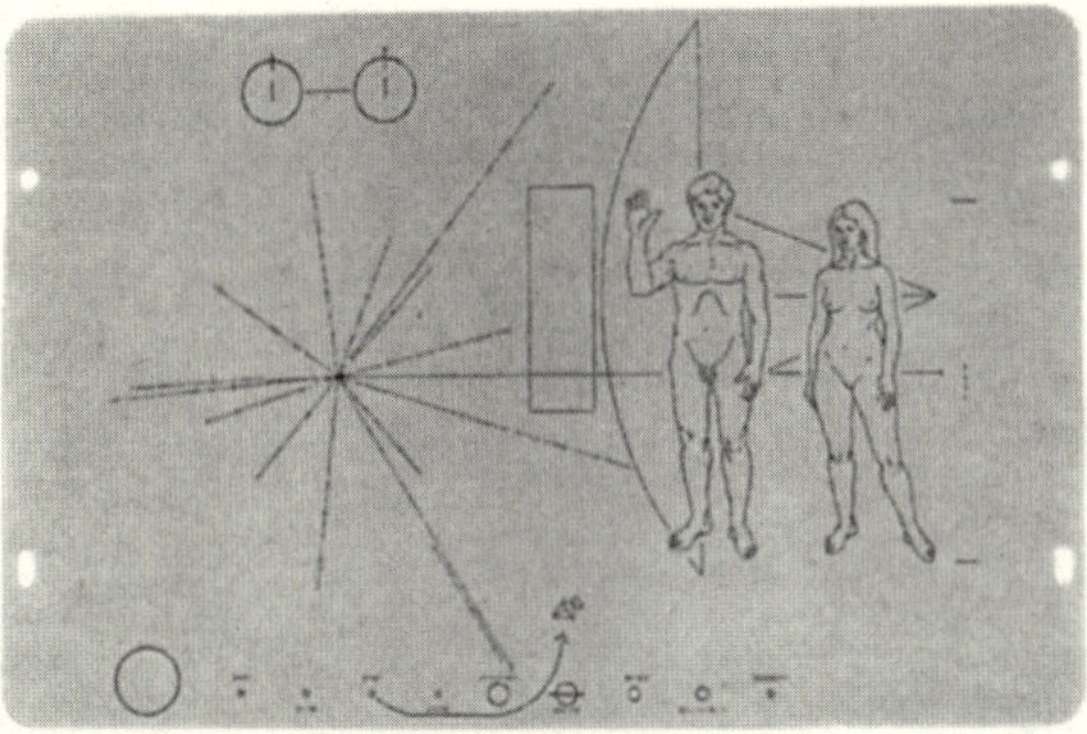

パイオニア10号、11号にのせた地球外文明への手紙。

博士が所長を務めるSETI研究所とカリフォルニア大学バークレー校が推進する「セレンディップ（SERENDIP）」＝近傍高度知的文明種からの地球外生命電波探索」計画では、二〇〇四年五月までに、一基の直径が五メートル級の小型電波望遠鏡を五〇〇基から一〇〇〇基を大地に設置して、合計で一ヘクタールの受信面積を持たせようという構想である。

一ヘクタール望遠鏡が完成するまでは、プエルトリコ・アレシボ天文台の直径三〇五メートルの電波望遠鏡で、宇宙から飛来する一四二〇メガヘルツの水素基線を受信し、〇・二五メガバイトのデータに分割したものを、サーバーに配信して解析するセチ・アット・

1ヘクタール合成電波望遠鏡

カリブ海大アンチル諸島プエルトリコのアレシボ国立電波天文台。

ホーム（SETI@home）が行われている。

　米カリフォルニア大学・バークレー校（UCB）のサーバーを通して、世界中のセチ・アット・ホームの会員にデータを配信する。

　会員のパソコンの空き時間にスクリーン・セーバーとしてに起動させ、自動的に解析をして、終了するとサーバーへ解析結果が自動的に送信されるシステムである。

3

第3章

不思議な天体、不思議な現象が続々!!

神秘の深宇宙探査

高速ガスを噴出するブラックホール、地球をも襲うガンマ線バースト、
太陽の6万倍の質量を持つ持つ宇宙で一番重い星ピストル星など、
謎に満ちた深宇宙を観測するNASA宇宙探査の驚異!!

〈ブラックホール〉巨大エネルギー源の主役

噴出するブラックホール

M31アンドロメダ銀河（左ページの写真）は、秋の夜空で、肉眼でもかすかに見える銀河として知られている。国際X線・紫外線望遠鏡衛星ローサット（ＲＯＳＡＴ）が、一九九〇年一一月に観測したデータを解析したところ、このM31アンドロメダ大銀河の中心部に、巨大なブラックホールが存在していると予測された。

その後、一九九三年一二月のハッブル宇宙望遠鏡（ＨＳＴ）の第一回修理の後、アンドロメダ大銀河の詳細な観測がされた。その結果、アンドロメダ大銀河の中心部には、お互いによく似ていると言われていた我々の銀河系と違って、中心核が二つあり、一つには大型のブラックホールが存在し、もう一つにはガスもほとんどなく、球状の空洞になっていることがわかった。これまで中心とされていた領域には、M31アンドロメダが飲み込んだ伴銀河《ばんぎんが》の一つがあり、ブラックホールを持っていた。実際の重力中心は、そこから約五光年離れた球状の空洞の方にあることが、ハッブル宇宙望遠

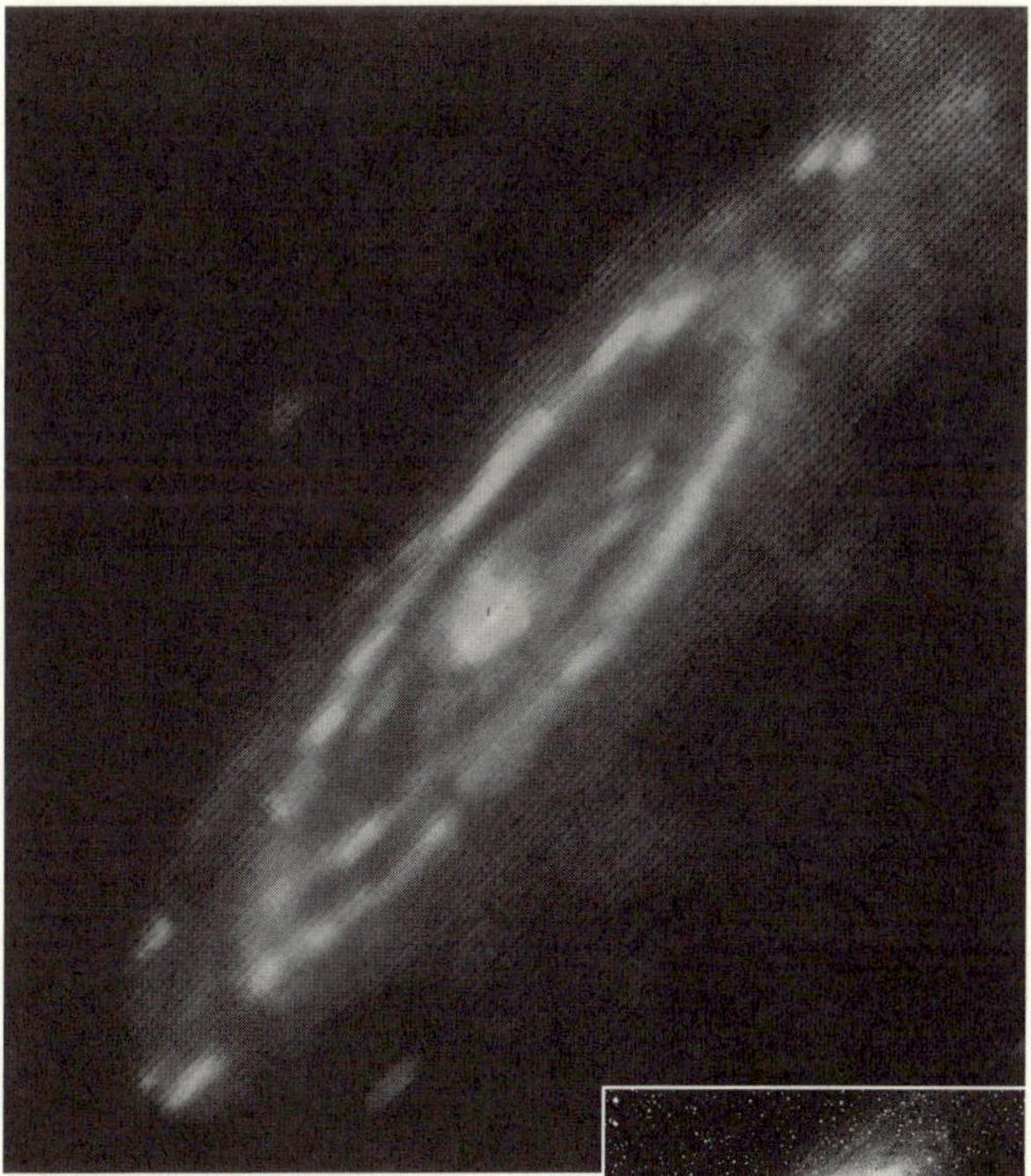

中心核に巨大なブラックホールがあるアンドロメダ大銀河M31。ハッブル宇宙望遠鏡による観測から、回転の中心が従来の位置より5光年ずれた所にあることが（写真で右上方へ）判明。これまで中心部と推定されていた領域は、かつてM31が飲み込んだ伴銀河で、ブラックホールを持っていると解析された。

アンドロメダ大銀河M31の南西（右下）には伴銀河のM32（NGC221）、北北東（左上）には伴銀河のNGC205がある。

鏡・二次元分光器（STIS）による観測データの解析からわかった。

一九九七年九月一〇日、HSTの微光天体カメラ（FOC）、二次元分光器（STIS）、広角惑星カメラ-2（WF／PC-2）による観測で、NGC4261の中心核と、鷲《わし》座のブラックホールから高速ガスが噴出している現象が明瞭にとらえられた。カリフォルニア工科大学やマサチューセッツ工科大学の研究者は、イエローストーン国立公園にある間欠泉にちなんで鷲座のブラックホールを「コスモス・オールド・フェイスフル（宇宙の間欠泉）」と命名。ここから、一回に一〇〇兆トン規模の物質を噴出していることが明らかにされた。

これまでにも、パロマ山ヘール天文台のヘール望遠鏡による観測や、国際X線・紫外線望遠鏡衛星ローサット（ROSAT）、コンプトン・ガンマ線天文観測衛星（CGRO）によっても、ブラックホールからX線やガンマ線を発する高速ガスの噴出していることが確認されていたが、それを追認するかたちとなった。

とくに、一九九七年二月の第二回修理・機能拡充ミッションで新たに装備されたHSTのSTISが威力を発揮。NGC6251の中心から五〇光年の空間規模で、酸素ガスや炭素ガスが秒速四七キロで間欠泉のように噴出していたのが見つかった（左

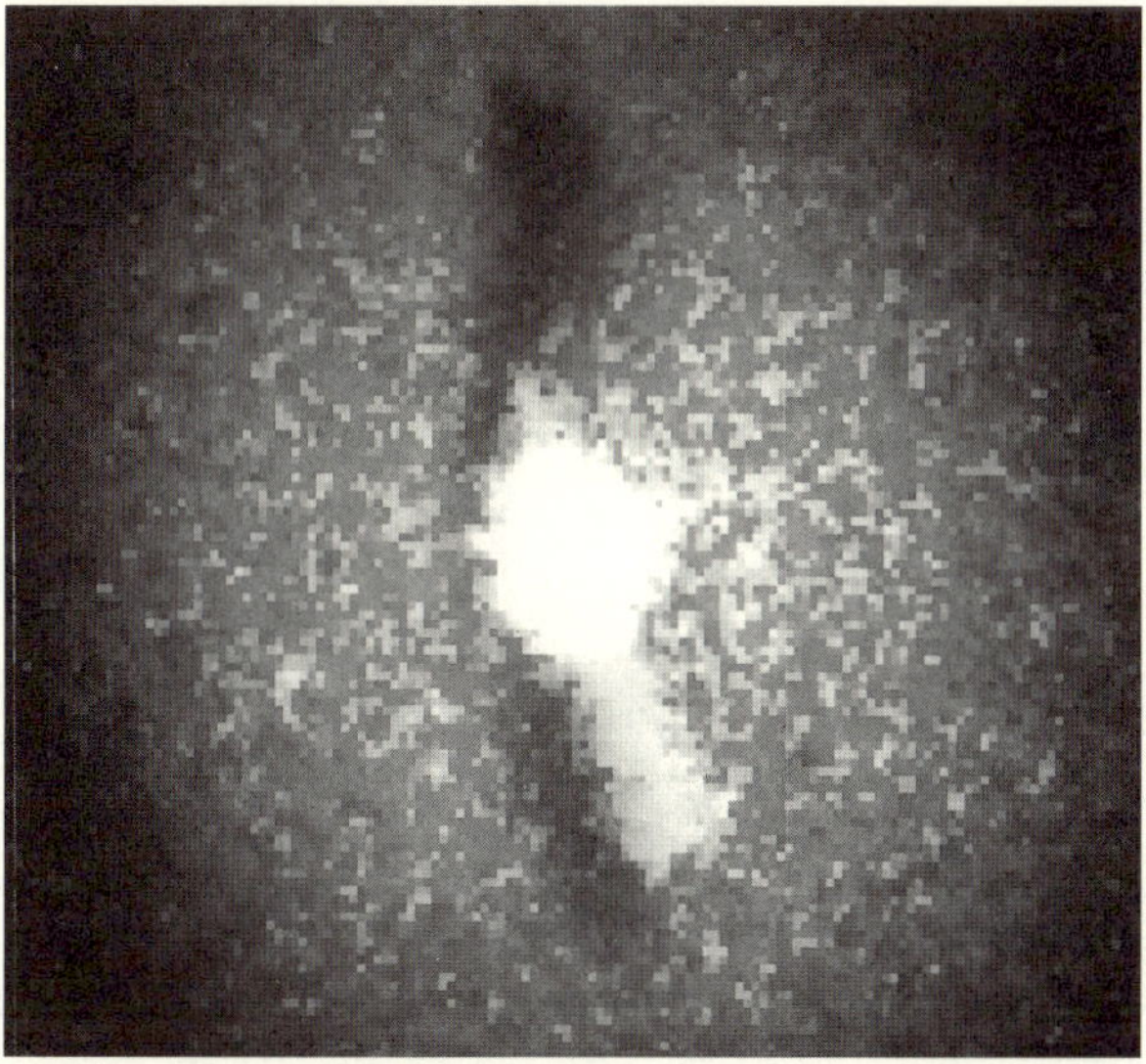

ハッブル宇宙望遠鏡が見つけた宇宙の間欠泉。NGC6251の白い中心核の背後に潜むブラックホールから、青と紫に輝く紫外線が右下方に伸びるように放出されてガス円盤の縁を輝かせている。

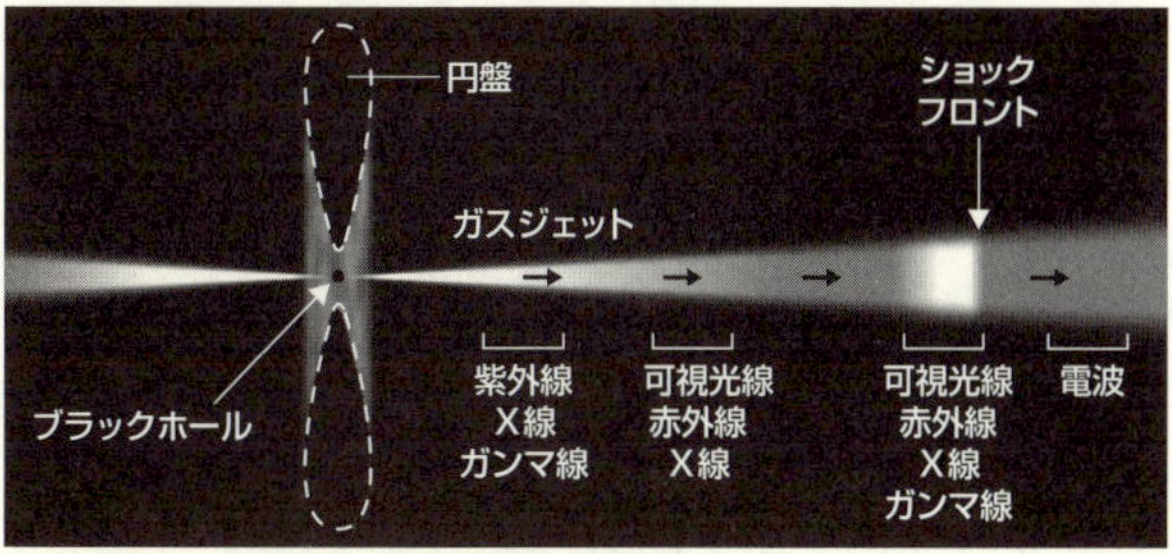

ブラックホールからガスジェットや電磁波が出るしくみ

ページ上の写真)。

ブラックホールは、今や「すべてを呑み込む天体」から、呑み込む過程で生じる「莫大なエネルギー源」としての特徴に注目が移っている。

一方、我々の銀河系の中心にもブラックホールがあるといわれて久しいが、ついにその確固たる証拠が、ドイツのマックス・プランク宇宙物理学研究所(MPI)の銀河研究グループによってとらえられた。一九九二年五月からチリにある欧州南天文台(ESO)の赤外線望遠鏡を使って、銀河系の中心方向に太陽の二六〇万倍の質量を持った暗黒の天体があるという証拠を見つけたのである。また、一九九七年四月にCGROは、我々の銀河系の中心部に「反物質」の巨大な噴水現象を観測している。

ブラックホールの大中小を発見

NASAの銀河ブラックホール研究チームとテキサス大学ブラックホール研究チームが共同で、ハッブル宇宙望遠鏡により、一九九二年二月まで一八ヵ月間にわたり銀河ブラックホールの重点観測をした。そして九ヵ月掛けて観測データを解析した。その結果、銀河ブラックホールの大きさと銀河の推計質量は、どこの銀河においても比

特徴的な3層の環を持った、渦巻銀河NGC7742のバルジ部分にはブラックホールがあり、強烈なX線と紫外線を放出。ダイヤの縁飾り風の部分からは、次々と恒星が誕生している。ハッブル宇宙望遠鏡で撮影（下も）。

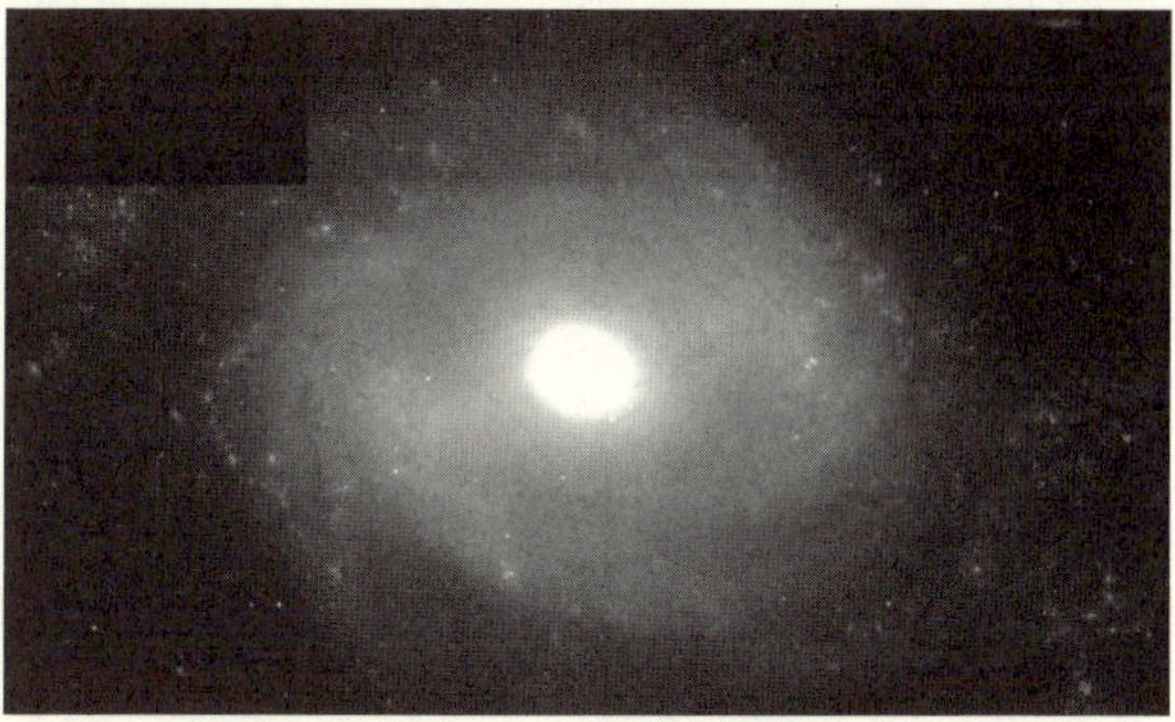

地球から7800万光年、乙女《おとめ》座《ざ》のなかの楕《だ》円《えん》渦巻《うずまき》銀河。淡雪のように広がるガス雲と、周囲にきらめく青い星。一帯から次々と星の胞子が誕生している。一方、真珠のように輝く中央部は、無数の年老いた恒星の集まり。中心にはブラックホールがあると推定されている。

例していることがわかった。解析によって得られた比率は、どの銀河ブラックホールも属する銀河の〇・二パーセントの質量を占めているというものだった。我々の銀河系なら、太陽質量の約一〇〇〇億倍の質量を持っているから、太陽の二億倍の質量のブラックホールがあることになる。ただしこの結果は、ブラックホールは銀河とともに成長し、進化してきたとの仮定に基づいている。事実、ブラックホールは先に存在していたとする研究チームの理論では、銀河全体の質量に占める銀河ブラックホールの質量は六〜一一パーセントとなっている。

宇宙には、太陽の約一〇分の一から一〇〇倍の質量の恒星がある。太陽の三三倍を超える重量級の恒星が末期に超新星爆発を起こして、一部がブラックホールになると推論されている。したがって、太陽の数倍から数十倍の質量のブラックホールは、一つの恒星の末路の可能性が高い。これまでに太陽の質量（二×一〇の一九乗億トン）の六倍級の小質量のブラックホールが、白鳥座に発見されている。

また、近年、太陽質量の三億倍もの大質量のブラックホールが発見された（左ページの写真）。このクラスのブラックホールは、銀河中心のブラックホールの可能性が高い。

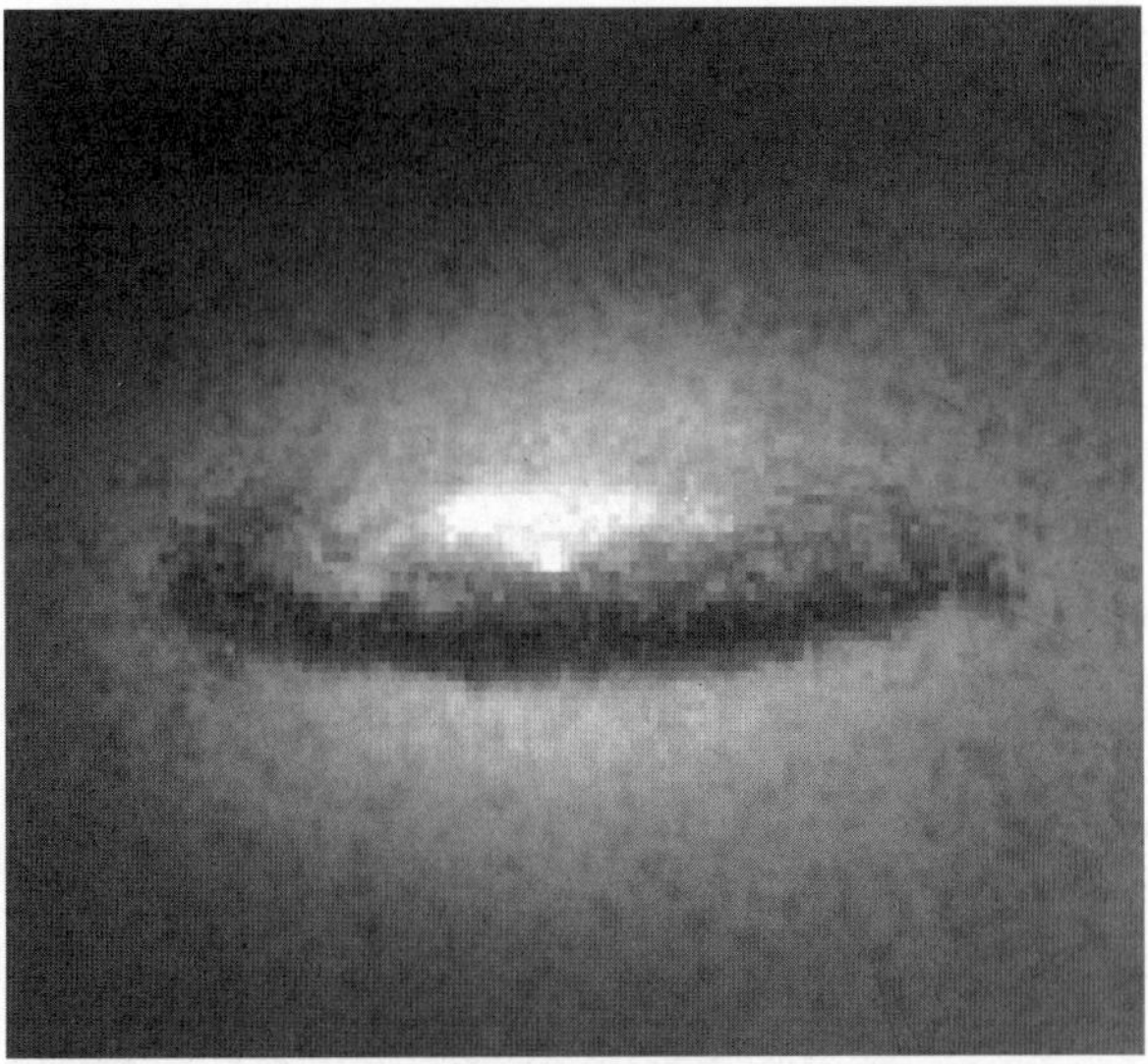

小狐座《こぎつね》の中で、地球から1億9100万光年の距離にある楕円銀河NGC7052。直径3700光年の塵とガスの円盤には、太陽3億個分の質量を持つブラックホールが潜んでいる。ハッブル宇宙望遠鏡による。

さらに、二〇〇〇年一月には奇妙な現象のブラックホールと、九月には初めて中質量のブラックホール（太陽質量の一〇〇〇倍から一〇〇〇万倍）が発見された（172ページの写真）。米カーネギー・メロン大学とNASAのグループが、大熊座の銀河M82／NGC3034の中心近くに、小質量のブラックホールが三個、群れるように存在しているのを発見した。一

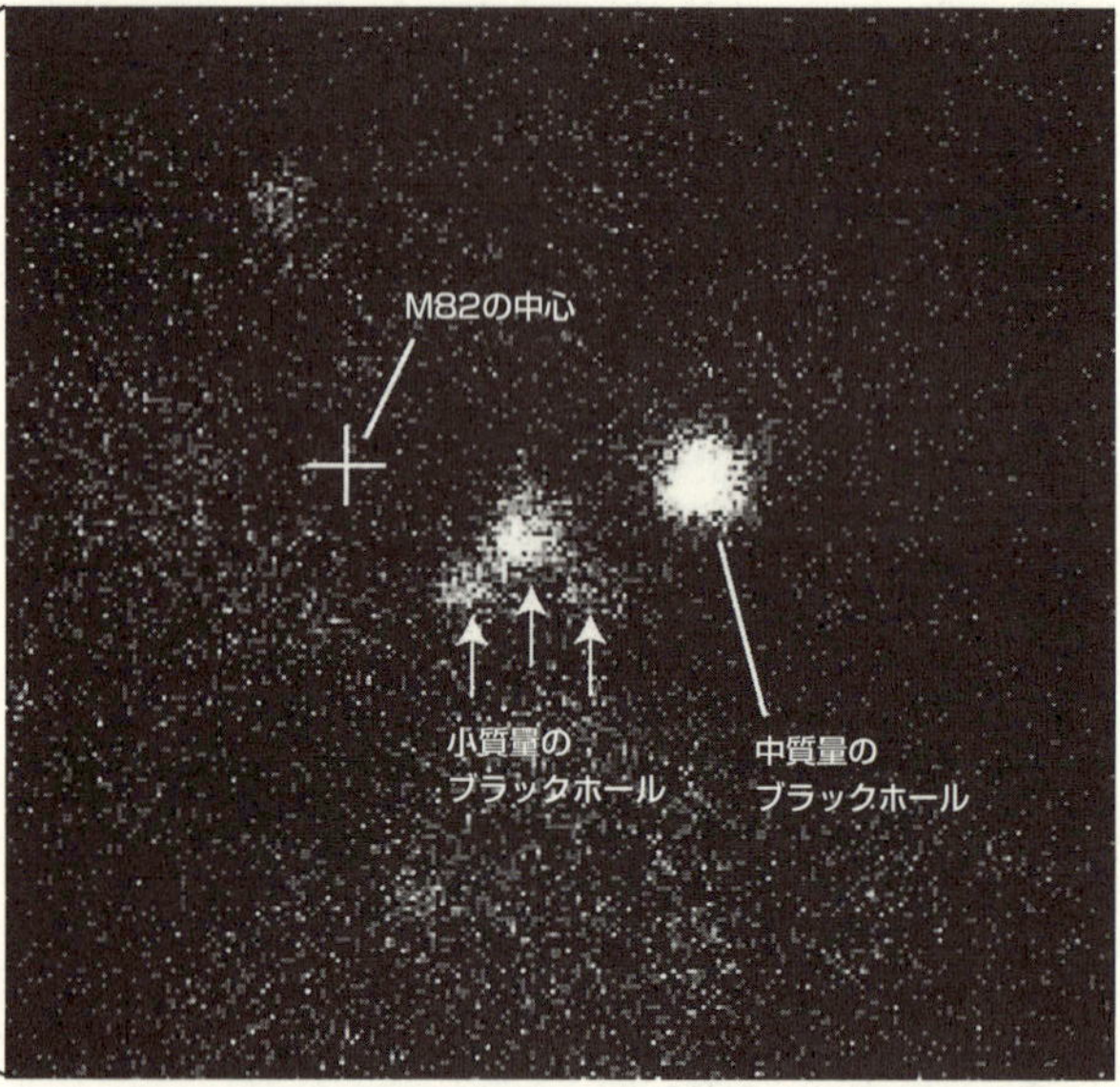

チャンドラーX線天文台で撮影したM82銀河の中心部。中質量ブラックホールが初めて見つかった。

方、中質量のブラックホールは、同じM82／NGC3034銀河の中心部近くに、日本の京都大学のグループが、米ハワイ島のすばる望遠鏡で観測撮影した写真と、NASAのチャンドラーX線天文台（CXO）による写真から発見をしている。

この他、宇宙初期には、太陽より小さな質量のミニブラックホールがあったという説がある。

米ワシントン大学のブ

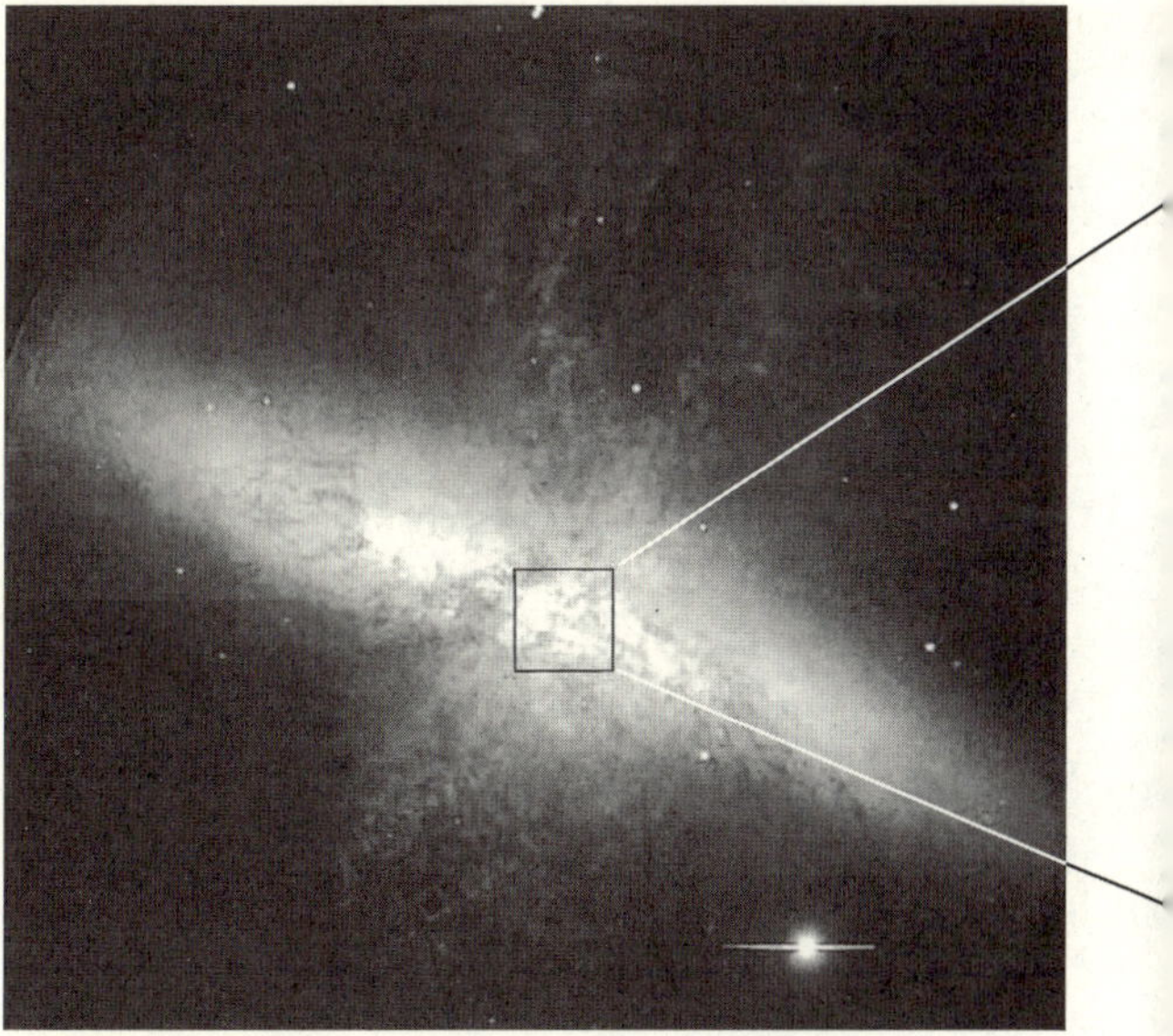

日本の国立天文台・すばる望遠鏡で撮影した大熊座のM82銀河。

ルース・マーゴン教授のチームは、NASAのチャンドラーX線天文台（CXO）を使って、南天の地球から一二〇億光年の距離で、炉《ろ》座の領域を隈なく観測をした。解析の結果は、二〇〇一年三月一二日に公表された。それは、「X線の波長で観測された数多くの高エネルギーのX線源の正体が、クエーサーや活動銀河であり、それらの中心部にはブラックホールがあると推定される。そして今回の観測と同じ密度で宇宙の他の領域にもブラックホールが存在するとすれば、今日より遥かに小さかった数十億年以前の宇宙では、太陽の質量の数十億倍もある超巨大ブラックホールが約三〇〇〇万個もひしめき合っていたことになる」と結論付けている。

ブラックホールの発見物語

一八七九年にドイツのウルム市に生まれたアルバート・アインシュタインは、一九〇〇年の二一歳の時に留学をしていたスイスのチューリヒ自由工科大学を卒業した。一九〇二年にスイスの特許局に勤め始めてからは経済的にも安定し、研究に使える

チャンドラーX線天文台（ＣＸＯ）で撮影した120億光年彼方の炉座の一角。
かつてブラックホールが密集していた。

時間を持てるようになった。それからわずか三年後の一九〇五年にアインシュタインは、「特殊相対性理論」を提唱して、天才の片鱗を覗かせた。さらに幸運なことに一九〇九年には、チューリヒ大学に奉職して教授となり、アインシュタインは本格的な学究生活に入った。そして一九一六年に、「特殊相対性理論」の研究を踏まえて、〝時間と空間と重力〟を理論的に統一した、つまり重力は時空連続体の曲率の効果であると定義した「一般相対性理論」を提唱した。

同じ年の一九一六年にドイツの天体物理学者のカール・シュバルツシルトは、中心の特異点を球対称の重力半径で取り巻く一重の「事象の地平面」が存在すると仮説した。そして事象の地平面が、アインシュタインの重力理論である一般相対性理論の解であり、自ら「シュバルツシルトの半径」と呼称した理論を提唱した。事象の地平面の内側、つまりシュバルツシルト半径（重力半径）の内側では、光を含めて全てのものが外に出られず、その中心には重力と密度が無限大の特異点が存在するとしていた。今日のブラックホールの理論の先駆けの一つである。ところがアインシュタインは、まったく賛意を示さなかった。実証が出来ない完全仮説の上に、特異点の存在事由についての説明が不充分だったからだ。

一七九八年にフランスのP・S・ラプラスは、理論的な背景を持たない〝仮説〟として、「宇宙には圧縮された重い星（ブラックホール）が存在する」と〝予言〟をしている。

そしてアインシュタインの「一般相対性理論」から二三年後の一九三九年、遂に米国の理論物理学者のジョン・R・オッペンハイマーが、中性子星のような高密度の星が自重を支えきれないでどんどんと内部に向かって崩れて行くことにより、強大な重力を発生する天体が誕生すると予測したのである。当時はまだブラックホールという名称もなく、オッペンハイマーは、未知の天体に〝崩れる天体〟コラプシング・オブジェクト（collapsing object）と名付けた。それから四〇年後、白鳥座の網状星雲の中に、高エネルギー

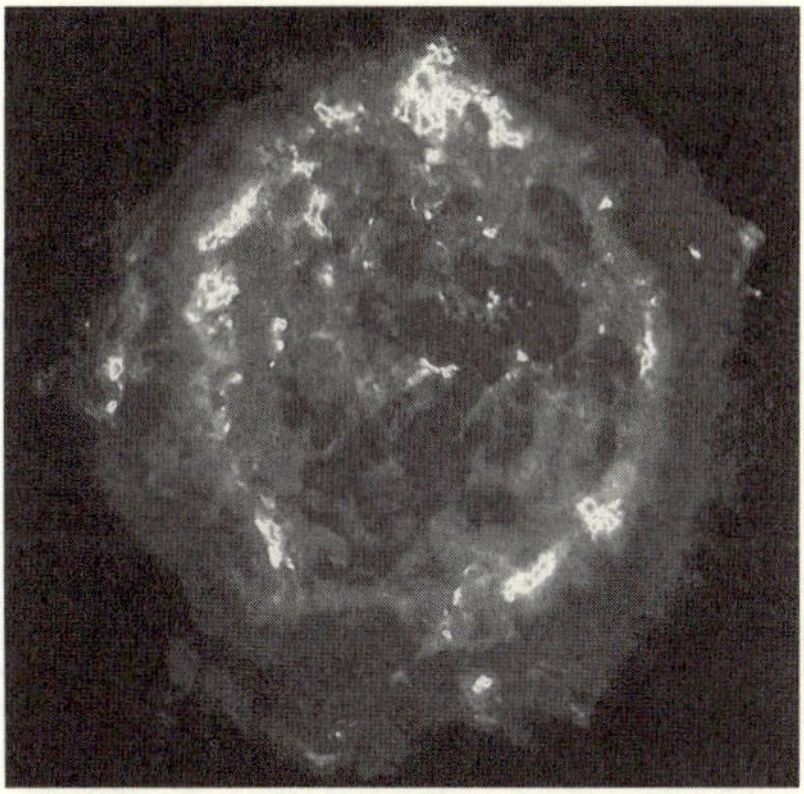

惑星状星雲カシオペアAの中心にはブラックホールがある。ハッブル宇宙望遠鏡撮影。

天文衛星ヒーオ（ＨＥＡＯ）２号アインシュタインが、ブラックホールの候補と考えられる中性子星を一九七九年一月に発見した。さらに、一一年後の一九九〇年三月、中性子星は、ブラックホールと特定された。そして二〇〇一年一月一一日、ＮＡＳＡのブラックホール研究チームは、チャンドラーＸ線天文台（ＣＸＯ）を用いて、一九九九年一〇月に観測撮影した〝白鳥座ＸＲ―１と周辺領域のＸ線画像〟を解析した結果、渦巻いている熱く強烈な紫外線が、近傍の特定の空間点に向かって流れ吸収されていることがわかり、ブラックホールがあると推定した（左の写真）。

ブラックホールという名称を初めて使ったのは、米国のジョン・Ａ・ホイーラーと英国のロジャー・ペンローズで、それはクエーサー（疑恒星状天体）がオランダのマルテン・シュミットにより発見された一九六三年のことである。当初、強い電波を出す一〇等星級の青白い星は、ブラックホールと考えられた。ところがこの天体は、光の八〇パーセントの速度で遠ざかっているクエーサーであり、ブラックホールのような連星の相手を持たないことがわかった。

スワヒリ語で〝自由〟を意味する米国の小型Ｘ線観測衛星（ＳＡＳ）〝ウフル〟は、一九七〇年一二月に「蠍《さそり》座」の中にＸ線を強く出している星を発見した。この星はそれより以前、一九六六年六月に紫外線を強く出している天体として、気球望遠鏡によって発見されていて、X-1と名付けられていた。

一方、英国ジョドレルバンク天文台長のバーナード・ラベル卿《きょう》は、一九六四年頃に、後にX-1と名付けられた天体付近と、カシオペアAから、強力な電波が発せられていることを、観測していた。ウフルによるX-1の発見は、ウフルに搭載されたX線源を探す装置、日本の小田稔《おだみのる》博士の考案した〝スダレコリメーター〟の性能が高いことを証明した点でも評価された。

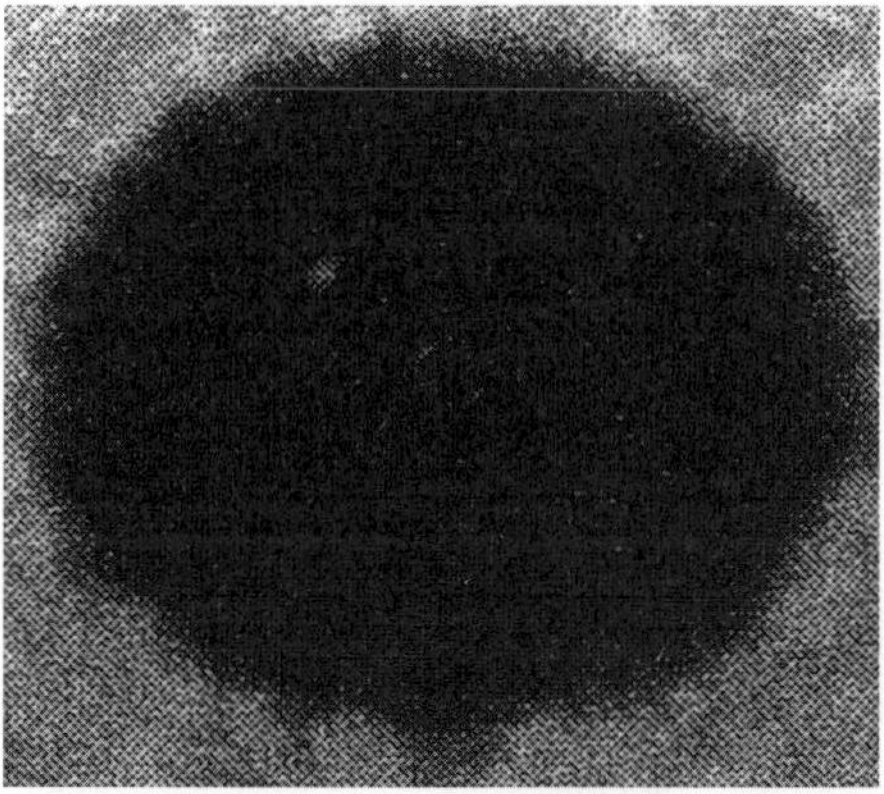

チャンドラーX線天文台（CXO）で観測撮影した白鳥座XR-1と連星のブラックホール。

ウフルによる一九七二年五月までの観測から、一二五個のX線源を観測して、この中から六個のX線連星を発見し、六個のうち四個がブラックホールの可能性が高いと推定された。

一九七一年一一月には、白鳥座のシグナスＸ―１星は、ＨＤＥ２２６８６８という明るく、温度が高く、青みがかった星と一致することがわかった。しかしＨＤＥ２２６８６８のような太陽よりもかなり大きい恒星は、Ｘ線源ではありえないと考えられた。そこでＮＡＳＡの科学者は、Ｘ線は、ＨＤＥ２２６８６８の回りをまわっている、可視光線では見えない伴星から発せられているのではないかと考えた。ＨＤＥ２２６８６８からの光を細かく分析した結果、この推測の正しいことがわかった。ＨＤＥ２２６８６８から三〇〇〇万キロ離れた空間に伴星が発見された。二つの連星は共通の中心の回りを五・六ヵ月の周期で回転していた。そして伴星は、太陽の一〇倍の質量を持っていることがわかり、ブラックホール第一号と認定され

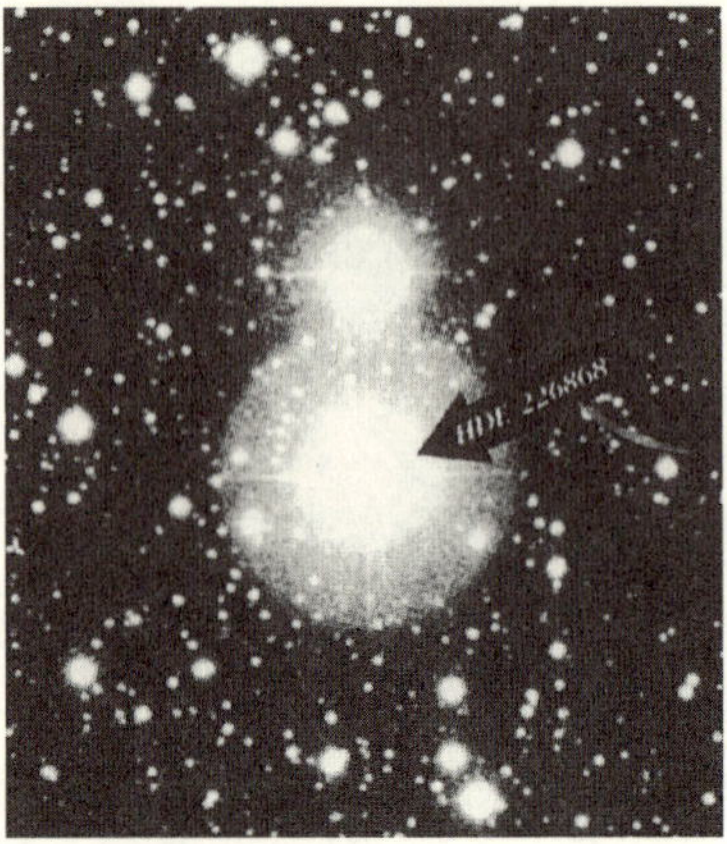

HDE226868の背景にブラックホールがある。

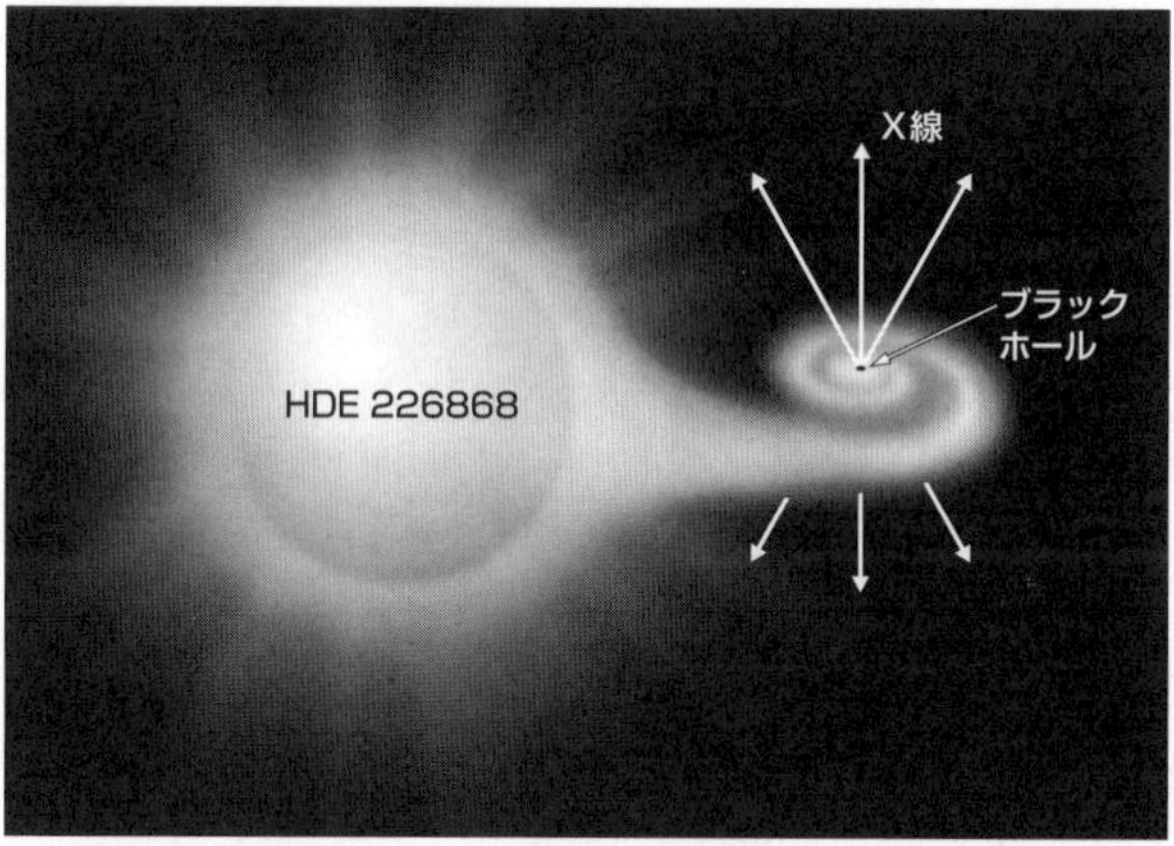

巨大な恒星HDE226868とブラックホールの関係図。

た。一九八〇年に入ってから、伴星の回りから超高温のガスが発見されている。

今後のブラックホール探査計画

ＮＡＳＡが二〇〇八年〜二〇一〇年の間に打ち上げる大型のＸ線望遠鏡コンステレーションＸでは、ブラックホールやダークマターをＸ線のスペクトルで観測する。また二〇一〇年に打ち上げ予定のリサ（ＬＩＳＡ）では、重力波によりブラックホールの観測をする。さらに二〇一三年以降の計画として、ブラックホールの観測撮影をするマクシム（ＭＡＸＩＭ）が打ち上げられる。

〈クエーサー〉
「活動銀河の中心」説が有力

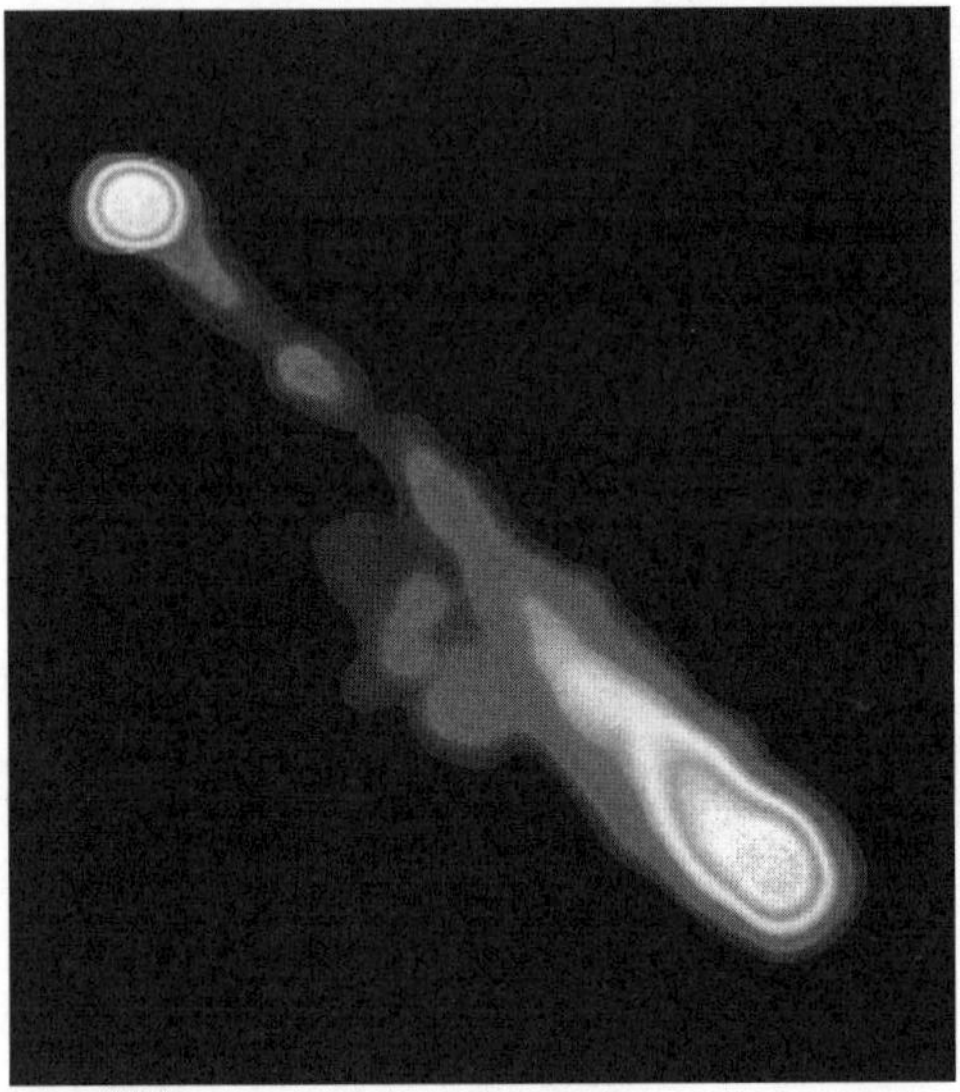

強力なX《エックス》線のジェットを発しているクエーサー3C273。

謎の天体

　極めて遠くにありながら、まるで近くにあるように見える明るい天体がクエーサー（疑恒星状天体）だ。そのあまりに強大なエネルギーは、通常の核反応では、とうてい発生し得ないものである。有力な説としては、銀河中心にある巨大なブラックホールに回りのガ

クエーサーPKS2349は、地球から15億光年の距離に位置している。上方の1万1000光年離れた細長い光源は、クエーサーの伴銀河との重力相互作用によって引きちぎられた残骸星雲である。ハッブル宇宙望遠鏡が撮影。

スや恒星が吸引される際に発生するというものである（184〜185ページの写真）。

これまでクエーサーの正体については、「活動銀河の中心部」説や、「衝突する銀河の中心部」説など諸説があった。

ハッブル宇宙望遠鏡の高精度の観測によると、クエーサーは、二つ以上の銀河が衝突したり合体したり相互に作用し合う特殊な銀河の中心部であ

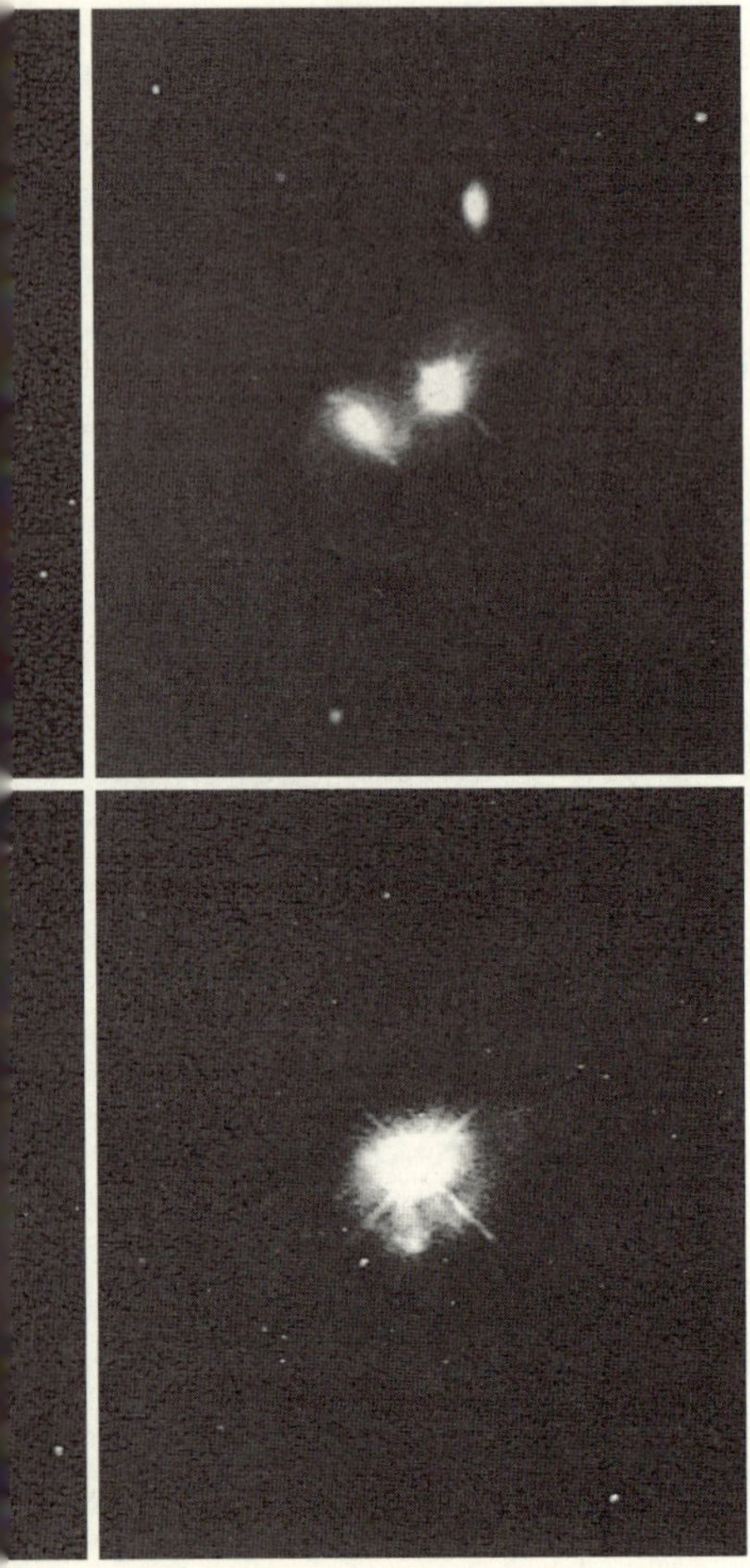

ハッブル宇宙望遠鏡で観測した、多彩なクエーサー。クエーサーは、銀河中心にある巨大なブラックホールに、まわりからガスや恒星を吸引することで輝いていると考えられている。

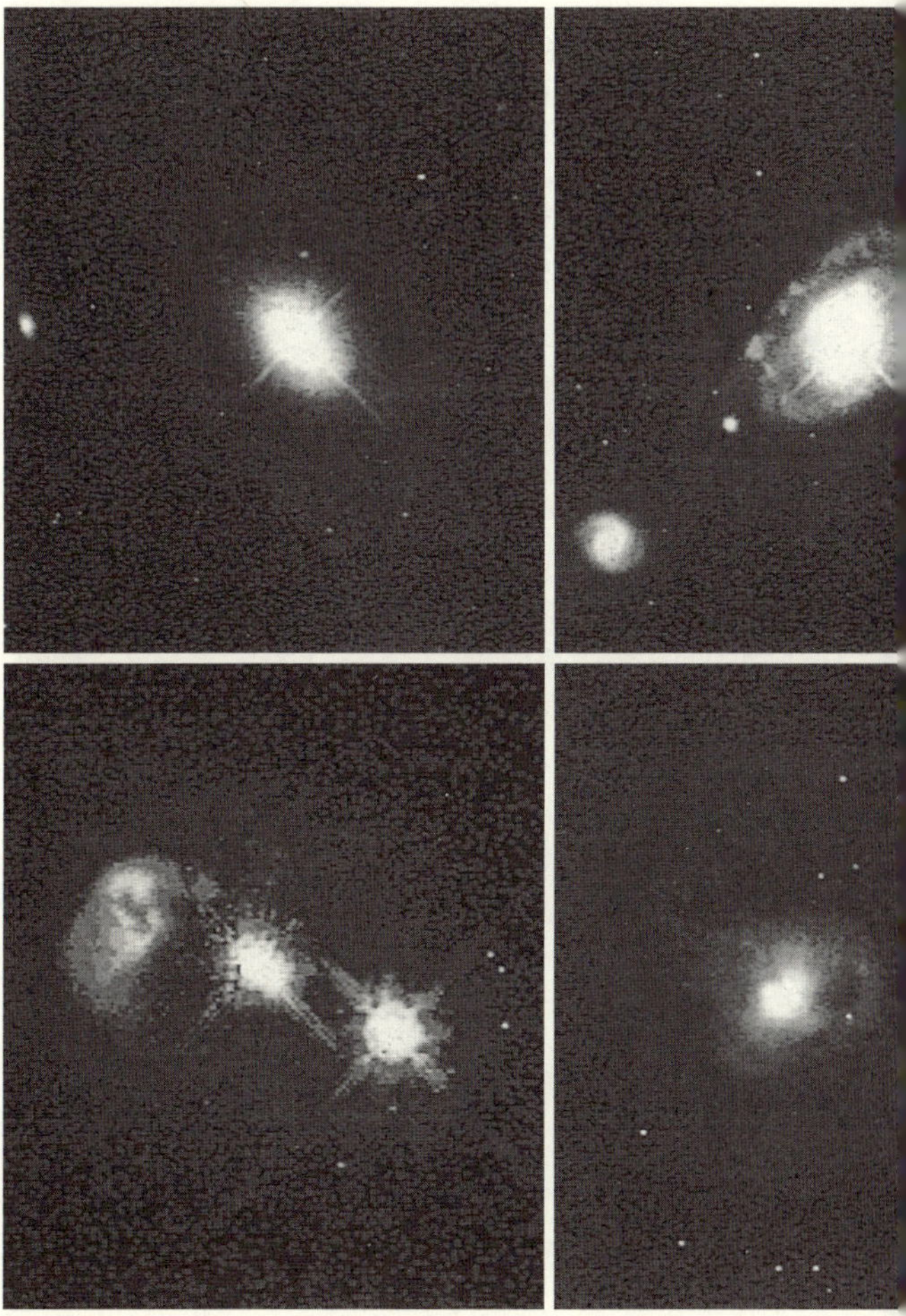

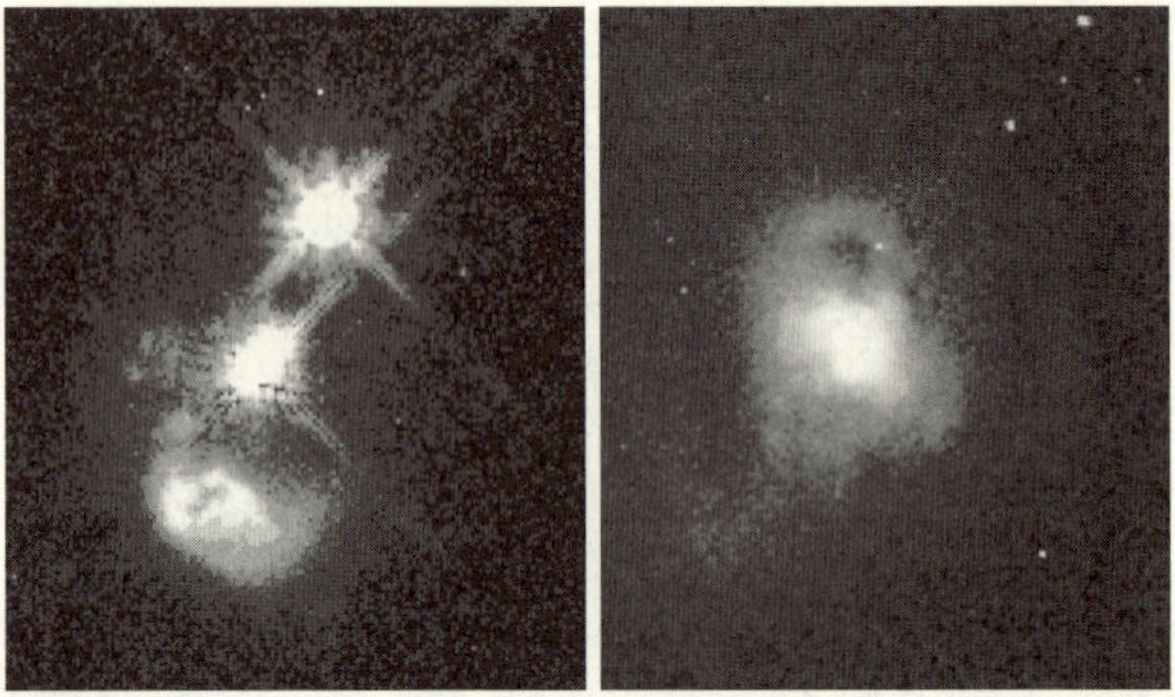

秒速447キロメートルで遠ざかるクエーサーIRAS04505−2958は、地球から30億光年に位置していて、2つの銀河の1つに衝突している（左）。地球から20億光年のクエーサーIRAS13218＋0552は、銀河の中に存在している(右)。ハッブル宇宙望遠鏡が撮影。

るという説も有力になってきた（上の写真）。

3C273物語

英国ケンブリッジ大学天文台のアンソニー・ヒューウィシュ教授は、一九六一年五月から一九六三年三月にかけて、同天文台一マイル干渉計を用いて新たな電波銀河を掃天していた。そして、一九六二年五月に、光学観測からは極くありふれた恒星に見えるが、実は強烈な電波エネルギーを放射している奇妙な天体を発見した。ヒューウィシュ教授は、これまでに知られていない種類の未発見の天体とは知らずに、クエーサー3C273を

ハッブル宇宙望遠鏡で撮影された10万枚目の画像。1996年6月22日撮影。中央に恒星のように見えるのは、約91億光年の距離に位置しているクエーサー(右は銀河系内の恒星)。クエーサーの上は楕円銀河、70億光年の彼方。

見ていたのだ。

一九六二年一二月二六日の深夜、米国カリフォルニア工科大学(CIT)パロマ山ヘール天文台のマルテン・シュミット主席研究員は、主鏡口径五メートルのヘール望遠鏡を用いて、乙女座の点電波源3C273のスペクトル写真観測をしていた。露出過多などで二回の観測撮影に失敗した後、四日目にようやく写真観測に成功した。

ヒューイッシュ教授が初のクエーサー3C273を観測したケンブリッジ電波天文台の1マイル干渉計。

年が替わった一九六三年一月二二日、スペクトル写真の解析を続けていたシュミット主席研究員は、水素やマグネシウム、酸素などの輝線が、一六パーセントも波長の長い方へ（赤い方へ）偏移していることを発見した。さらなる観測から、恒星のように見える天体は、約三〇〇パーセントの赤方偏移を示していた。これがシュミット主席研究員により、最初に発見された乙女座のクエーサー3C273だった。

発見から三三年が経過した一九九六年七月、米国アリゾナ州のキットピーク国立天文台（KPNO）の主鏡口径四メートルのメイヨール反射望遠鏡でクエーサ

キットピーク国立天文台の三大望遠鏡。①手前から真空太陽望遠鏡、②マクマス太陽望遠鏡、③メイヨール反射望遠鏡。

ー3C273の観測がされた。メイヨール反射望遠鏡に高解像度電荷結合素子（HCCD）を装備した観測により、3C273の周囲に円盤状の星雲の壊れかけたガス雲塊が発見された。

奇妙な形態の天体クエーサーは、今日、七〇〇〇個以上発見されている。

マールテン・シュミットが3C273の赤方偏線を発見したパロマ山ヘール天文台と口径5m反射望遠鏡。

〈超新星〉
大マゼラン銀河の中の大激変

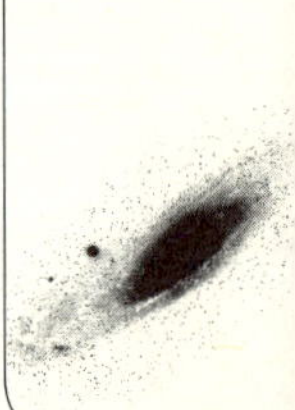

昼夜にわたり赤白の光が二三日間

超新星は、質量が太陽（恒星）の十数倍以上の恒星が進化をする過程で最終段階に起きる崩壊と爆発の現象である。

今日、超新星にはAとBの二つの型《タイプ》があると考えられている。A型は、中心部の核融合反応で鉄が造られ、中心部が鉄だけになって核融合反応が止まると、中心部は自身の重力に抗しきれず、重力崩壊を起こして収縮を始め、原子核同士がくっつく臨界密度に達した時に大爆発を起こし、後には大爆発の反作用で形成されたパルサー（中性子星）やブラックホールが残る。B型は、二重星の伴星が白色矮星で、主星に向かってガスが流れ込み、ガスが降り積もると超新星大爆発を起こすものである。

人類が超新星の出現を最初に確認したのは、一〇五四年七月四日のことで、中国の天文古文書『宋史天文誌』には、「東の空の〝天関（牡牛座のζ《ゼータ》星）〟で、光芒を発見した。それは昼夜にわたり赤白の光が二三日間、天を照らしていた」と記述されてい

牡牛座《おうし》のカニ星雲の中のパルサー（矢印）。パルサーの直径は約10キロ。ハッブル宇宙望遠鏡で撮影。

る。これは今日、牡牛座の蟹《かに》星雲M1（NGC1952）が名残りとして知られる〝超新星〟の出現であった。これはA型の超新星と考えられる。

米航空宇宙局（NASA）のハッブル宇宙望遠鏡（HST）とチャンドラーX線天文台（CXO）による観測から、蟹星雲M1の中心部にはパルサーがあり、二種類のパルスが観測されている。

これは一秒間に三〇回

転するパルサーの両磁極からパルスが放射されていることから、地球へ交互にパルスが到達するためである。パルサーの正体は中性子星で、直径はわずか一〇キロで、密度は一〇億トンと推定されている。またパルサーから秒速一五万キロで、粒子が吹き出している。

二番目に人類が超新星の出現を観測したのは一五七二年チコ・ブラーエ、三番目は一六〇四年五月、プラハ天文台でドイツの天文学者のヨハネス・ケプラーが、蛇遣い座の中に発見している。そして現代、一九八七年二月二四日、南米チリのラス・カンパナス天文台のシェルトン研究員は、我が銀河系の伴銀河として知られ、地球から一六万九三〇〇光年の距離にある大マゼラン銀河の中に、四・五等と肉眼でも観測できる程に明るい超新星の出現を観測した。

NASAの国際紫外線天文衛星（IUE）も、二月二四日に超新星の出現を観測していた。この旗魚《かじき》座の大マゼラン銀河に出現した超新星爆発の残骸は、SN1987Aと名付けられた。そして、SN1987Aは、従来の超新星のように急激には明るくならず、じわじわと七〇日間にわたり増光していき、五月二〇日に二・八等の極大光度に達した。その後二〇日間にわたり減光を始めたが、再び増光に転じた。

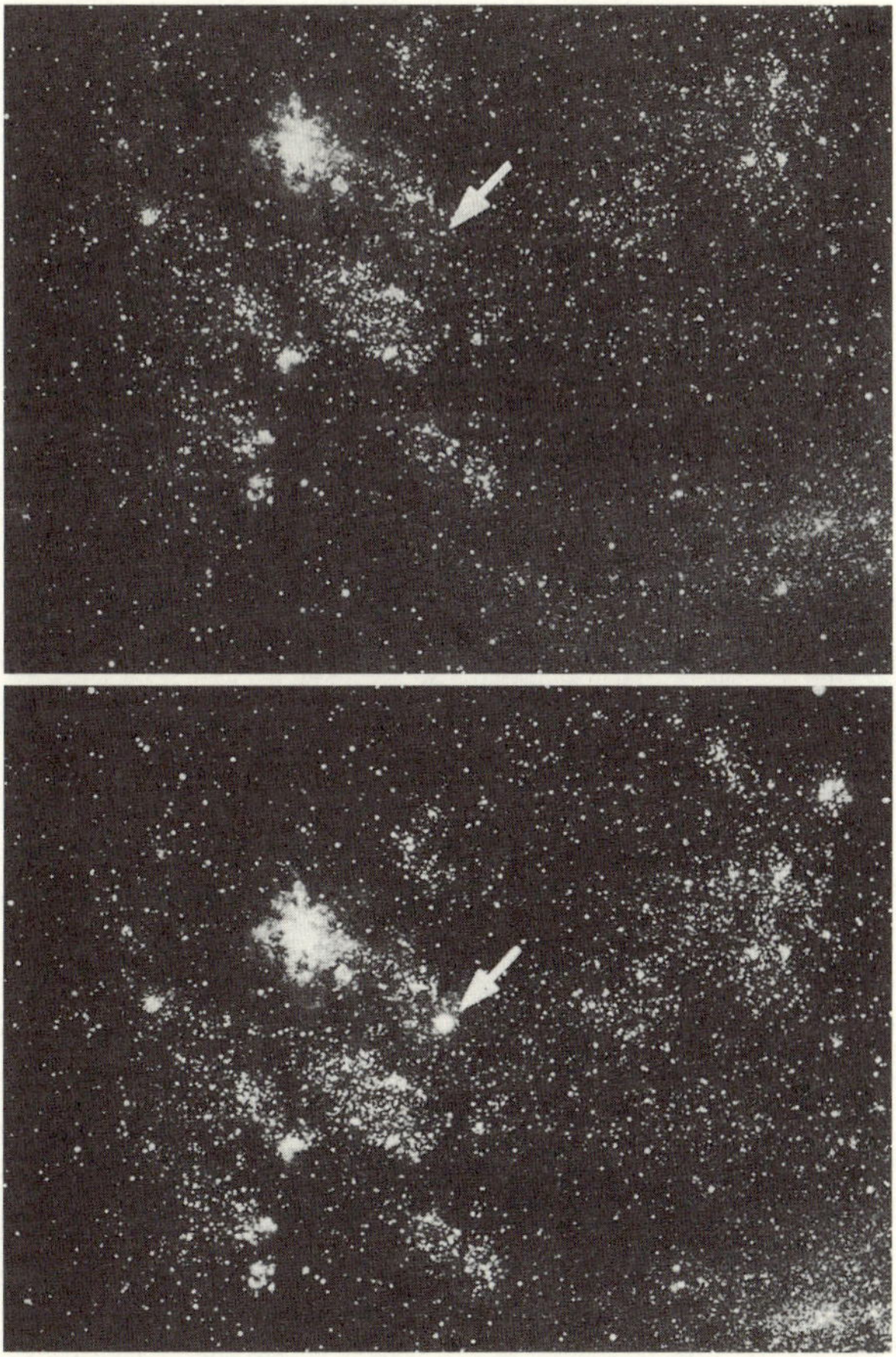

大マゼラン銀河の中に出現した超新星1987A。上の写真（1987年2月23日）の矢印の位置に、同年2月24日に現われた（下の写真）。

出現まもないころのSN1987Aは8の字の形をしていた。それから九年後、一九九六年にハッブル宇宙望遠鏡（HST）の広角惑星カメラ-2（WF／PC-2）で観測したところ、中心部の超新星爆発の残骸SN1987Aを、内側の長径一・四光年の環が取り巻き、さらに長径二・八光年の大きな二つの環が外側で交差する形状に変化していた。さらにHSTは、その遠近・立体構造も明らかにした。これらの環は、超新星爆発が起きる前の恒星から放出された物質により形成されたものである。中心部の秒速三〇〇〇キロで膨張する超新星爆発の残骸SN1987Aの衝撃波は、二〇〇一年三月下旬頃から内側の直径一・四光年の環に衝突し始めている（左ページの図）。

一方、大マゼラン銀河の中の超新星爆発の残骸N132Dは、一九九〇年一二月二日から一二月一一日にかけて宇宙飛行をしたスペースシャトル104アトランティスに搭載の、アストロ1紫外線望遠鏡で発見と観測がされた。そして一九九四年八月九日と一〇日に、地球から一六万九〇〇〇光年の距離に位置するN132Dをハッブル宇宙望遠鏡・広角惑星カメラ―2で、二種の紫外線の波長により詳細な観測がされた。三〇〇〇年前に起きた超新星爆発の名残りである濃厚な酸素で形成されたN132Dは、秒速二〇〇〇キロの速度で四方八方に拡散膨張している（199～200ページの写真）。

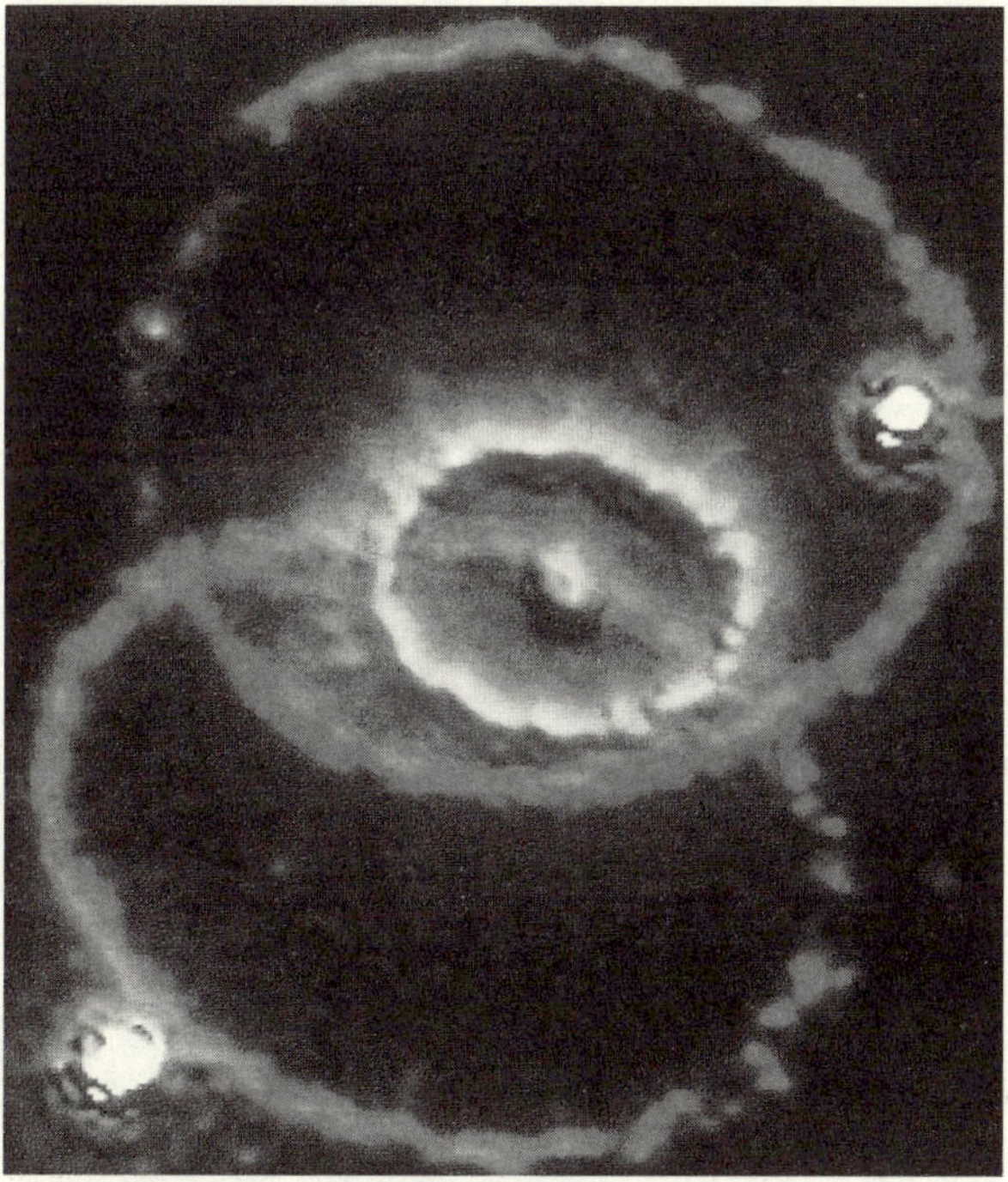

1987年2月23日に、大マゼラン銀河に出現した超新星SN1987Aをとりまく3つの環。

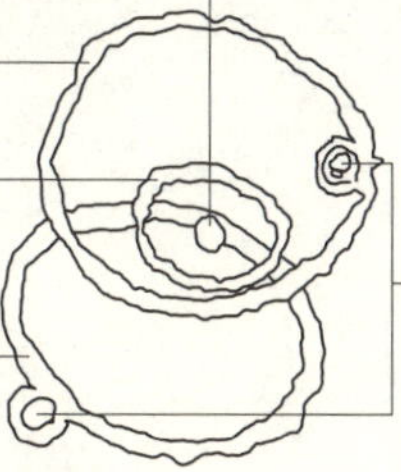
超新星爆発の残骸
手前の環
中間の環
後ろの環
超新星爆発の爆風が、爆発前に恒星から放出されたガスに激突してできた爆発。

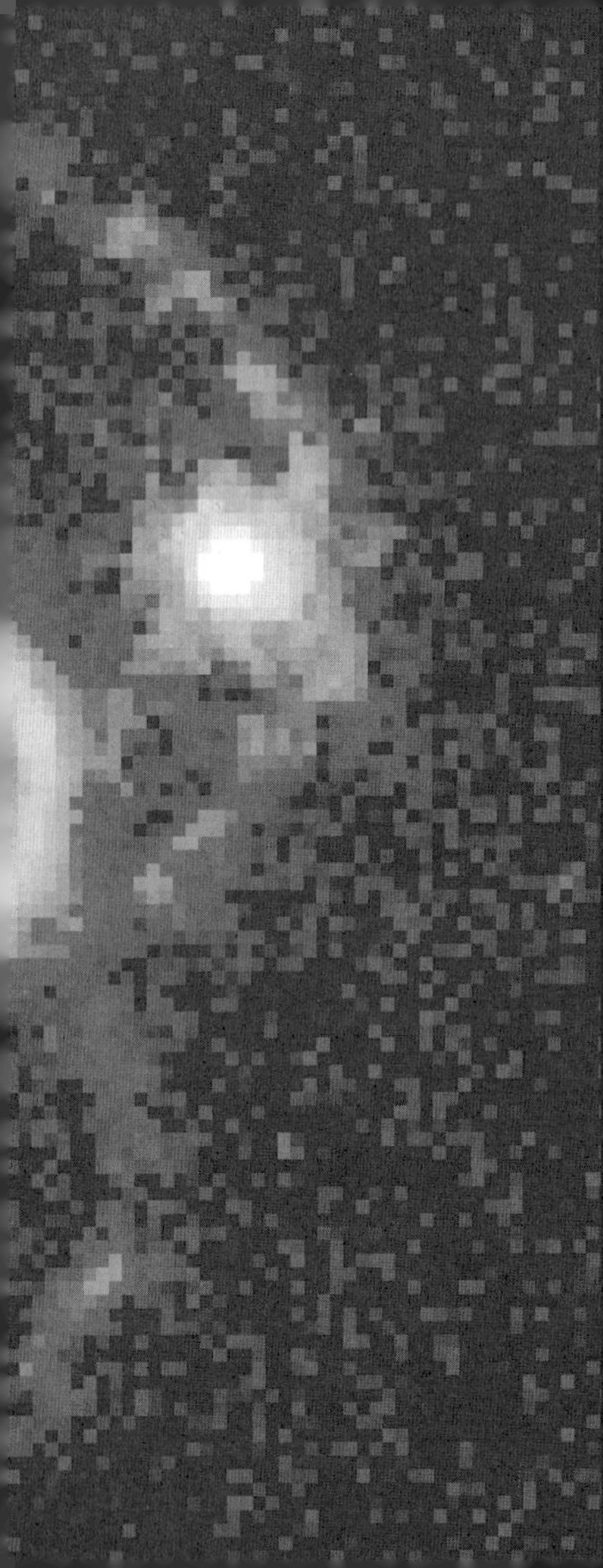

ハッブル宇宙望遠鏡が観測撮影した超新星爆発の残骸ＳＮ1987Aを、コンピュータ3次元画像解析で立体画像に処理した。

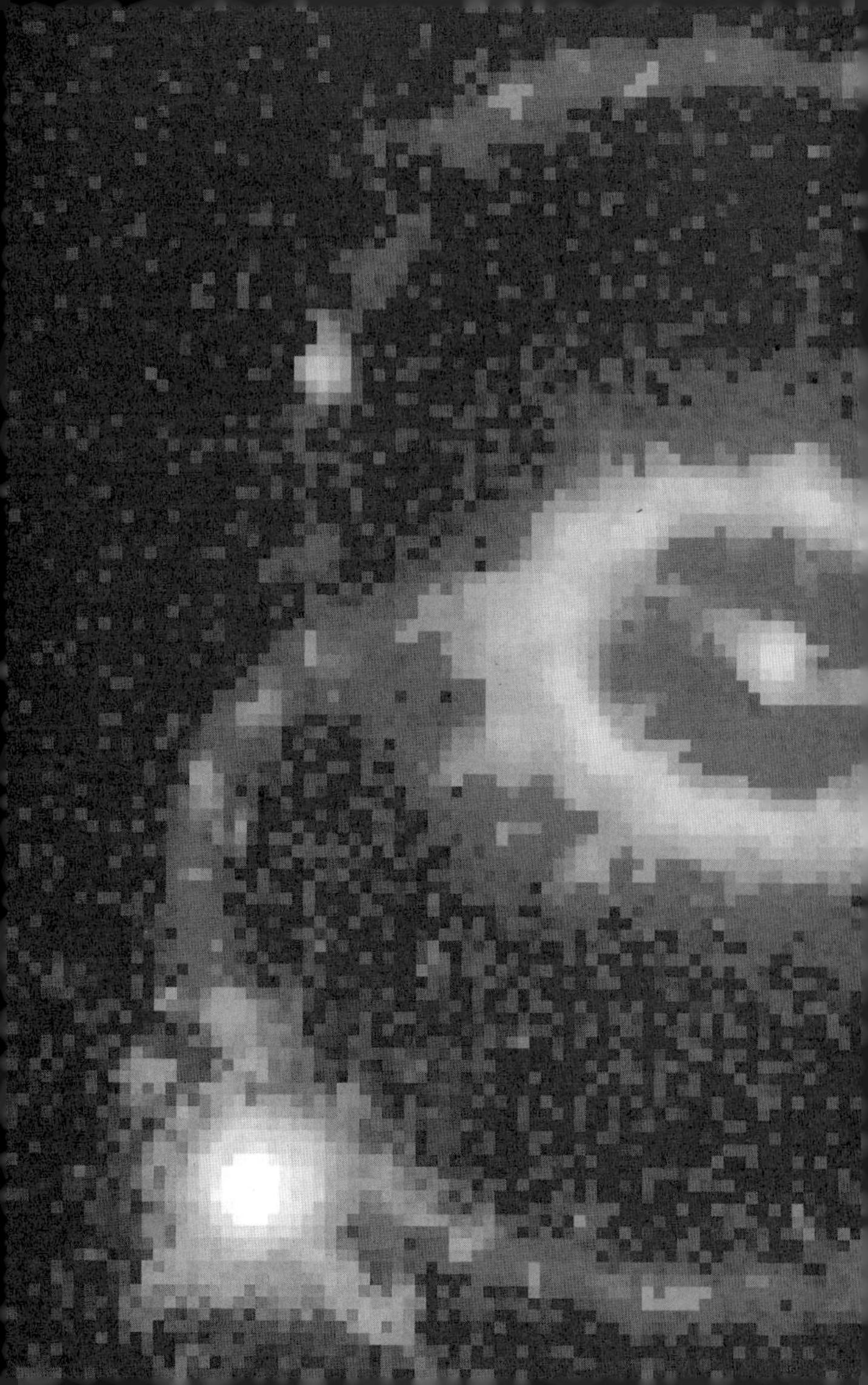

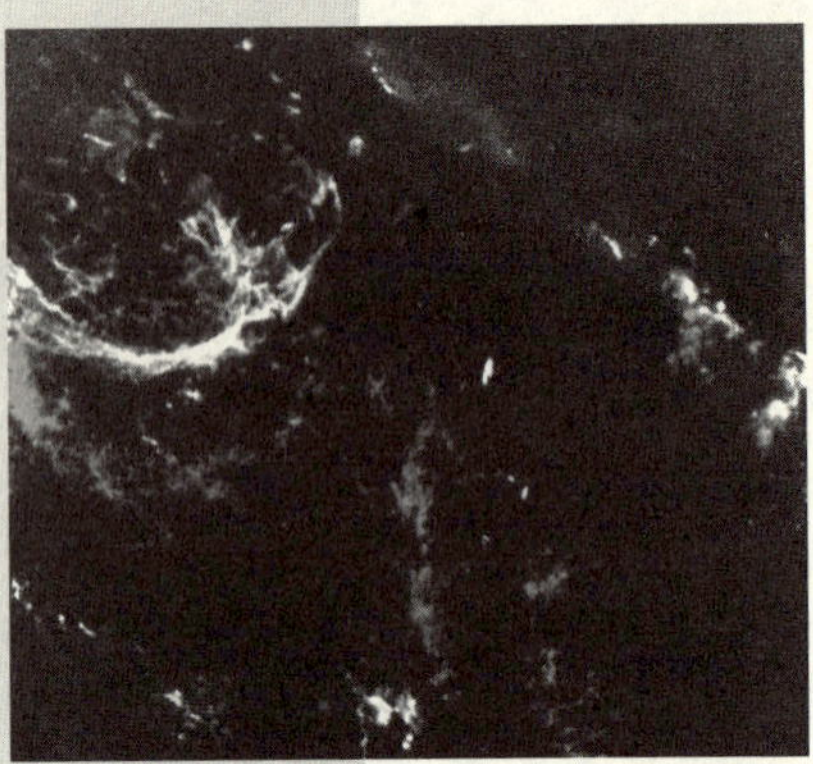

膨張拡散するガス雲状のN132Dには、青緑色に輝く濃厚な酸素のほか、恒星の構成素材となる水素、窒素、炭素、鉄などの元素が含まれている。

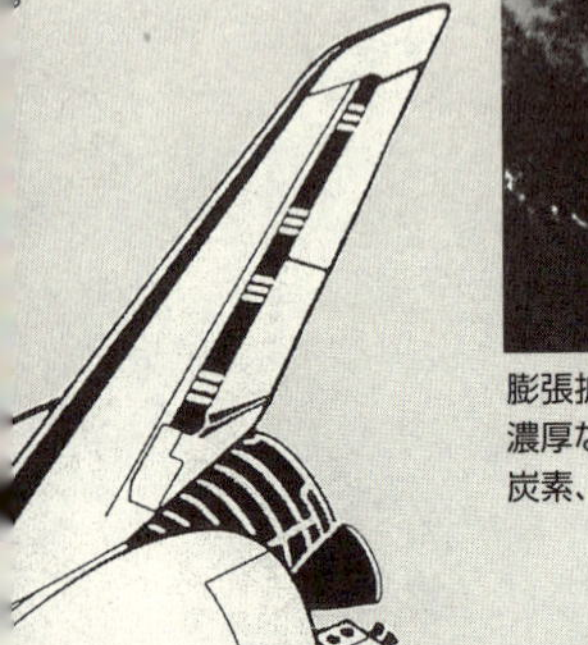

スペースシャトルに搭載されたアストロ紫外線望遠鏡。

ハッブル宇宙望遠鏡（HST）のゴダード高解像度分光計（GHRS）と微光天体分光計（FOS）を取り外して、新たに取り付けられた二次元分光器（STIS）により、紫外線の波長域で「蛇遣

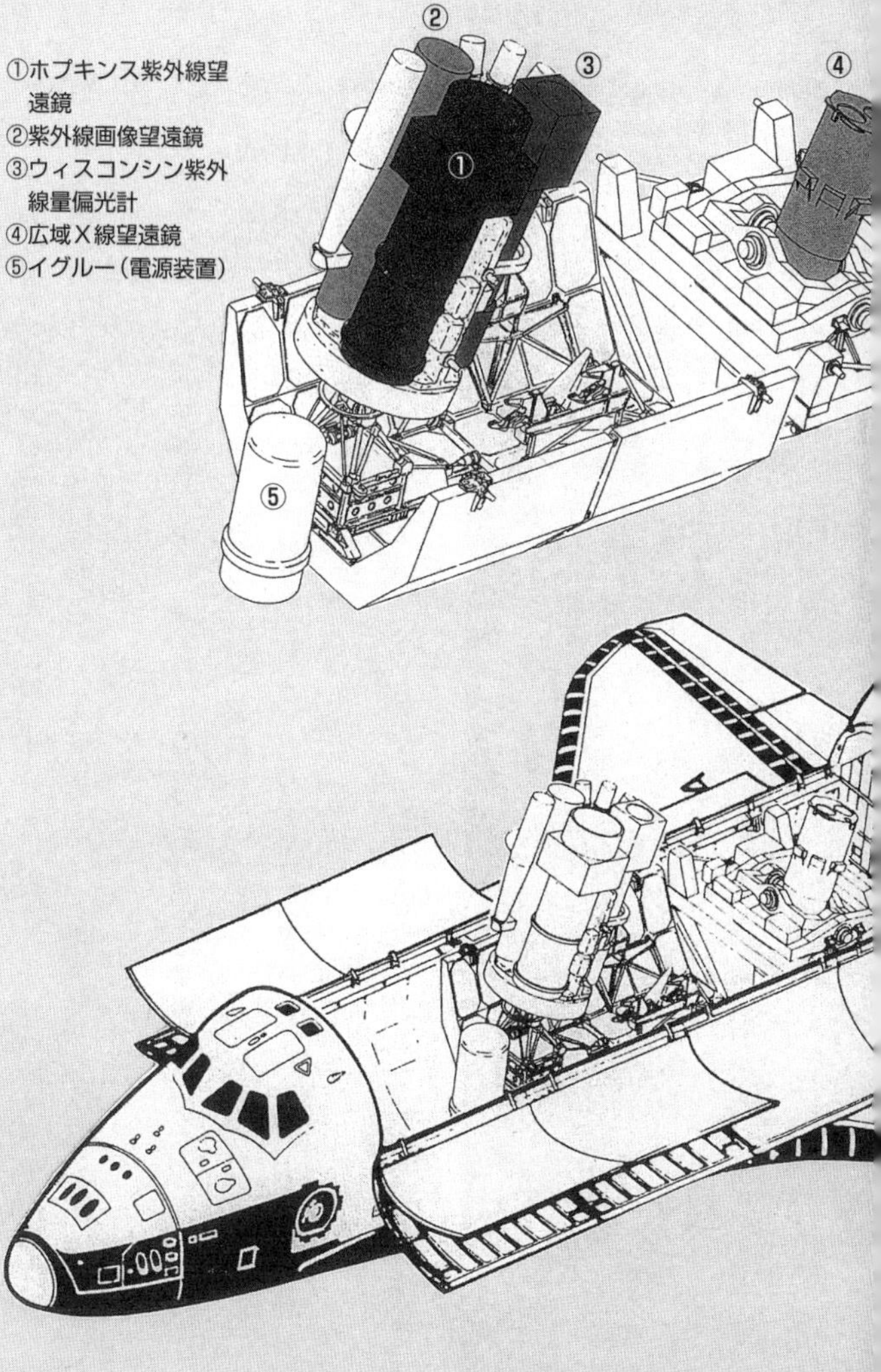
①ホプキンス紫外線望遠鏡
②紫外線画像望遠鏡
③ウィスコンシン紫外線量偏光計
④広域X線望遠鏡
⑤イグルー（電源装置）
①
②
③
④
⑤

い座」の方角の深宇宙が観測撮影された。そして、一連の写真を解析したNASAとローレンス・バークリー国立研究所のグループは、一一三億光年の彼方に、最も遠い超新星を発見することになった（218ページの写真）。

大マゼラン銀河と小マゼラン銀河は、我々の銀河系の強大な重力によって引っ張られ、その結果、大小のマゼラン銀河が引き裂かれている状況が観測発見された。そして、引き裂かれていることを証明するように、大マゼラン銀河から多量の水素ガスが我々の銀河系に流れ込んでいる。

このまま経過すると、やがて大マゼラン銀河と我々の銀河系が衝突することになる。

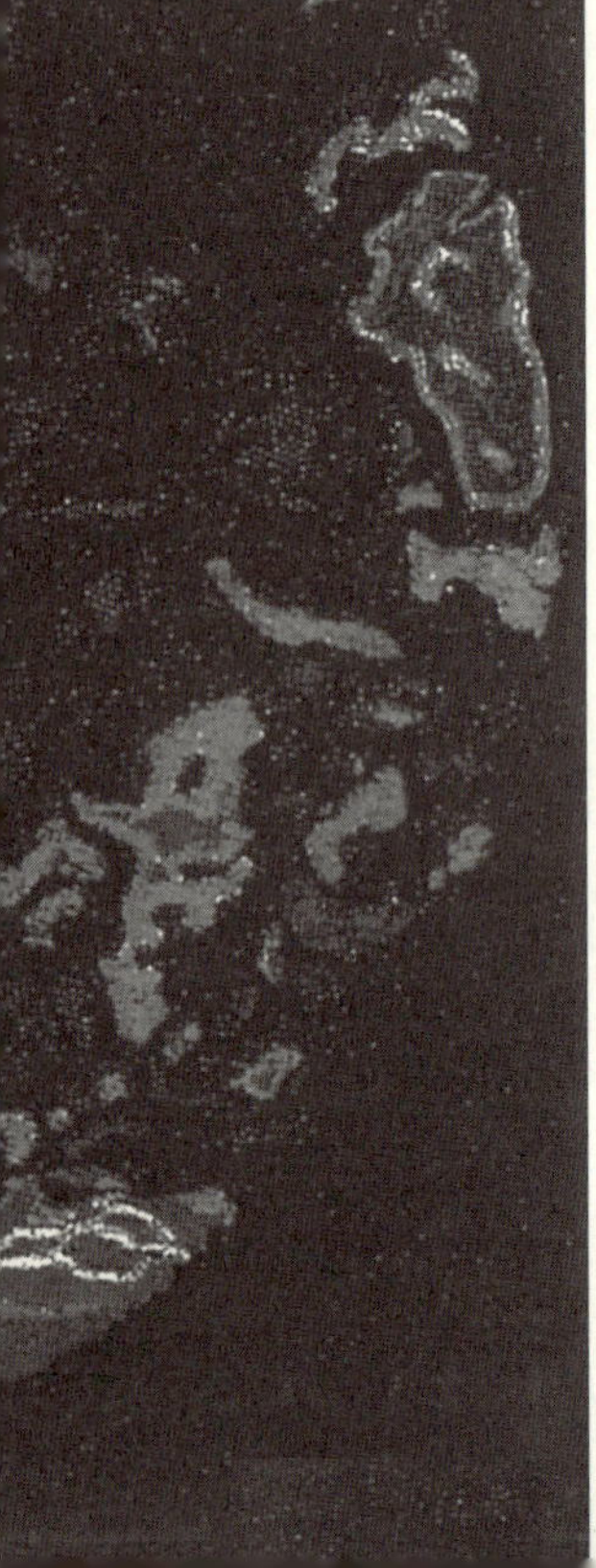

オーストラリア・パークス電波天文台の電波望遠鏡で見た我々の銀河系と大小のマゼラン銀河。中央上の左側に黒く勾玉形に見えるのが大マゼラン銀河、中央上のへの字形に見えるのが小マゼラン銀河。下側に黒く帯状に見える我々の銀河系が、強大な重力によって引き裂いている。

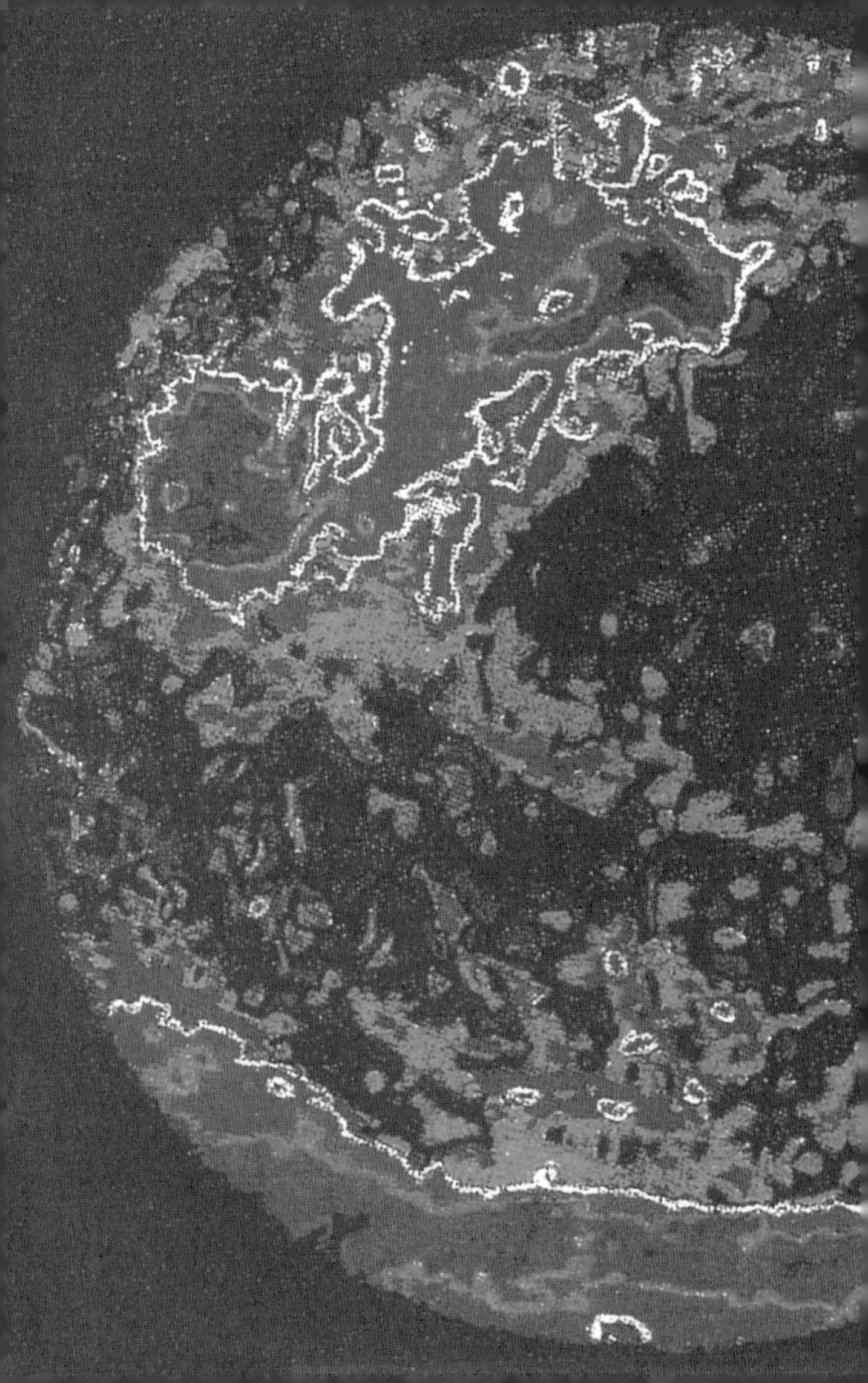

〈電波銀河〉
電波の陰に銀河あり

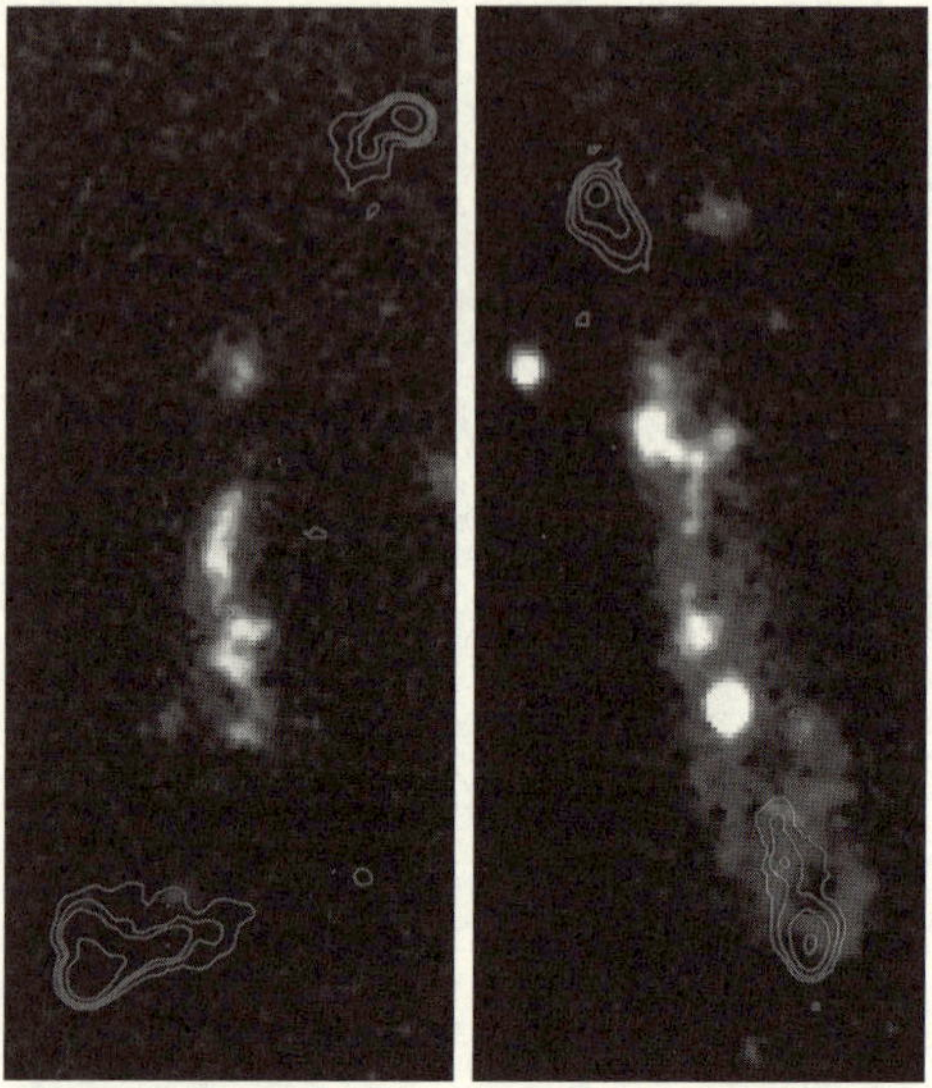
電波銀河3C342(左)と3C368(右)。ハッブル宇宙望遠鏡で撮影した光学画像に、大型電波干渉計群で観測した電波分布データを描き込んである。

光でとらえる電波銀河

ハッブル宇宙望遠鏡(HST)は、電波でしかわからなかった天体を次々と光学的にとらえ、その位置を確定している。一九九五年、HSTは赤外線の波長で、三つの電波銀河を光学観測した。そのうち、米ニューメキシコ州ソコロ市近郊の大型電波干渉計群(V

LA）で観測した電波分布を描き込んだのが、蛇遣《へびつかい》座の３Ｃ３６８（前ページ右）と蛇《へび》座の３Ｃ３２４（同左）である。

極めてユニークな形の車輪銀河（カートホイール銀河、205ページ）は、地球から五億光年の距離で、南半球の彫刻室《ちょうこくしつ》座の中に位置している。約二億年前に、大型の

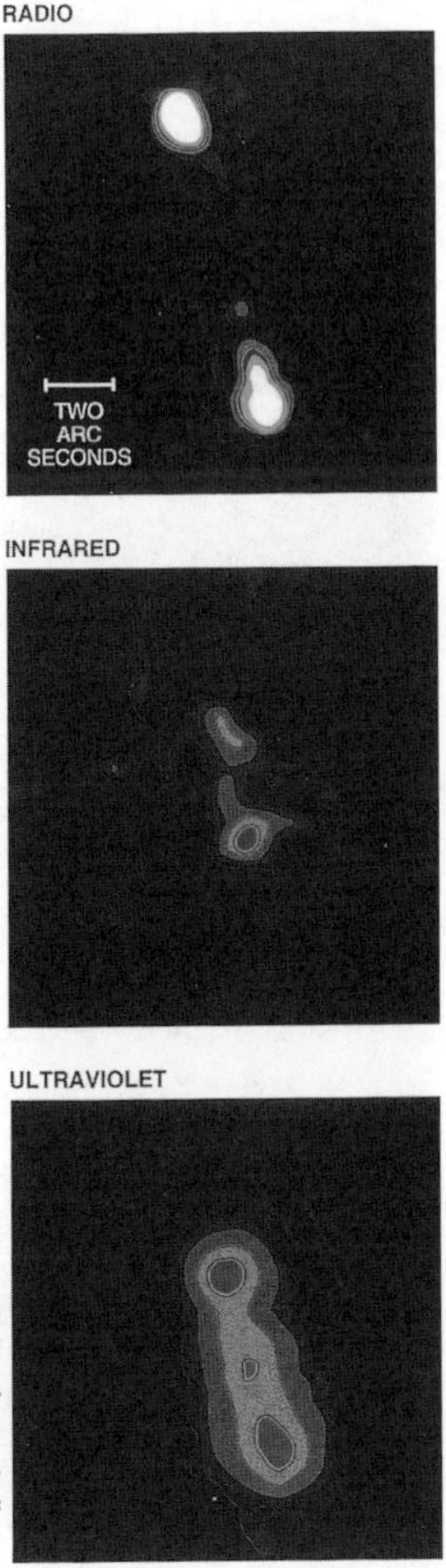

電波銀河3C368を、（上）電波で観測、（中）赤外線で観測、（下）3727オングストロームの紫外線で観測。

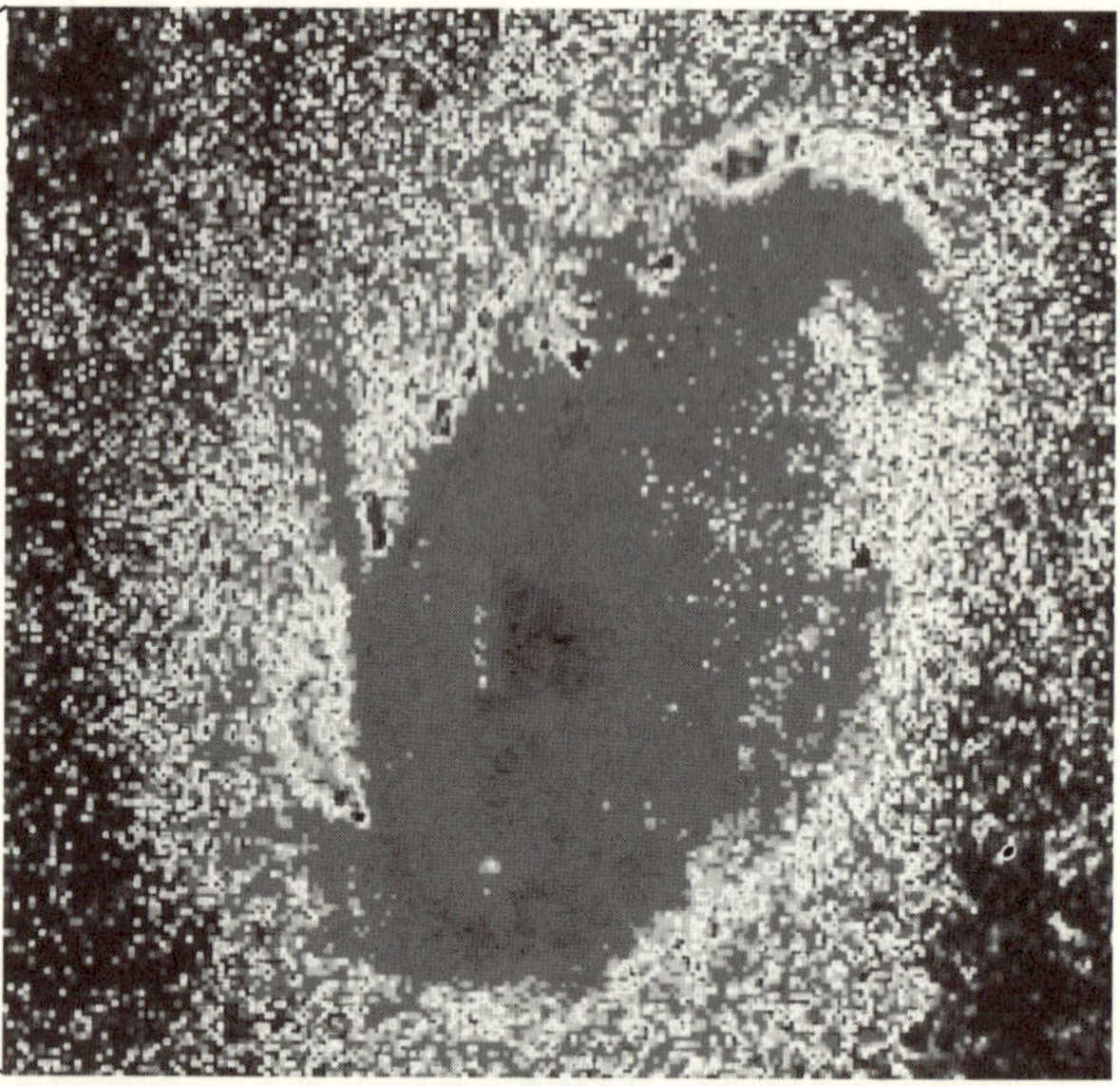
約2億年前に巨大な銀河に中型の銀河が衝突して、車輪銀河が形成された。衝突して突き抜けた車輪銀河の中央部の銀河からは赤外線が放射されている。

渦巻《うずまき》銀河の中心を小型で密度の高い銀河が垂直に突き抜け、車輪銀河が形成されたと推定される。

現在の車輪銀河の輪の直径は一五万光年で、中心にある楕円《だえん》渦巻銀河の直径は三・二万光年。車輪銀河の二つの伴銀河のうち、不規則銀河が大型の渦巻銀河を垂直に突き抜けた銀河で、ここから全長三五万光年にも及ぶ強力な電波が放射されている。

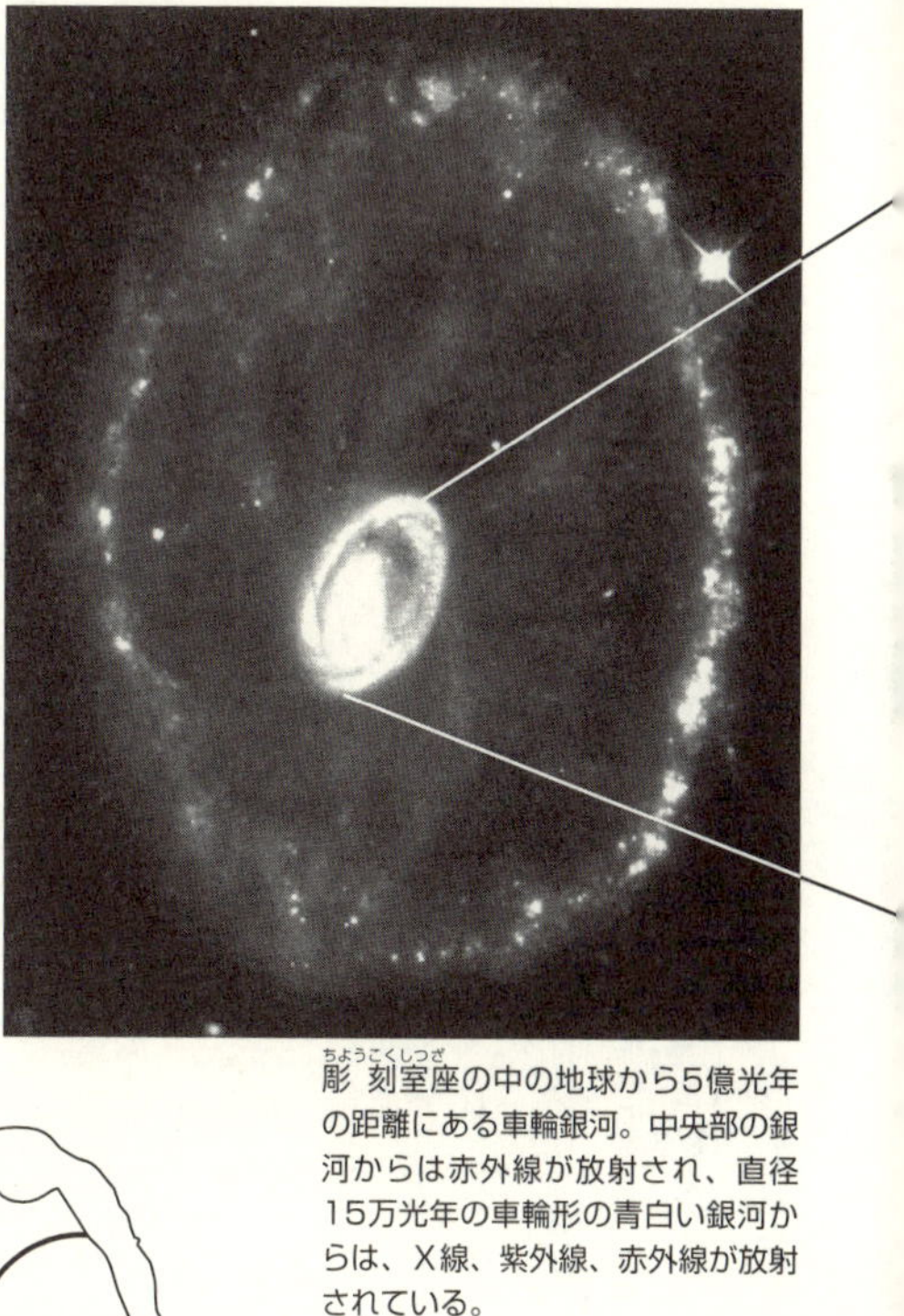

彫刻室座《ちょうこくしつざ》の中の地球から5億光年の距離にある車輪銀河。中央部の銀河からは赤外線が放射され、直径15万光年の車輪形の青白い銀河からは、X線、紫外線、赤外線が放射されている。

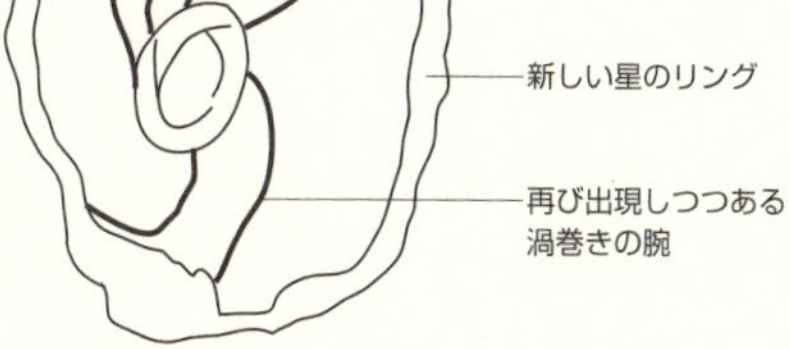

〈ピストル星〉
宇宙で一番重い星か？

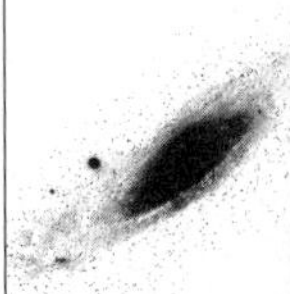

米カリフォルニア大学ロサンゼルス校（ＵＣＬＡ）のマーク・モリス教授のチームは、一九九七年九月一三日と一四日に、推定二億二〇〇〇万キロの広がりを持つ、極めて〝重い恒星（ＭＳ）〟を発見した。

囲んでいる星雲の名称からピストル星と名付けられた、この重い恒星が極端に明るいのは、超高速で恒星の外層部分を噴出しているからだ。ハッブル宇宙望遠鏡のＮＩＣＭＯＳ（近赤外線カメラ／多天体分光器）を用いた観測により初めて発見されたピストル星は、太陽の六万倍の質量を持ち、太陽の一〇〇〇万倍というエネルギーを放出している。これは太陽と比較すると、太陽が一年間に放出するエネルギーを、わずか六秒で放出していることになり、そのため桁外れに明るく、極めて珍しい天体である。

ピストル星は、その大きさが太陽から火星の公転軌道まで入り、質量は自重を支えている限界に近い。このことから、寿命は我々の太陽に比べて非常に短いと推定され、二〇〇〇万年以降には超新星爆発を起こして、ピストル星の一生を終えることになる。

ピストル星が、射手座《いてざ》の方角で地球から2万5000光年の距離に発見された。100万年から300万年前に誕生したと推定されている。ハッブル宇宙望遠鏡のNICMOSで撮影。

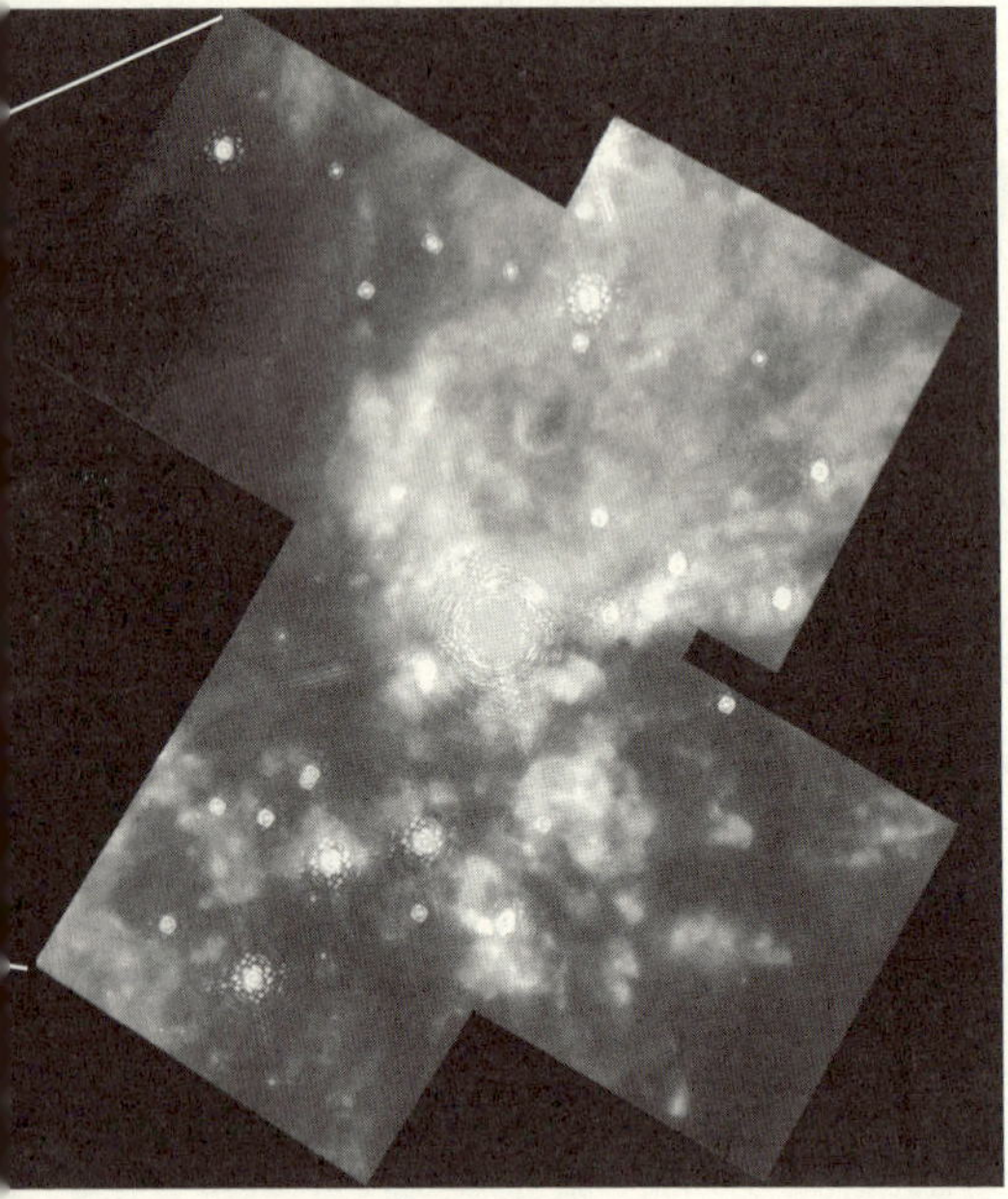

〈宇宙の水〉
水は宇宙からやって来た？

水星、火星にも水

地球は〝水の惑星〟とも呼ばれ、宇宙でも珍しい水の存在する惑星と考えられていたが、地球の衛星である月にも南北の極域に、間接的な観測ながら水の氷が六〇億トンも存在していると推測されている。また、太陽系の第一惑星の水星、第四惑星の火星でも、水があ

MEISHODO

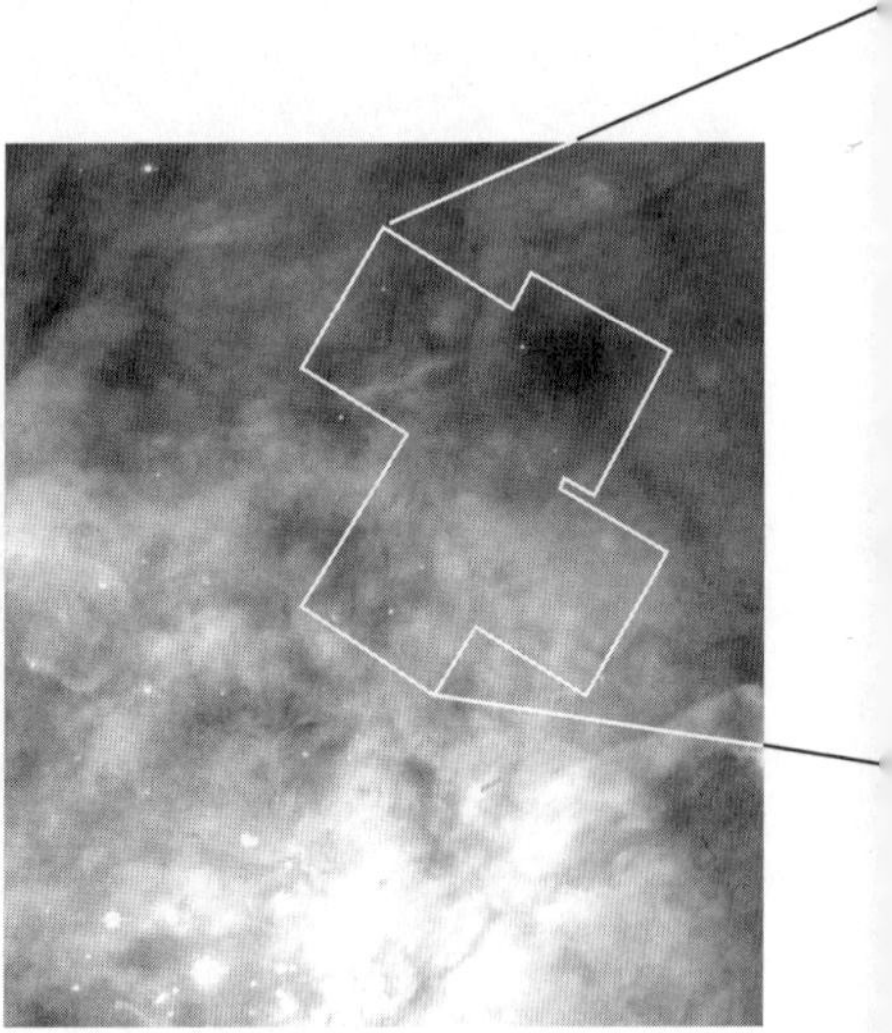

ハッブル宇宙望遠鏡の赤外線カメラ・多天体分光器（NICMOS《ニクモス》）によりM42大星雲の深部（左）を可視光で観測撮影した。さらに、深部の中にある巨大星間雲OMC-1を近赤外線の波長で観測撮影した（右）。OMC-1の中で誕生してまもないBN天体から放射される水素分子により、BN天体自体と周囲のちりをオレンジ色に、水素ガスの雲を青色に輝かせている。

ったと推定できる観測データが得られている。

火星の地表面の約三四パーセントを占める北半球の低地に、かつて広大な海が存在したとの推定を裏付けるデータが、米航空宇宙局（NASA）の火星極軌道周回探査機マーズ・グローバル・サーベイヤー（MGS）による高精度観測から得られている。

二〇〇八年には、エウロパ・オービター（EO）

によって、木星の第二衛星エウロパの表層氷の下にあるとみられる広大な海の探査も計画されている。

水が発見されたオリオン座のM42大星雲（NGC1976）。

太陽系外にも水

そうしたなか、ヨーロッパ南天文台の赤外線望遠鏡の観測によって宇宙の水の存在が予測され、ついにハッブル宇宙望遠鏡（HST）によって、その存在が確認された。

水が発見されたのは、地球から一四六七・九光年の宇宙空間に位置しているオリオン座のM42（NGC1976）である。

オリオン座はオリオンの腰帯に位置する二等星の三つ星を中心に展開し、冬の空では南東から南に高く昇ってくる。三

オリオン座のM42大星雲。

つ星の右端はδ（デルタ）星、左へε（イプシロン）星、ζ（ゼータ）星と並んでいる。

M42大星雲は、オリオン座の三つ星の南に位置していて（上の写真）、このM42大星雲のなかに体積にして地球一〇〇万個分の水蒸気があることをハッブル宇宙望遠鏡（HST）の広角惑星カメラ-2（WF/PC-2）と、二次元分光計（STIS）より観測したデータを分析して発見されたのである。

ほかに、小マゼラン銀河のなかの若い恒星の集まりであるM81星団のなかにも、地球の海の六〇倍相当の水が次々と生産されている。

現在、太陽系外宇宙において水が発見されているのは、この二ヵ所だけだが、今後さらに発見される可能性が高い。

4

第4章

宇宙はどうやって生まれてきたのか?

「宇宙の果てと、始まり」探査

最果ての銀河、113億光年かなたの超新星、
遠くを見れば、宇宙の過去が見える。
ビッグバンで生まれた宇宙の「ゆりかご時代」を探査する。

〈宇宙最深部を探る〉
生まれたての銀河、最果ての超新星

一一三億光年彼方の超新星

その昔、無の揺らぎ（粒子が時時刻刻と存在したり消えたりしている）の中で、〝宇宙の素〟が瞬間的に誕生した。宇宙の素は、一つの素粒子よりも小さい高密度の状態に凝縮していたと考えられている。そして、一四五億年ほど以前に、宇宙の素にインフレーション（超々々速の膨張）があり、その一瞬後にビッグバン（宇宙開闢《かいびゃく》の大爆発）が起きて宇宙が誕生した（255ページの図）。

ハッブル宇宙望遠鏡（ＨＳＴ）の特質の一つは、宇宙の果ての銀河まで観測できることである。果てに近いほど、宇宙誕生初期の姿を見ることができる。

一九九五年一二月に大熊座《おおぐま》の一角を撮影したハッブル・ディープ・フィールド（ＨＤＦ＝ハッブル深宇宙画像）は、近赤外線カメラ・多天体分光器（ＮＩＣＭＯＳ《ニクモス》）によって、両眼の視力一・五の人間が見ることができる限界等級の四〇億倍、光度等級で三〇等級と非常に暗い天体までとらえていた。

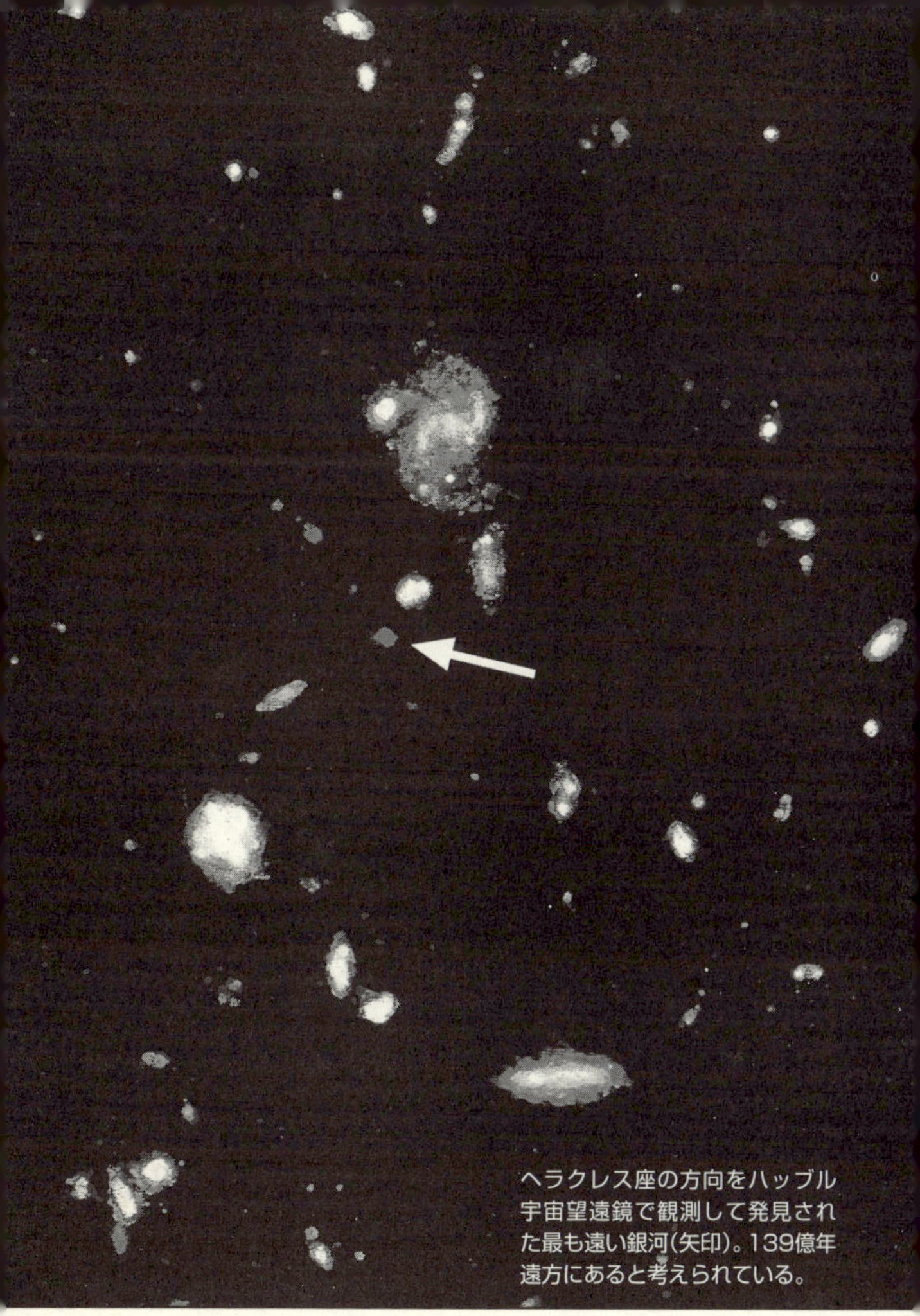

ヘラクレス座の方向をハッブル宇宙望遠鏡で観測して発見された最も遠い銀河(矢印)。139億年遠方にあると考えられている。

大熊座のＨＤＦは、月の赤道直径三四七六キロメートルの一三分の一に相当する天域、角度にして二・四三分角の中に、極めて淡い光度の四個の銀河を含めて、総数二五三三個の銀河を捕捉《ほそく》していた。ここには、宇宙誕生の初期に近い姿を残す一二〇億光年彼方の銀河が三〇〇〇個以上も含まれていた（左ページの写真）。

ＨＤＦ計画は、当初、宇宙望遠鏡科学研究所（ＳＴＳｃＩ）所長のロバート・ウィリアムズ博士が、自身に割り当てられたＨＳＴの観測専有時間をさいて始められた。その後、協力する科学者が増えて本格的な計画となった。

一九九八年八月には、南半球の巨嘴鳥座《きょしちょうざ》の一角を、一〇日間にわたってＮＩＣＭＯＳで観測。巨嘴鳥座のＨＤＦには、銀河のほかに三個のクエーサー（疑恒星状天体）が写し出されていた。さらにクエーサーのうちの一個は、一四〇億光年の距離に位置していることがわかった。

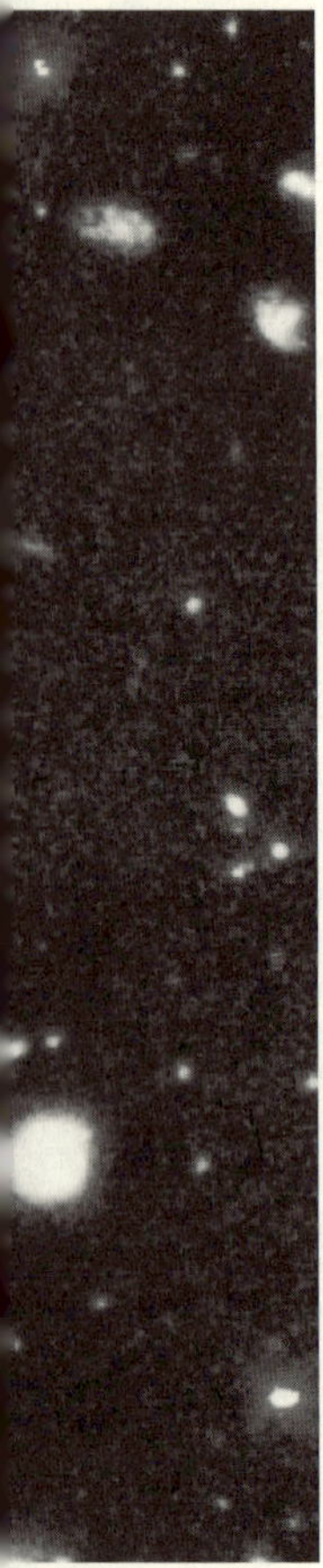

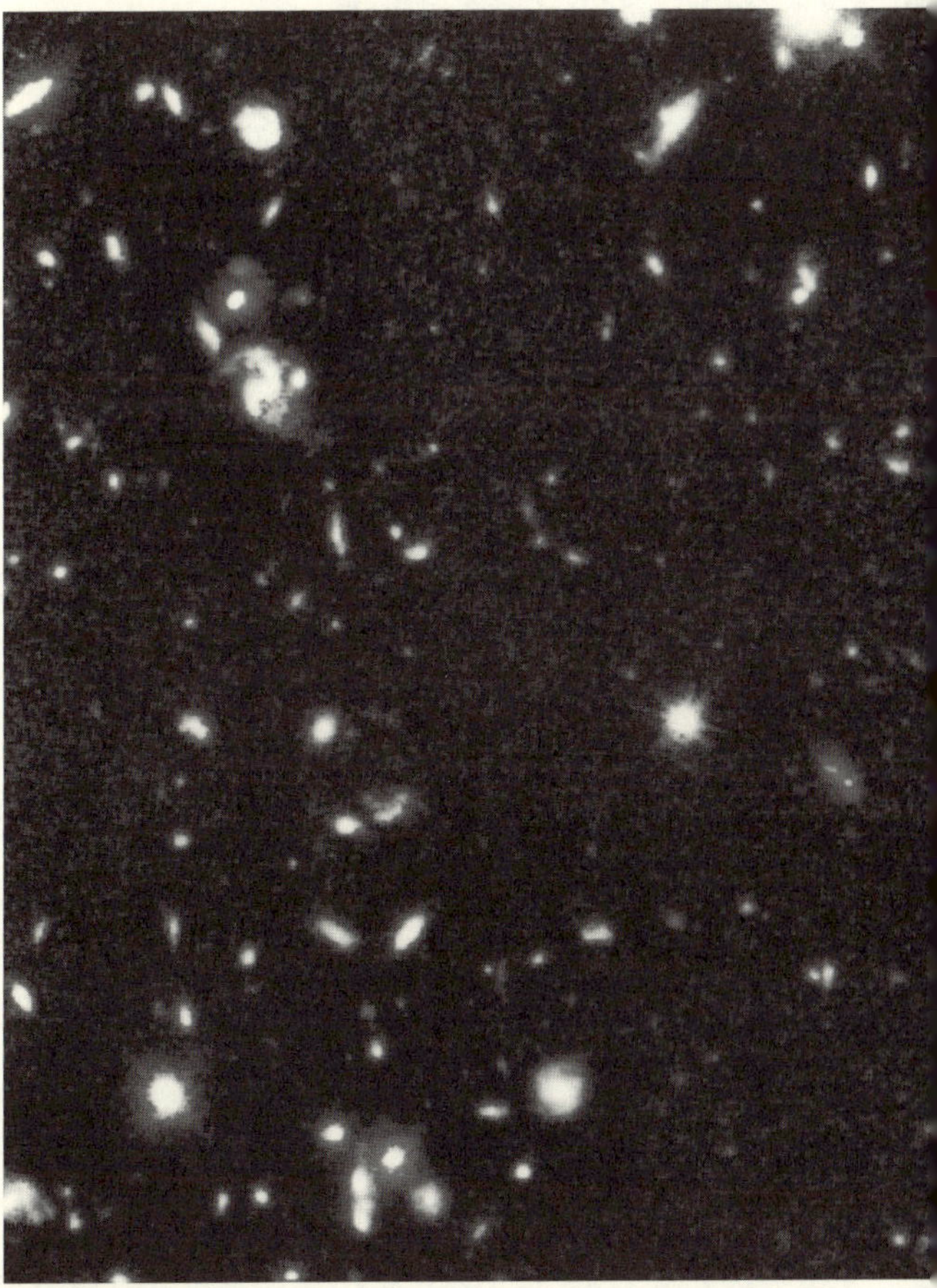

NICMOSが赤外線でとらえた大熊座の方角、地球から120億光年の300個を超える銀河の群れ。30等級の光度の銀河まで写し出された。

また、二〇〇一年四月二日、国立ローレンス・バークリー研究所のA・リエス博士らのチームは、HSTの二次元分光器（STIS）を用いることによって、地球から一一三億光年の距離で、一九九七年三月に発見された超新星SN1997ffの後退速度を写真測定した。リエス博士らは、新たな観測データを検討した結果、宇宙の物質密度は最大値で考えても、膨張が止まるのに必要な大きさ量の六〇パーセント未満であると分析した。

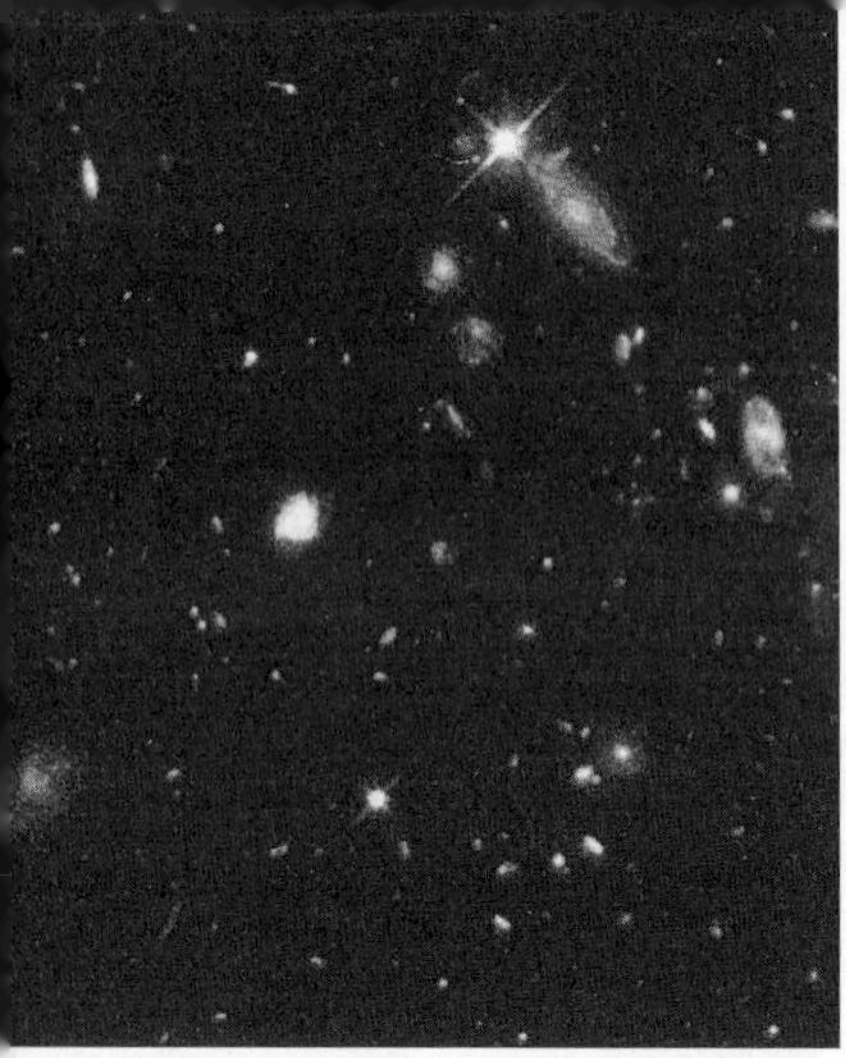

ヘラクレス座の方向、宇宙最深部。

さらに超新星から発せられる〝光と赤外線〟の分析から、宇宙の膨張速度が、今から四〇億年から八〇億年前の特定の時期に、急に加速した証拠を得ることができた。また宇宙には、恒星同士を近づける重力に逆らう〝斥力〟を示す。〝真空のエネルギー〟があり、宇宙は将来も持続して膨張し続けることがわかったと、報告をしている。

観測史上最遠、113億光年彼方の超新星SN1997ff。HSTによる。

〈宇宙背景放射〉
コービーがとらえたビッグバンの証拠

米航空宇宙局（NASA）の宇宙背景放射観測衛星コービー（COBE）は、一九九〇年二月に観測した宇宙背景放射には、一〇万分の一の〝揺《ゆ》らぎ〟と呼ばれるリップル（Ripple＝波紋）のあることがわかり、長年「ビッグバン宇宙論」の弱点とされていた課題を克服したと発表した。

人類が住む地球が属する太陽系、さらに太陽系が属する銀河系が浮かぶ宇宙は、一四五億年ほど前の過去に、ビッグバン（宇宙開闢《かいびゃく》の大爆発）で始まった。この理論を一九四八年に提唱したのは、ロシア系米国人のジョージ・ガモフ博士で、「ビッグバン宇宙論」と名づけられた。

一九六五年一月に、ベル電話研究所の衛星通信用ホーン型アンテナを整備していたアルノ・ペンジァス技師と

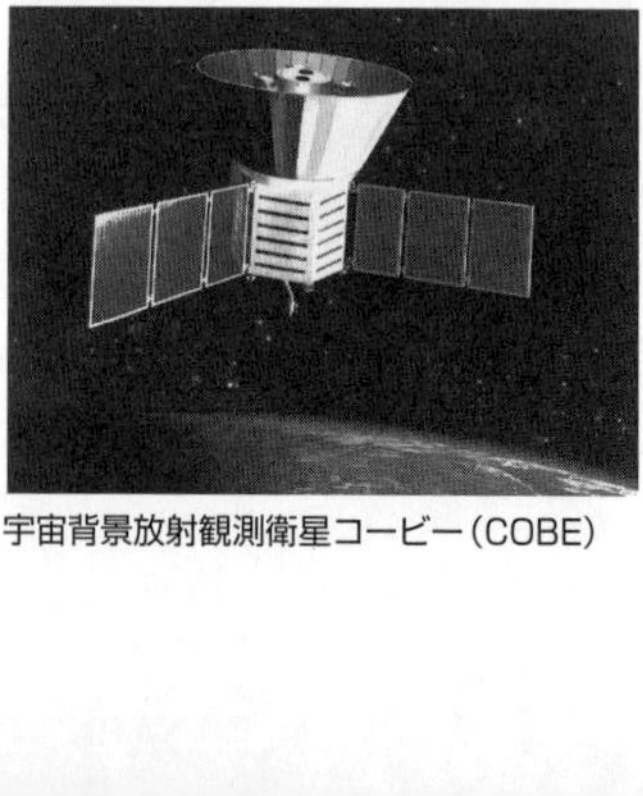
宇宙背景放射観測衛星コービー（COBE）

宇宙背景放射観測衛星(COBE)が赤外線で見た宇宙

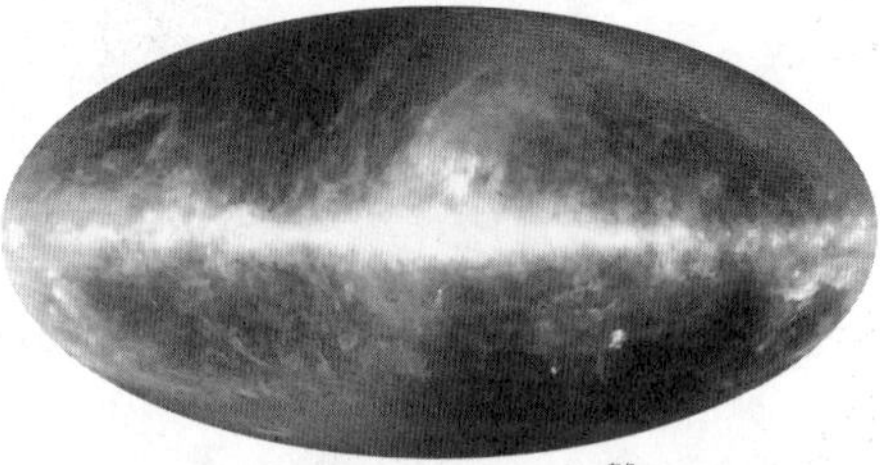

赤外線の波長で天空全体の天体と、塵《ちり》を観測した。

上の画像から、太陽系の天体、塵が出す赤外線を除いた画像。

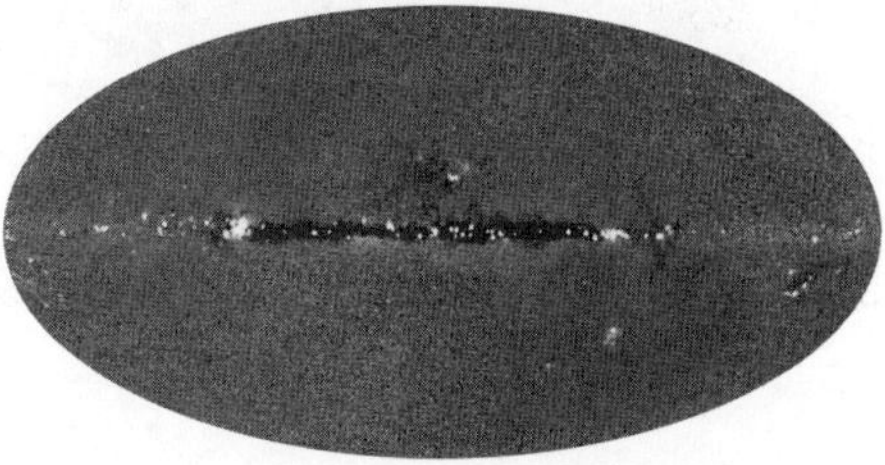

上の画像から、銀河や星間空間の塵を取り除いた画像。
地上からの赤外線観測では見えない天体が初めて見えた。

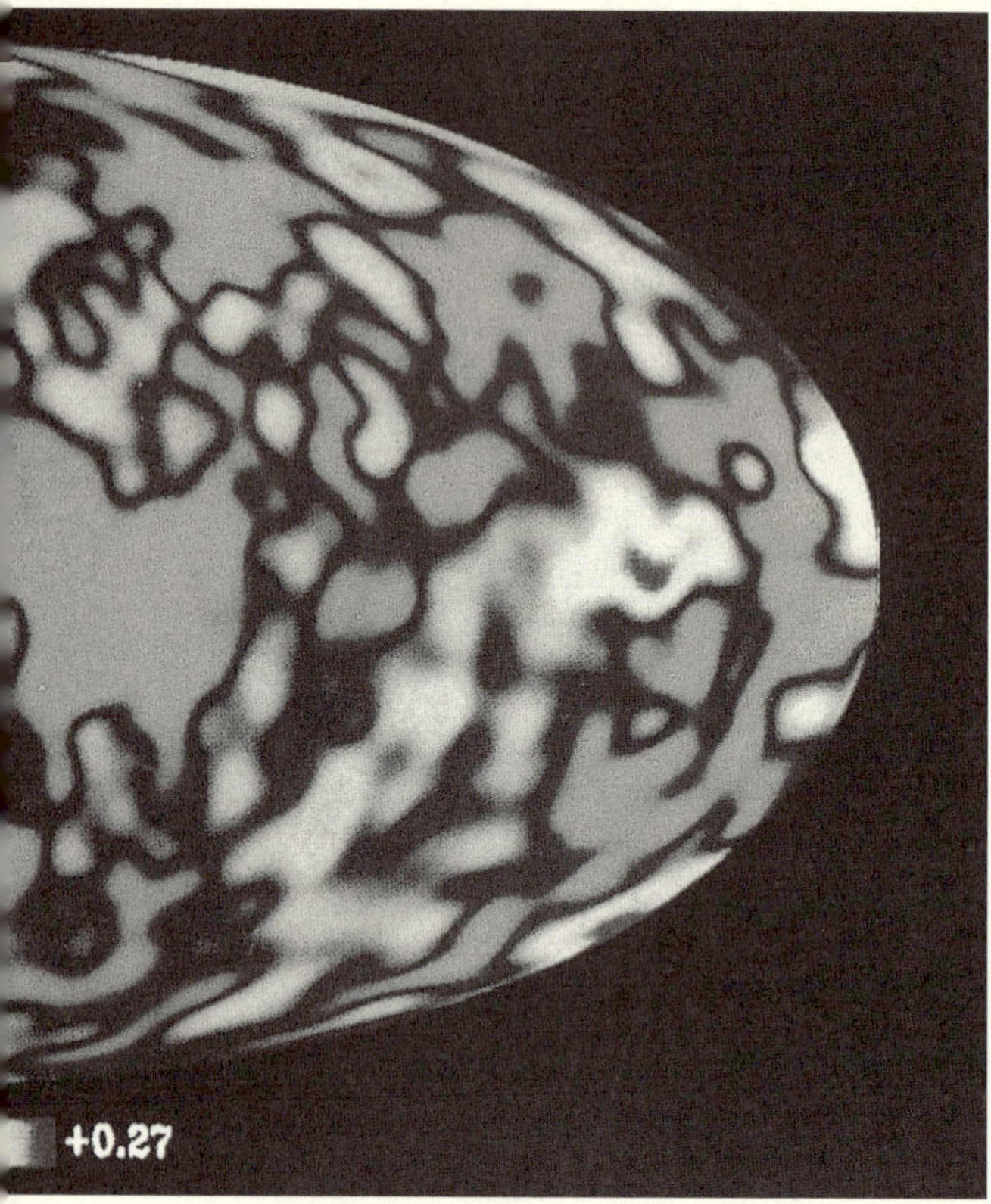
+0.27

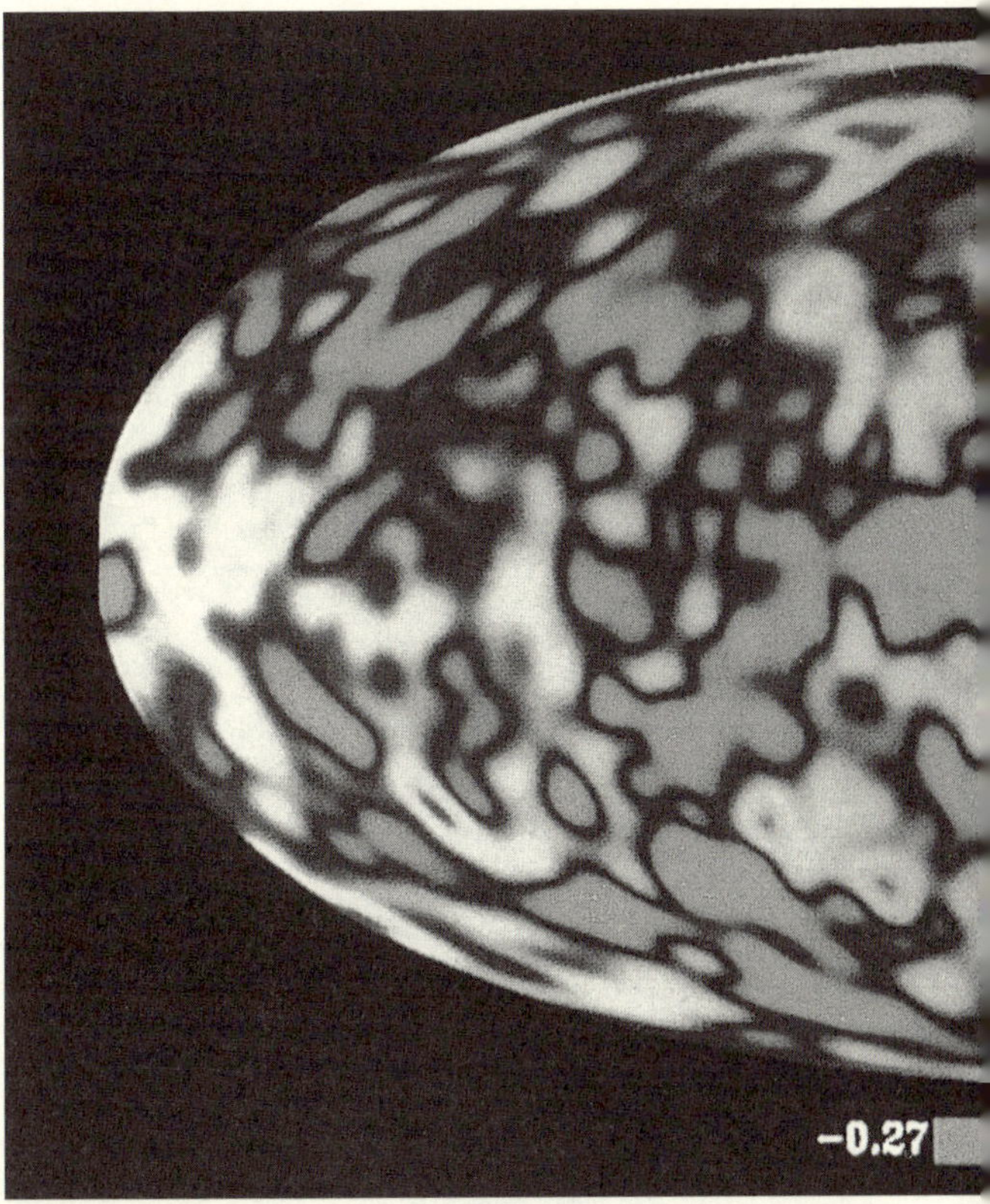

宇宙背景放射観測衛星のマイクロ波差分放射計で観測した宇宙マイクロ波の画像（ただしデータには多少の赤外線ノイズが入っている）。濃い灰色と薄い灰色の斑点で示したように、全天にわたって宇宙マイクロ波のリップル（波紋上の揺らぎ）がみられる。マイクロ波差分放射計を向ける方角によって、宇宙マイクロ波の強度がわずかながら異なることがわかった。それは温度にして10万分の3度という揺らぎであった。

ロバート・ウィルソン技師により、すべての天体の背景には放射（電磁波）のあることが発見された。

その放射は、NASAの高エネルギー天文観測衛星（HEAO《ヒーオー》）1号、2号（アインシュタイン衛星）により追観測が行われた。それは波長が七・三五センチの特定電波（マイクロ波）で、絶対温度にして二・七度（マイナス二七〇・四度C）、通常「3K（ケルビン、マイナス二七〇・一度C）放射」と呼ぶ「宇宙背景放射」だった。「ビッグバン宇宙論」を提唱したガモフ博士が、すでに一九四八年に予言していた宇宙背景放射そのものであった。

宇宙背景放射が存在することは、そして今日でもはるか彼方に位置する銀河の背景から放射が続いていることは、ビッグバンで吹き飛ばされ膨張を始めた始原物質が、その大爆発以前には超々高温度・超々高密度の状態であったことを証明する直接的な証拠となっている。

ビッグバンがあったもう一つの証拠は、ヘリウムが一

左よりヒーオー2号、1号、3号。

ビッグバンから145億年後の今日までの宇宙の変遷

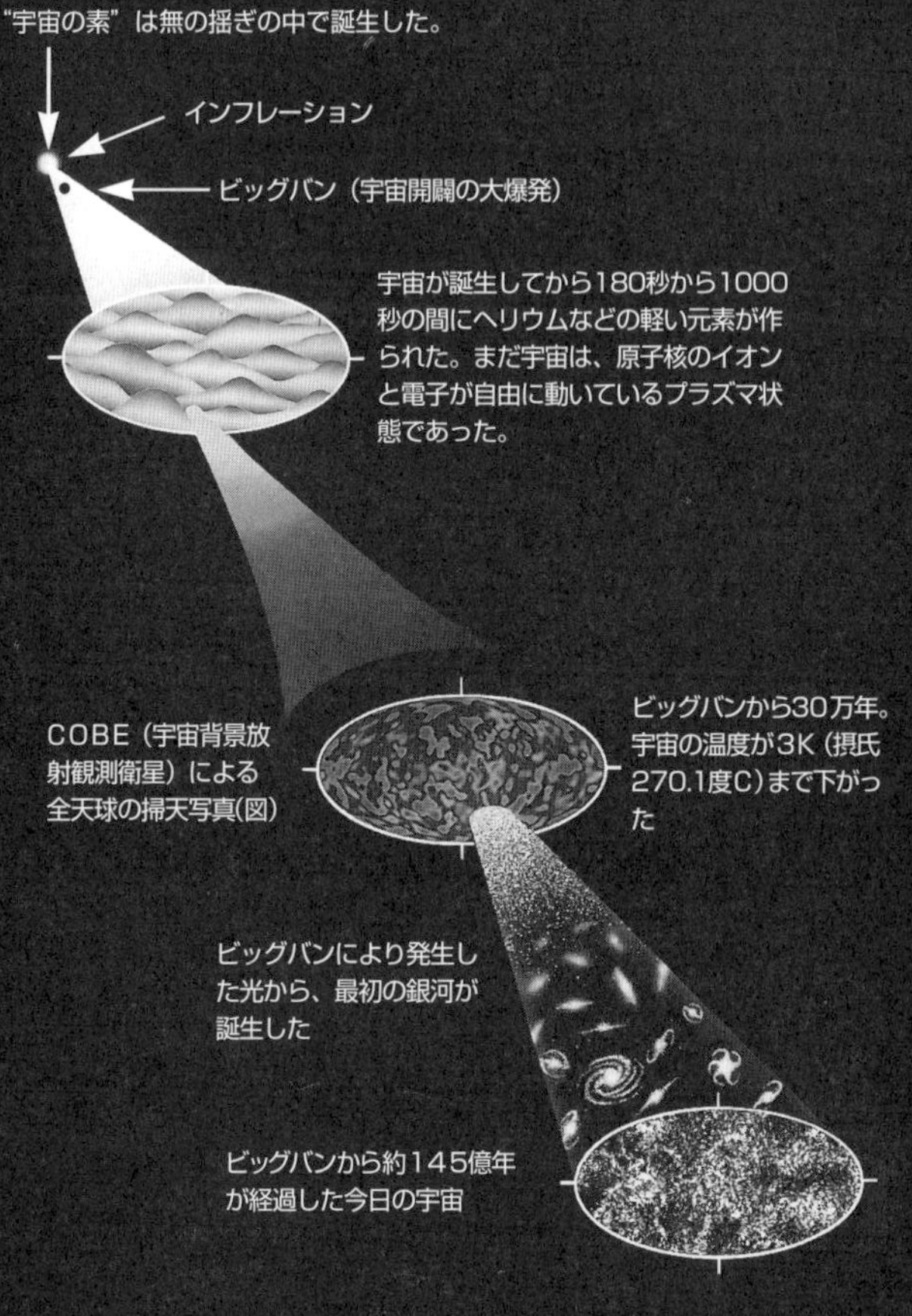
"宇宙の素"は無の揺ぎの中で誕生した。
インフレーション
ビッグバン（宇宙開闢の大爆発）
宇宙が誕生してから180秒から1000秒の間にヘリウムなどの軽い元素が作られた。まだ宇宙は、原子核のイオンと電子が自由に動いているプラズマ状態であった。
COBE（宇宙背景放射観測衛星）による全天球の掃天写真(図)
ビッグバンから30万年。宇宙の温度が3K（摂氏270.1度C）まで下がった
ビッグバンにより発生した光から、最初の銀河が誕生した
ビッグバンから約145億年が経過した今日の宇宙

様に宇宙のすべての恒星に存在していることである。観測的事実として、ヘリウムは恒星の世代にかかわりなく同じ量が含まれている。これはヘリウムが炭素のように、恒星の内部でつくられた元素ではないことの証《あかし》である。

宇宙が誕生してからわずか一〇〇〇秒の時間がたったとき、宇宙の温度は一億度を超えて核融合反応が始まり、ヘリウムが生成されたことになる。つまり、宇宙に一様にヘリウムの存在することが、ビッグバンのあった揺るぎない証拠である。

宇宙が誕生してから一八〇秒から一〇〇〇秒の間に、ヘリウムなどの軽い元素が作られた。まだ宇宙は朝靄《あさもや》の中のように電子によって光が乱反射した不透明なプラズマの状態で、原子核のイオンと電子が自由に飛び廻っていた。宇宙が誕生してから三〇万年経つと、宇宙の温度は3Kとなり、自由に飛び廻っていた電子が原子核に引き付けられて、無数の原子が誕生していった。やがて電子の散乱がなくなった宇宙では、光が直進できるようになり、宇宙は一気に透明となり見渡せるようになった。こうした宇宙の晴れ上がりの時の光は、宇宙空間を一四五億年飛び続ける間に波長が伸びて赤外線となり、さらに伸びて電磁波となった。これが宇宙背景放射と呼ばれる波長が七・三五センチのマイクロ波だった。

ビッグバン宇宙論確立のきっかけになったベル研究所のホーン形アンテナ。

晴れ上がった宇宙初期の雲にはリップル（波紋）があり、リップル濃度の高い部分に原子が集まって銀河が次々と誕生したと推定している。

ところが、これまで銀河のタネとなるリップルが見つからず、ビッグバン理論の弱点となっていたのであった。それがコービーの発見でみごとに克服されたというわけである。ただし銀河は、宇宙の年齢が三〇万年から一〇億年の間に誕生しているが、この期間はミッシング・リンクの時代と言って、何も観測がされていない年代である。

〈ガンマ線バースト〉
地球をも襲う謎の現象

一九九七年五月八日、一角獣《いっかくじゅう》座の散光星雲ＮＧＣ２２６４の中心にガンマ線のバーストが出現した。ただちにハッブル宇宙望遠鏡（ＨＳＴ）の二次元分光器（ＳＴＩＳ）による紫外線での観測が行われた。しかし、対応する天体は見いだされなかった。ところが、赤外線の波長では左の写真のように対応する場所に母銀河（ガンマ線源）が見事に特定された。

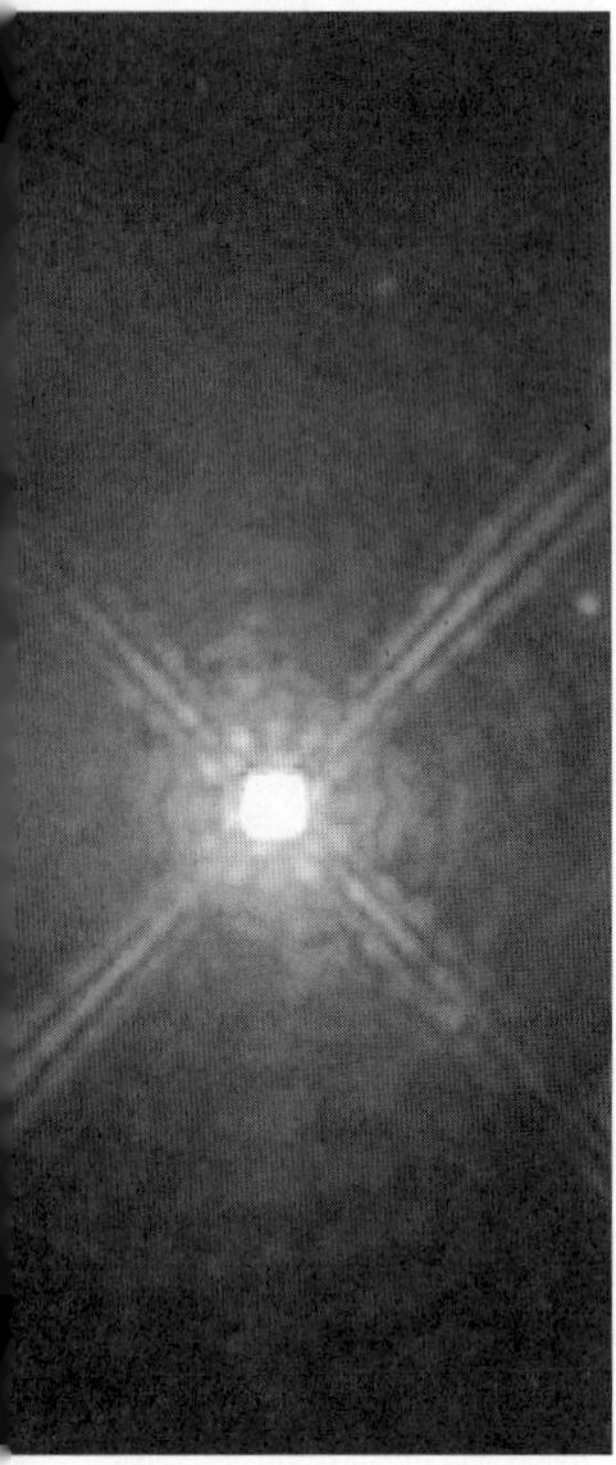

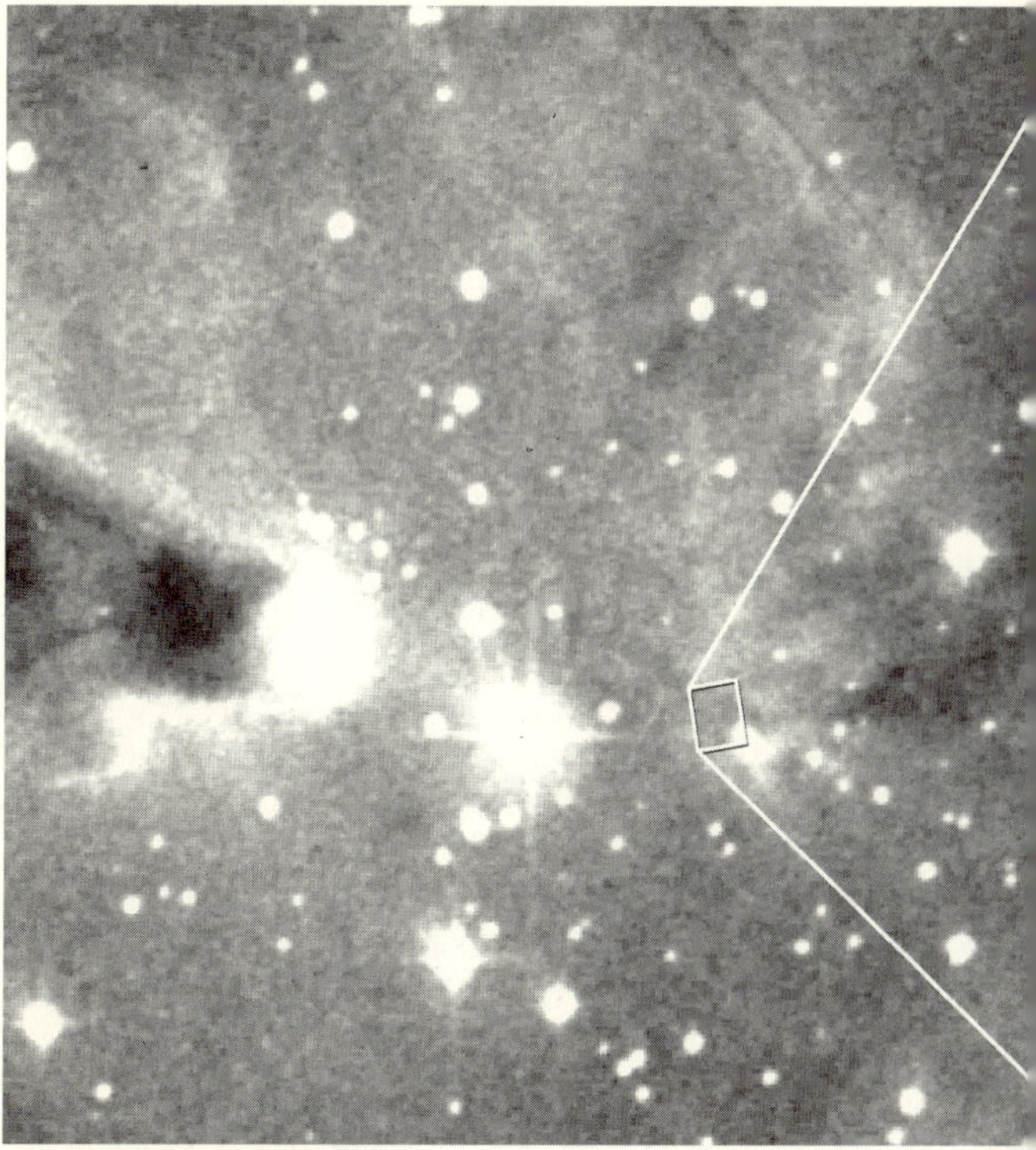

ハッブル宇宙望遠鏡が赤外線の波長で見事にとらえたガンマ線源。一角獣座の散光星雲NGC2264の中に出現した。このガンマ線星のエネルギー強度は、可視光の約1兆倍であった。

初めてガンマ線バーストが検出されたのは、一九六三年一一月下旬だった。米空軍の核実験探知衛星ベラ・ホテル2号の打ち上げから約一ヵ月がたって、奇妙なガンマ線を探知した。それから一三日間にわたり、同時に打ち上げられたベラ・ホテル1号とともに、奇妙なガンマ線を検出し続けた。今日、この奇妙なガンマ線の正体は、エネルギーの高い光子であるガンマ線を、数秒から十数秒の短い時間に多量に放出する現象、ガンマ線バーストとして知られているが、発生のメカニズムは、わかっていない。

一九九一年四月五日に打ち上げられたスペースシャトル104アトランティスは、地球軌道飛行二日目の四月七日、重量一五・九トンのコンプトン・ガンマ線天文観測衛星（CGRO）を、近地点四一六キロ、遠地点四三二キロの地球周回軌道に投入した。一九九一年五月から三年間の予定で、CGROに搭載されたバースト／激変源観測装置（BATSE）を用いて、全天球上のガンマ線バースト源の分布図を作成する研究が始められた。

間もなく、ベラ・ホテル衛星の例とは異なるが、ほぼ規則的な周期性を持った強いガンマ線が検出され出した。原因を調べていくうちに、強いガンマ線源は、高度二〇〇〇キロ付近の地球周回軌道に放置された旧ソ連の偵察衛星に装備されているトカマ

コンプトン・ガンマ線天文台（CGRO）。

ク型原子炉発電装置だと判明したという、ハプニングもあった。

一九九四年七月に、ようやく二四〇八ヵ所のガンマ線バースト源をプロットした分布図が完成した（232ページの図）。この研究観測から判明したのは、ガンマ線バースト源が全天球上に規則性なくランダムに分布していて、エネルギー強度が弱く暗いガンマ線バーストほど、輝度の変化する時間が極めて長いことだった。また、ガンマ線バーストは等方性を持っていることがわかった。

これらから推論して、ガンマ線バーストはビッグバンからさほど時間がたたない段階の、宇宙年齢が三〇万年から一〇

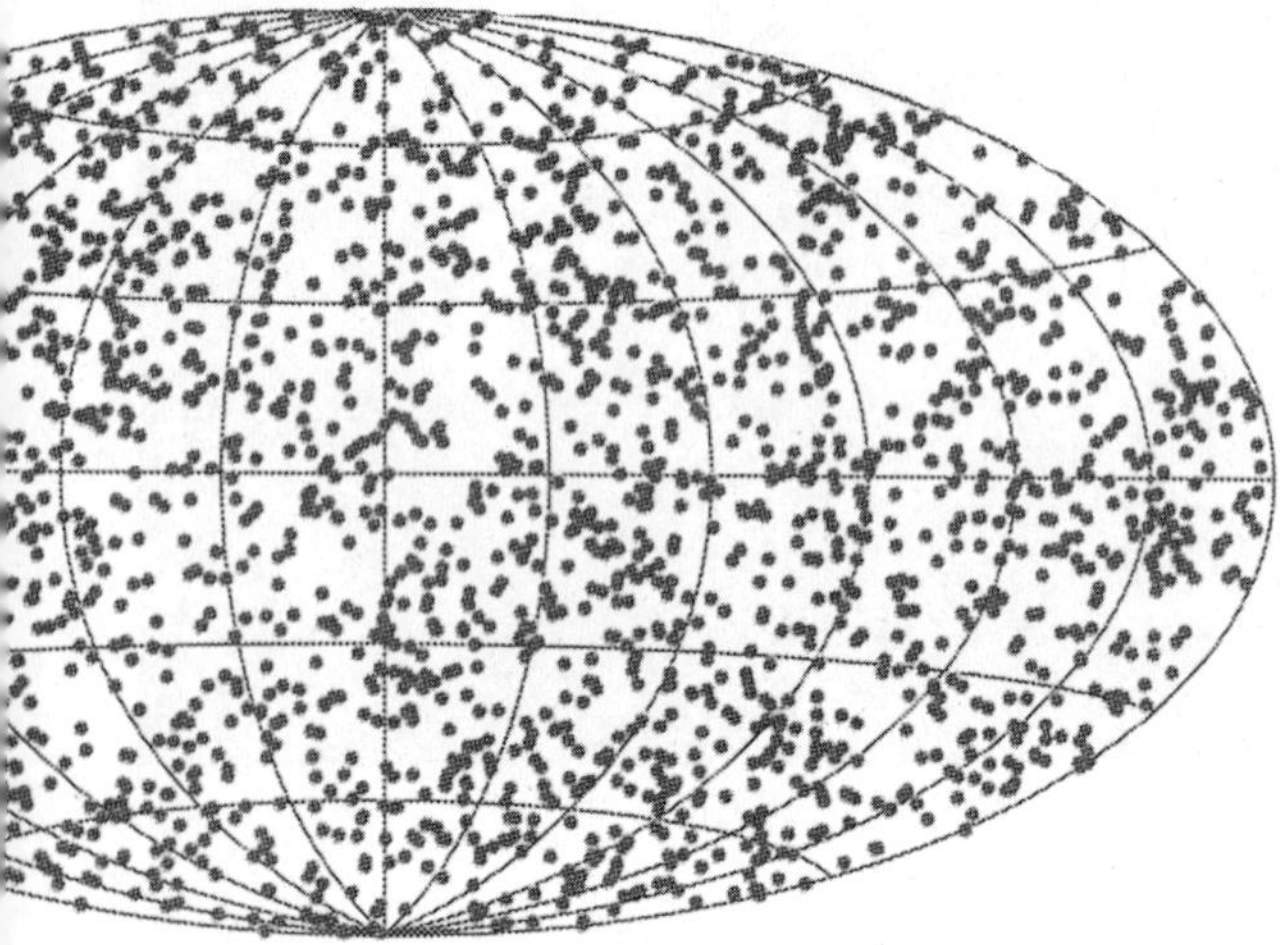

コンプトン・ガンマ線天文台（CGRO）に搭載された、バースト／激変源観測装置（BATSE）により、観測された全天の2408個のガンマ線バースト源。

〇万年の初期に誕生した銀河で起きた爆発現象であるとの仮説が立てられた。ただし、宇宙の年齢が三〇万年から一〇億年の間は、何も観測がされていない、ミッシング・リンクの時代である。なお、超々高密度な中性子星同士の衝突によってガンマ線バーストが起きるとの仮説もある。

ところで、一九九八年八月二七日、地球から二万光年の距離で鷲《わし》座の中

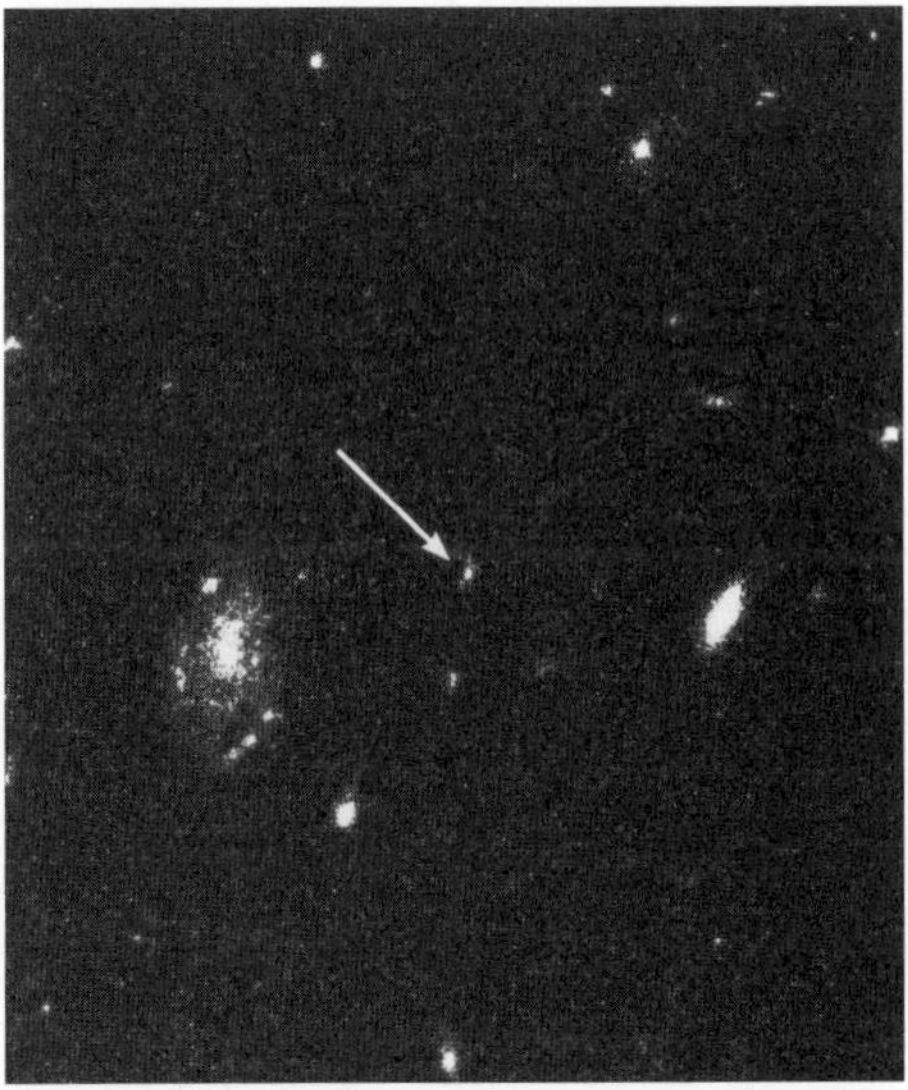

紫外線と赤外線の波長域で観測して可視光の波長域に変換したガンマ線バースト971214（GRB971214）。可視光の波長域の観測でも対応する母銀河（矢印）をとらえることができた。

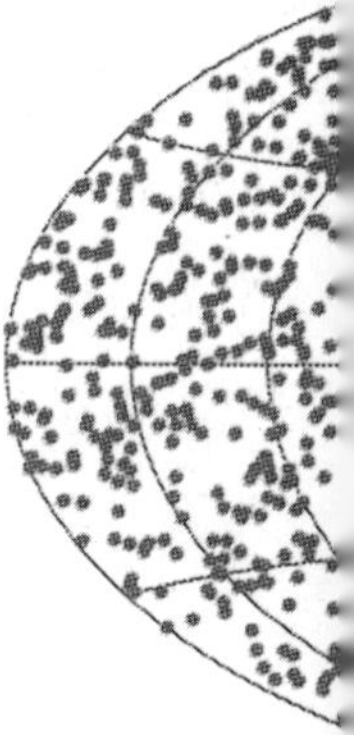

にあるＳＧＲ１９００＋１４星で、強力なガンマ線バーストが発生した。中性子星の一種であるＳＧＲ１９００＋１４星は、地球の八兆倍の磁場を持っていて、可視光ではとらえられないが巨大な天体である。発生した強力なガンマ線のエネルギーは、地球の大気上層を直撃、電離層に異変が起きて数分間にわたり通信障害が発生した。

〈球状星団と宇宙の年齢〉
若い星と同居する謎

重力によって数万個から数百万個の恒星が、直径数十万から数百万光年の範囲で球状に集まっている星団を、球状星団と呼んでいる。

宇宙の大きさを調べていたアメリカの天文学者ハーロウ・シャプレーによって、球状星団は、銀河系の中心のバルジと呼ばれる部分と、銀河円盤を取り巻く外周のハローと呼ばれる球形の領域に分布していることが判明した。

銀河系のバルジとハローの領域で生まれた恒星を種族Ⅱの恒星と呼んでいるが、球状星団の恒星は、この年齢が一二〇億年以上の黄色い年老いた種族Ⅱの恒星からなっている。現在、球状星団は、猟犬座《りょうけんざ》のＭ3、ヘルクレス座のＭ13、ペガスス座のＭ15など約二〇〇個が発見されている。

このように、球状星団は年老いた黄色の星の集団と考えられているが、ハッブル宇宙望遠鏡（ＨＳＴ）とチャンドラーX線天文台（ＣＸＯ）による観測結果から、この定説に反するものが続々と見つかっている。

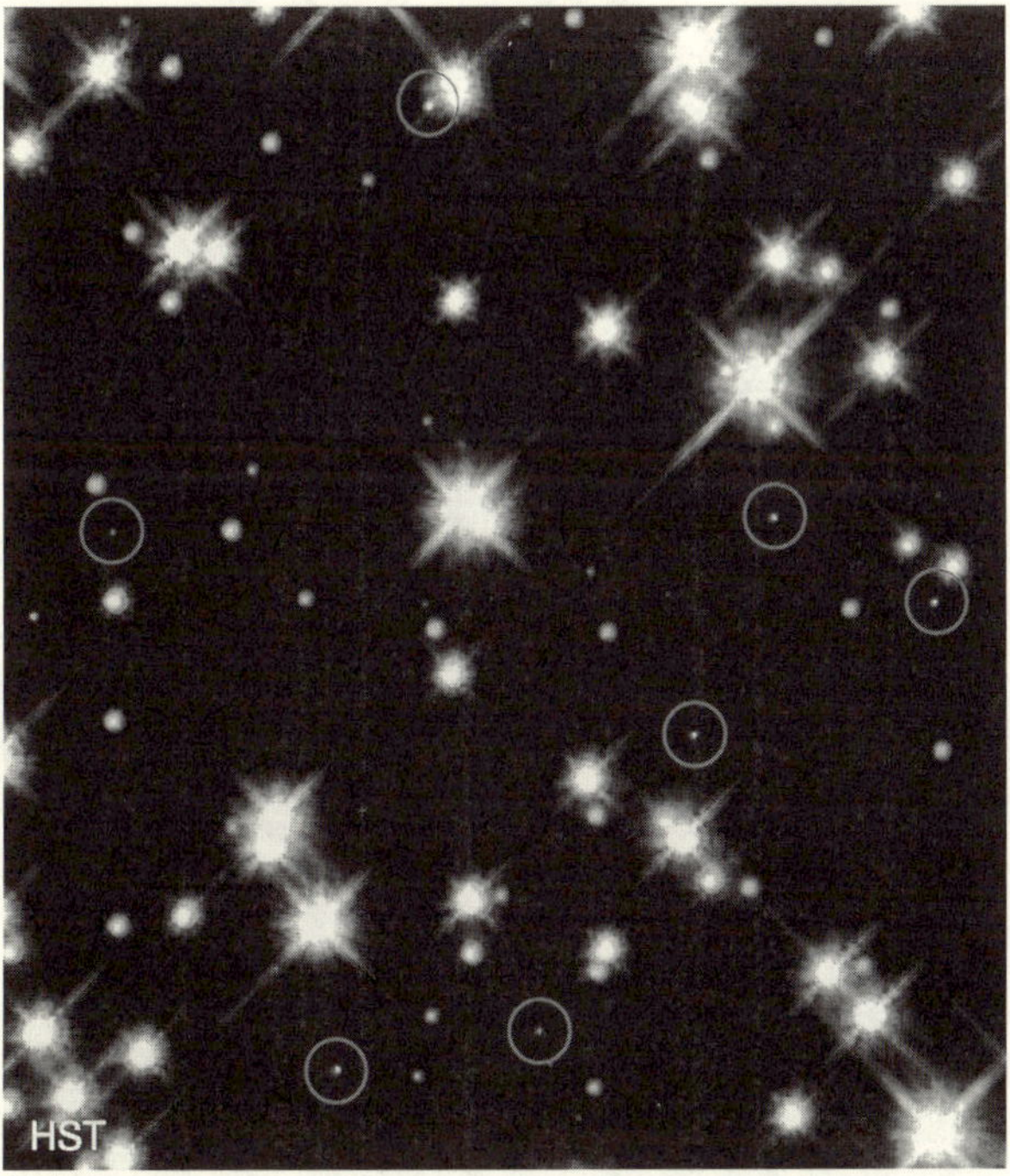

蠍《さそりざ》座の1等星アンタレスの真西へ1度、地球から7000光年の位置に、10万個の恒星が集まった球状星団M4（NGC6121）がある。ハッブル宇宙望遠鏡により中心部分の47光年平方を観測した結果、この領域だけでも75個の白色矮星（白丸の囲み）が発見された。

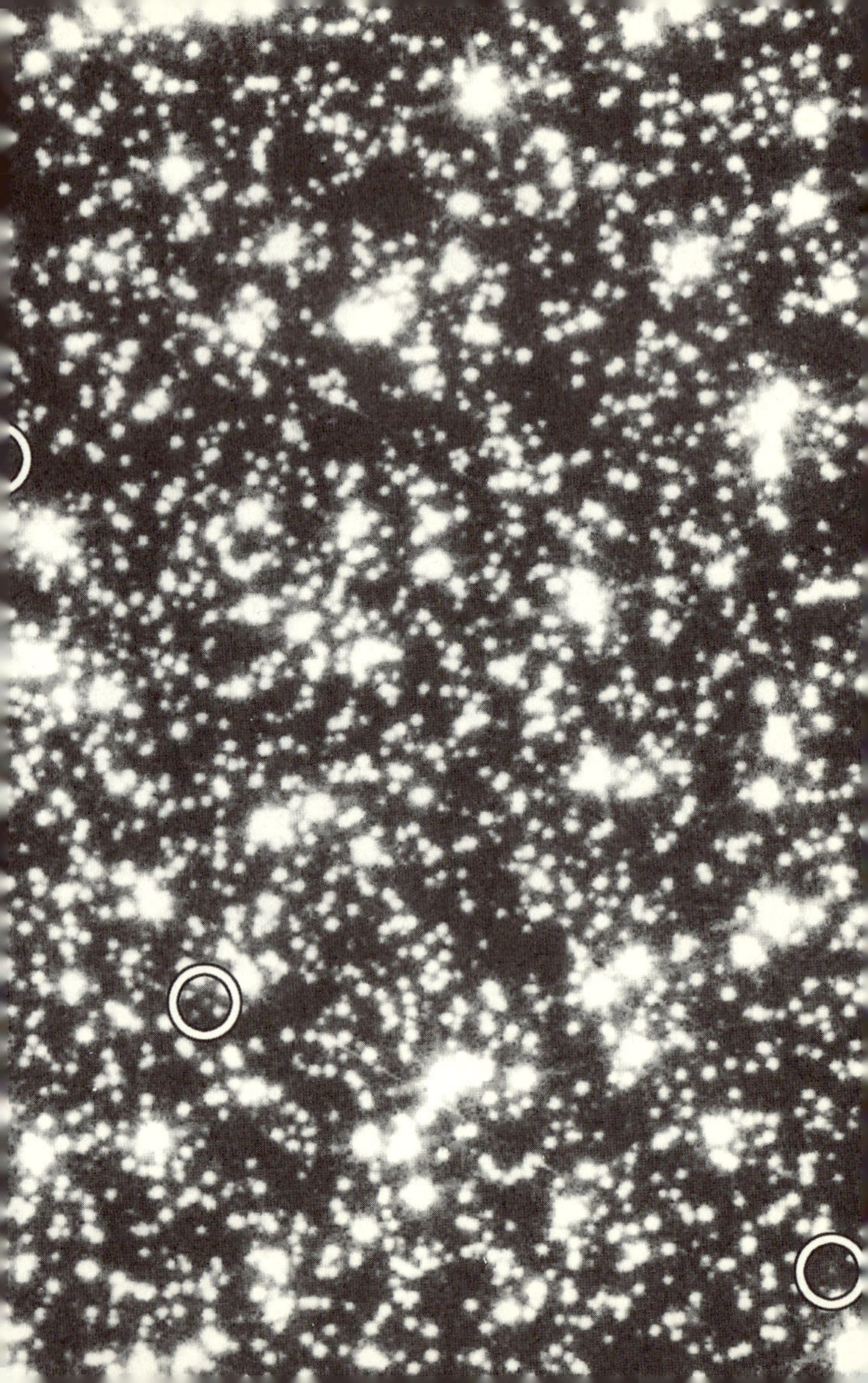

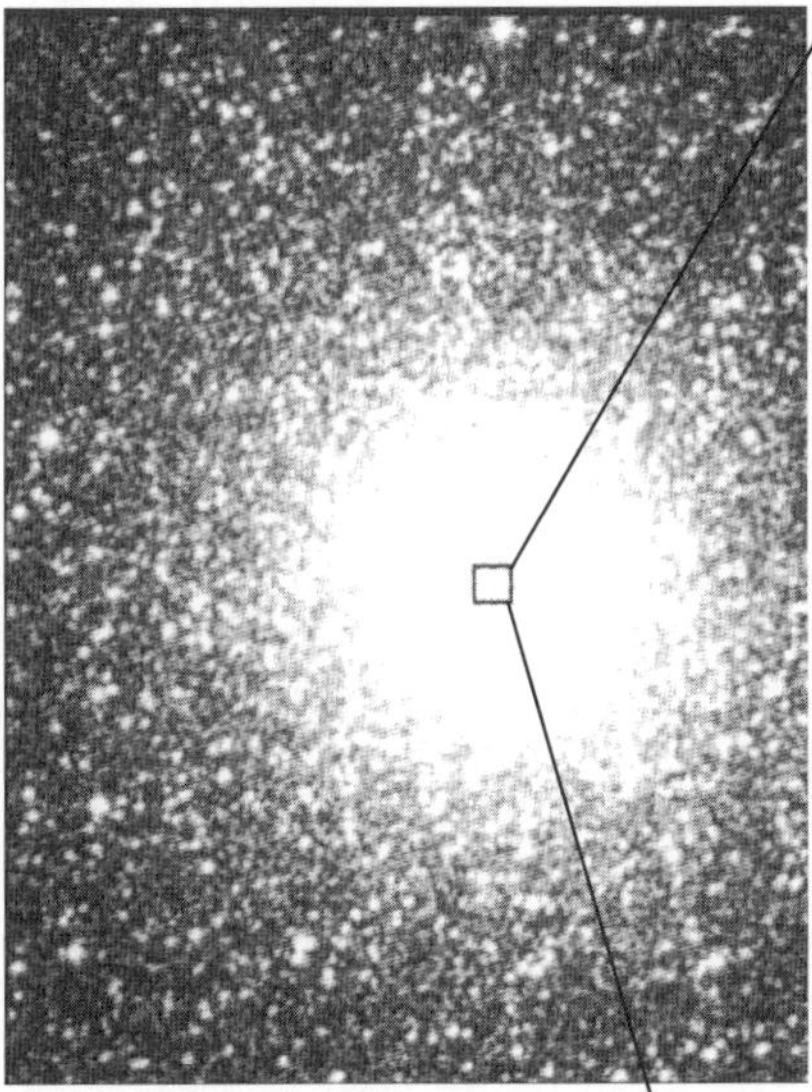

球状星団M47は南半球の巨嘴鳥《きょしちょう》座、地球から1900万光年の距離に位置し、大きさは直径147光年だが、その中心部分にエネルギー強度が激変する恒星（◎の囲み）が発見された。

蠍《さそり》座の球状星団M４（ＮＧＣ６１２１）では、多数の白色矮星を含んでいることが、ハッブル宇宙望遠鏡の観測でわかった（235ページの写真）。また、南半球の巨嘴鳥座《きょしちょうざ》の球状星団M47の中心部分には、エネルギーが激変する恒星が発見され（236〜237ページの写真）、球状星団の常識が揺らいでいる。

また、髪《かみのけざ》座銀河団を構成する銀河の一つ、銀河ＮＧＣ４８８１の中に発見された球状星団の一つでは、その中心部が黄色に発光する老いた恒星と、青色に発光する若い恒星が入り交じっていた（239ページの写真）。

また、アンドロメダ大銀河M31（ＮＧＣ２２４）の中には二〇個の球状星団が発見されているほか、銀河M33などの中にも球状星団が続々と発見されている。そしてM31や、M33の中に発見された青色に輝く球状星団の中心部は、若い恒星で構成されていて、その年齢は銀河系の球状星団と等しく、密度は低くスカスカであった。ふつう、球状星団の中心部は恒星同士がくっつくほど高密度にひしめきあっており、ブラックホールもあるほどなのである。

ハッブル宇宙望遠鏡とチャンドラーX線天文台は、宇宙論に新たな謎を発見し続けている。

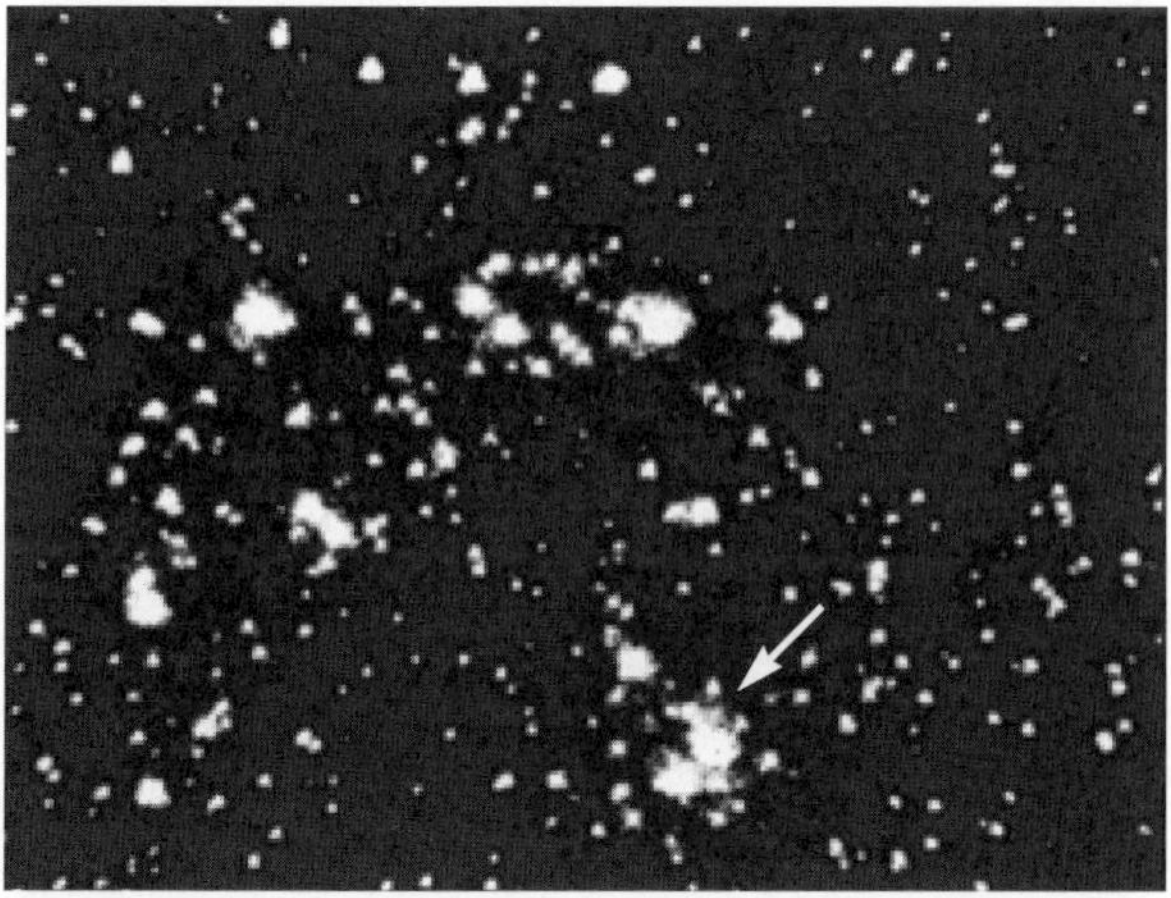

地球から2億9000万光年の距離に位置する髪座のＮＧＣ4881の中に7個の球状星団が発見された。その1つには、中心部が黄色に発光する老いた恒星と、青色に発光する若い恒星が入り交じっている（矢印）。

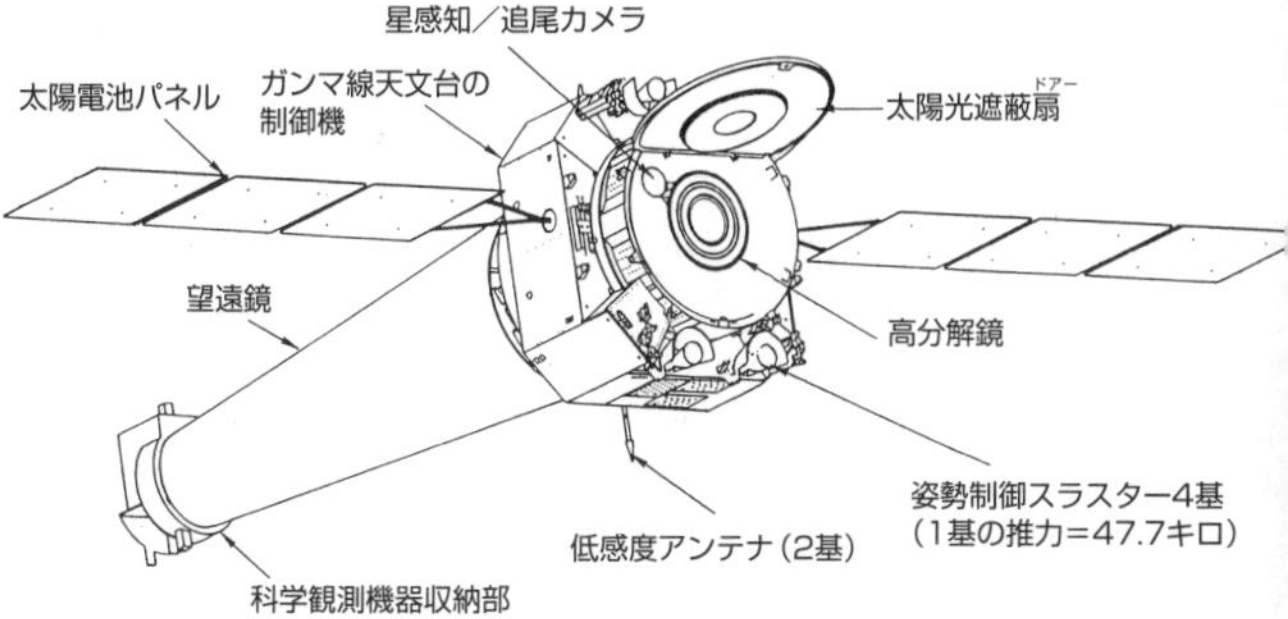

新たな謎を発見し続けるチャンドラーX線天文台の構造図解

5

第5章

NASA宇宙探査のヒーローたち

NASAおよびNASAとの協力によって華々しい成果を上げた
ハッブル宇宙望遠鏡をはじめとして観測衛星と、
探査機のヒーローたちを紹介しよう。

チャンドラーX線天文台（CXO）

Chandra X-ray Observatory

ガンマ線により銀河、クエーサー（疑恒星状天体）観測

ＮＡＳＡのチャンドラーX線天文台（ＣＸＯ）は、進歩型X線望遠鏡（ＡＸＡＦ）として、ＮＡＳＡのマーシャル宇宙飛行センター（ＭＳＦＣ）で、開発が計画された。一九八九年五月、ＡＸＡＦは、ＮＡＳＡの正式な宇宙開発計画の一つとして承認され、ＭＳＦＣが計画主管となって開発が進められた。一九九二年六月までに詳細設計が完了して、一九九二年一〇月から開発が始まった。一九九六年七月に構体、搭載観測機器、通信制御器などが完成し、最初の組立てが行われ、一九九七年四月から、最初の総合試験が五ヵ月に渡り行われた。一九九七年一〇月、解体がされて搭載用の部品、部品に交換がされた。一九九八年二月から最終組立てが始まり、一九九八年一一月に完成した。名称もＡＸＡＦからチャンドラーX線天文台（ＣＸＯ）と正式に命名された。一九九九年四月、ＮＡＳＡのケネディ宇宙センター（ＫＳＣ）へ送られ、一九九九年七月二三日、スペースシャトル１０２コロンビアにより、地球周回軌道に投入された。

地球周回軌道を回るチャンドラーX線天文台

①1999年7月23日
②スペースシャトル102コロンビア
③4790kg（118m）
④9978km／13万9852km
⑤X線の波長により、アンドロメダ銀河の中心核、射手座の超新星残骸G11.2-0.3のパルサー（中性子星）、カリーナ銀河腕内の活動領域NGC3606、惑星状星雲NGC6543のキャッツアイ（猫目）、M1蟹星雲、等々の観測を続けている。

CXOを打ち上げたアイリーン・M・コリンズ機長らSTS－93の乗員。

凡例：①打ち上げ年月日　②打ち上げロケット　③重量（全長）　④近地点高度／遠地点高度（または太陽系内の惑星間飛行軌道）　⑤特筆すべき（期待される）成果

ハッブル宇宙望遠鏡（HST）

Hubble Spece Telescope

新時代の扉を開く

史上初の有人月探検であるアポロ計画を推進した米航空宇宙局（NASA）のウェルナー・フォン・ブラウン博士によって一九七四年五月に構想された大宇宙望遠鏡（LST）。三度の計画の調整を経て一六年後にハッブル宇宙望遠鏡（HST）として実現した。

HSTは、打ち上げ以来、3回の修理、機器の交換などを経ながら、惑星系の発見、重力レンズの撮影、数々のブラックホールの発見、一二〇億光年の彼方のクエーサー、衝突して爆発する銀河の観測、恒星の胞子の誕生の現場など、従来の地上望遠鏡では成し得なかった、宇宙の謎を解き明かす観測活動を、次ページのようなすぐれた機器によって続けている。

地球軌道に浮かぶHST。

第3回目の修理を終わったHST。

①1990年4月25日
②スペースシャトル103ディスカバリー
③10,863kg（11.8m）
④611km／620km
⑤史上初の大型宇宙望遠鏡

凡例：①打ち上げ年月日　②打ち上げロケット　③重量（全長）　④近地点高度／遠地点高度（または太陽系内の惑星間飛行軌道）　⑤特筆すべき（期待される）成果

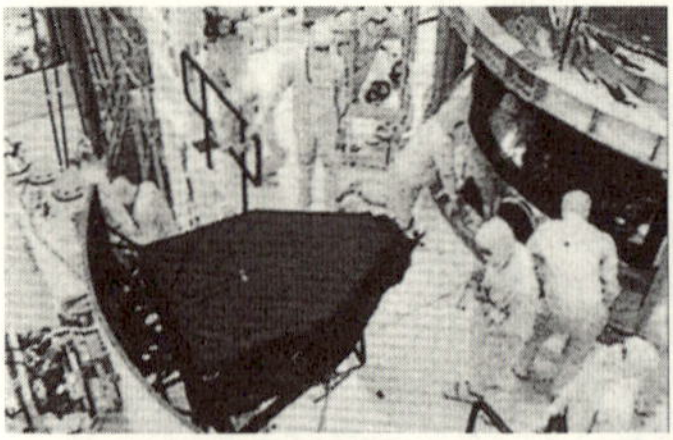

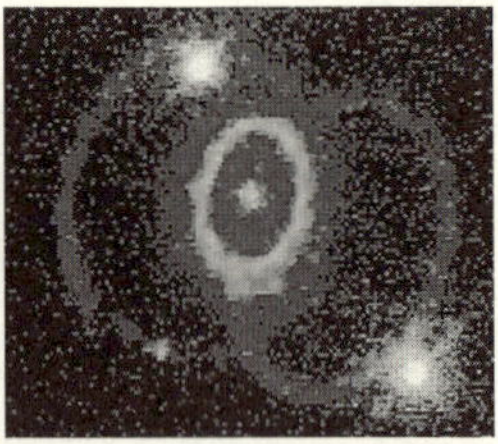

ハッブル宇宙望遠鏡(HST)の広角惑星カメラ(WF/PC)-2

遠紫外から遠赤外までの光で、太陽系に近い恒星、彗星、超新星、惑星をおもに観測。右は、WF/PC-2で観測した超新星1987A。

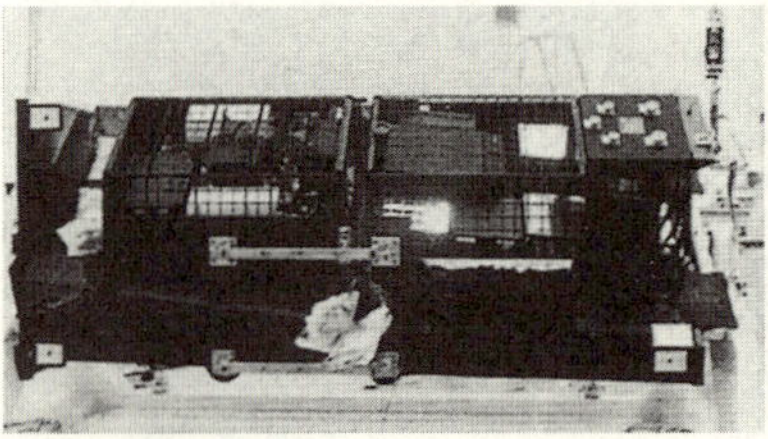

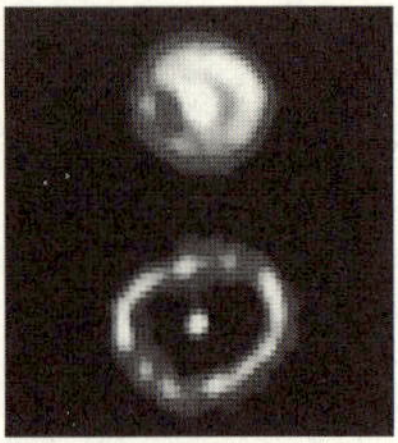

HSTの微光天体カメラ(FOC)

光子の量を歪みなく10万倍に増幅するFOCの主な観測対象は、老年期の巨大星、原始星、暗黒星雲宇宙塵など。右は、FOCで観測した新星1992。

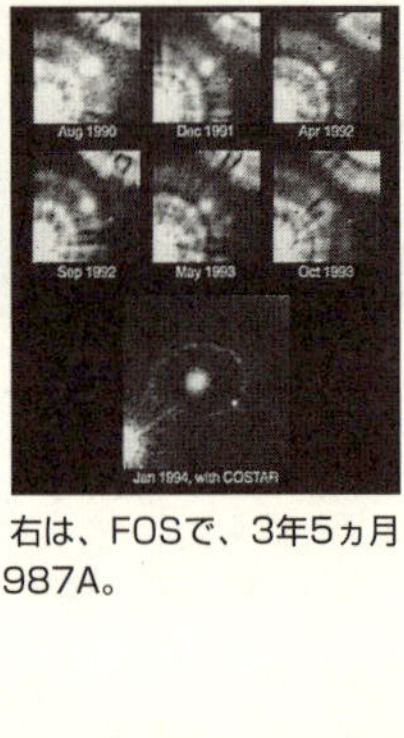

HSTの微光天体分光計(FOS)

微弱な光をとらえてスペクトル分解して測光する。右は、FOSで、3年5ヵ月(1990.8〜1994.1)にわたって観測した超新星1987A。

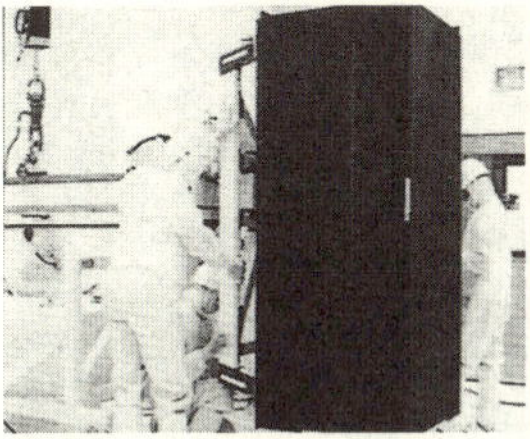

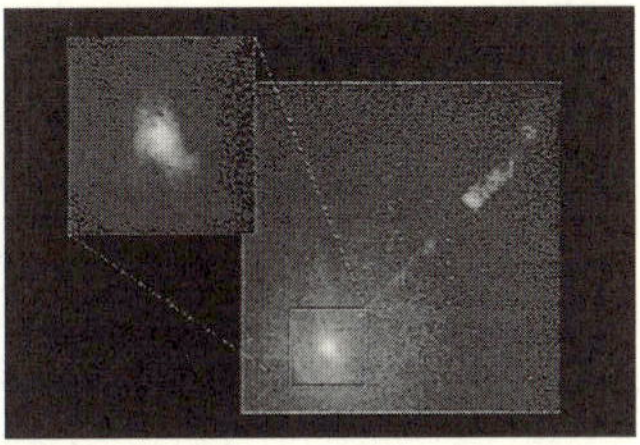

HSTの高速度光度計(HSP)

地上では実現できない超高精度で1秒間に10万回以上の入射光のサンプリングを行う。右は、HSPで観測した、乙女座の特異銀河M87。

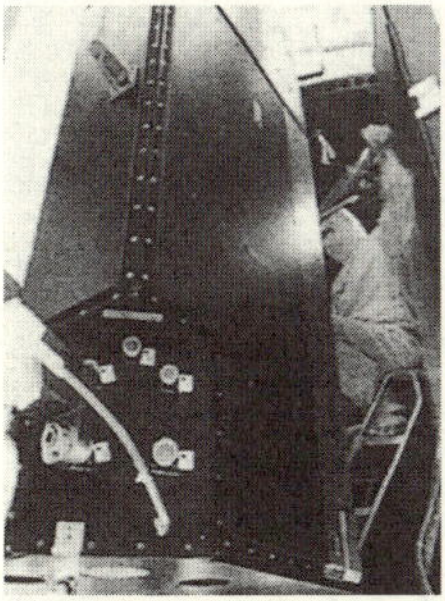

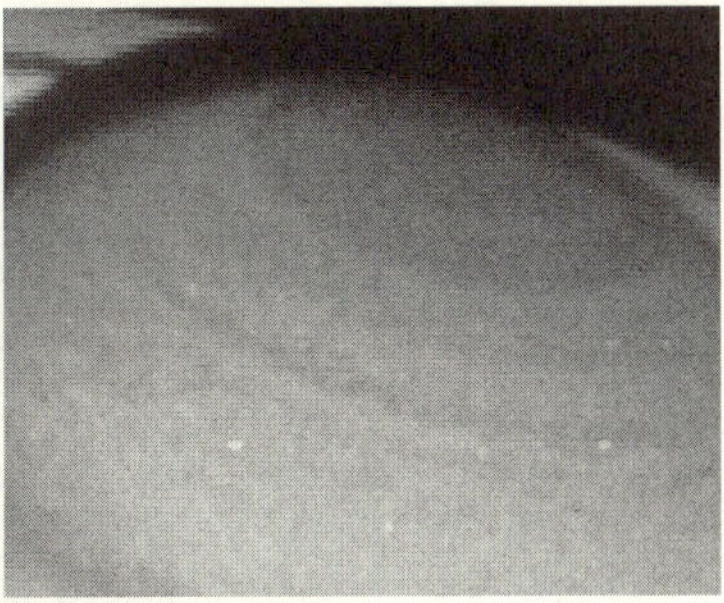

HSTのゴダード高解像度分光計(GHRS)

地上の望遠鏡には届かない遠紫外から近紫外の波長域のみの観測をする。右は、GHRSで撮影した土星の北極点地域。

HSTの二次元分光器(STIS)

第三回、ハッブル宇宙望遠鏡(HST)の修理ミッションで、ゴダード高解像度分光計(GHRS)が、二次元分光器(STIS)に交換された。

HSTの近赤外線カメラ／多天体分光器(NICMOS)

8500Å（オングストローム）前後の近赤外線のモードで銀河から星雲と幅広く天体を観測する。

ソーホー（SOHO＝太陽・太陽圏観測衛星）

SOHO=Solara and Heliospheric Observatory

太陽の黒点、白斑、紫外線、X線などを観測

太陽を二四時間にわたり連続観測するソーホー（SOHO）には、低周波グローバル振動検出器（GOLF）と、太陽振動測定装置／マイケルソン・ドップラー撮影装置（SOI／MDI）、極端紫外光撮像望遠鏡（EIT）の三つ、四種の観測機器が搭載されている。

ソーホーは、一九九八年二月二六日に起きた北アフリカ〜大西洋の皆既日食の機会に、太陽内部の観測をした。さらに追観測をした結果、太陽コロナの中のジェット流は内部へ二万三〇〇〇キロまで続く構造であること、内部から光球表面に上昇してくるジェット流が、太陽黒点の増減に影響を与えていること、太陽風は、秒速八〇〇キロと秒速三七〇キロの二種であることがわかった。

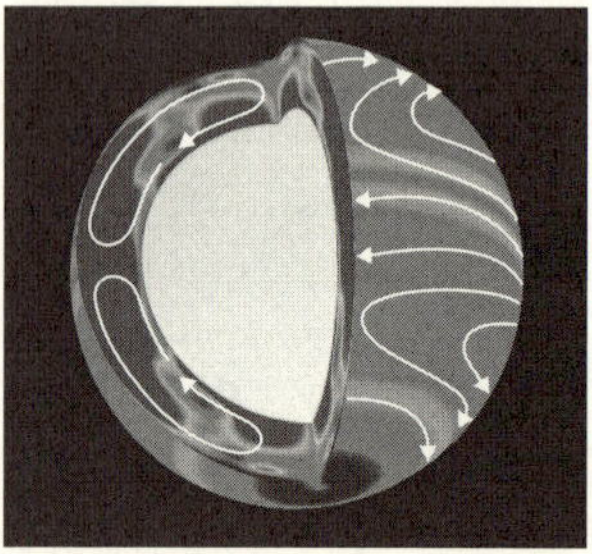

ソーホーが発見した太陽内部のプラズマの流れ。

太陽の定点観測を続けるソーホー。

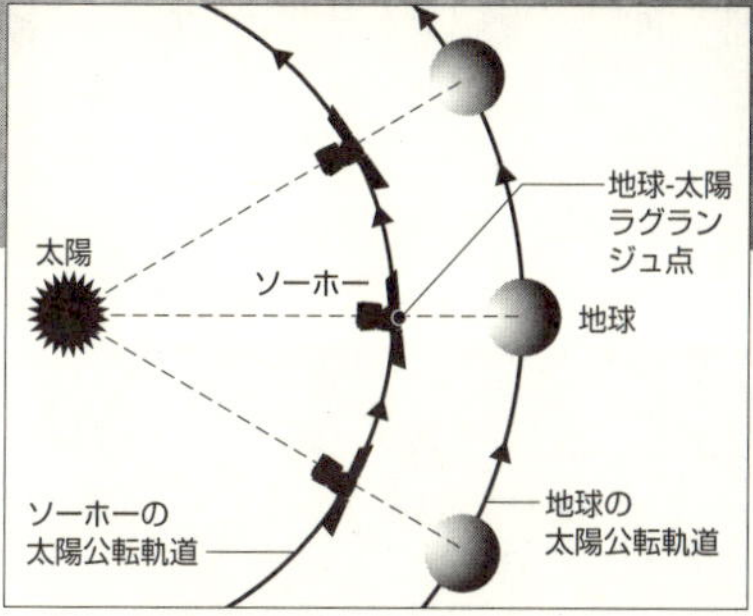

ソーホーの軌道

①1995年12月2日
②アトラス2ASロケット
③1875kg
④地球から太陽に向かって150万kmの地球－太陽ラグランジュ点
⑤太陽活動を24時間にわたり連続観測している.

凡例：①打ち上げ年月日　②打ち上げロケット　③重量（全長）　④近地点高度／遠地点高度（または太陽系内の惑星間飛行軌道）　⑤特筆すべき（期待される）成果

トレース(TRACE＝太陽上層大気観測衛星)

Transition Region and Coronal Explorer Spacecraft = TRACE

地球の太陽同期軌道から、太陽の外層大気のコロナを観測する

ＮＡＳＡの小型の太陽上層大気観測衛星のトレースは、軌道投入から最初の八ヵ月間にわたる第一次観測期間内の一九九八年一〇月一〇日に、太陽の表層で一〇〇万Kの太陽コロナが発生した瞬間を観測した。超高温で大規模な太陽コロナは、トレースの電荷結合素子カメラによる画像と、極紫外線量計測器により一七一オングストロームの波長データとして捉えられた。そして二〇〇〇年一〇月、高度三〇万キロに達する数百万本の極めて高温のアーチを含む太陽外層大気であるコロナは、一五〇万であることを初めて確認した。また二〇〇一年三月二九日、太陽の北半球に地球の表面積の一三・四倍に達する観測史上最大の超巨大な太陽黒点の出現を観測した。

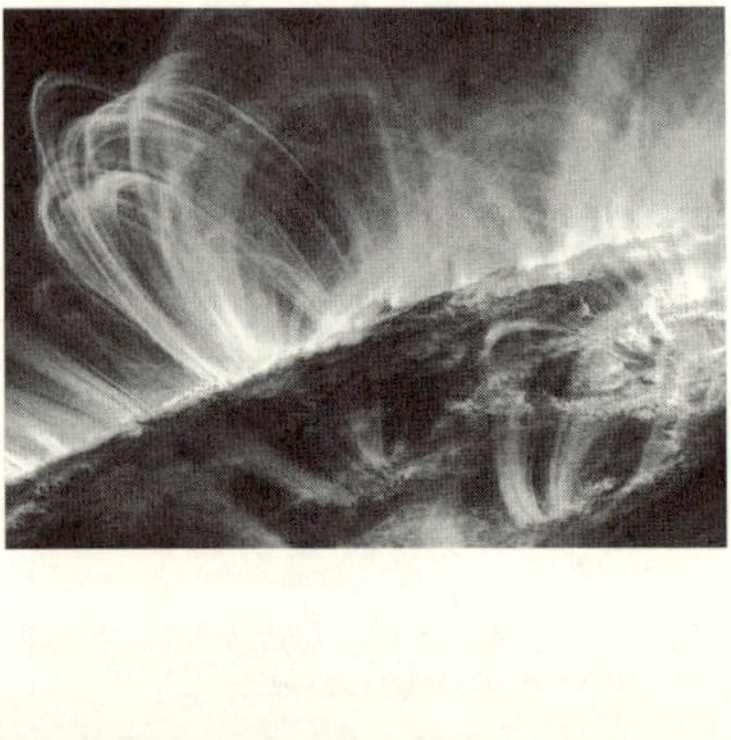

トレースが撮った太陽表面の磁力線に絡むコロナ内の高温ガスのアーチ。

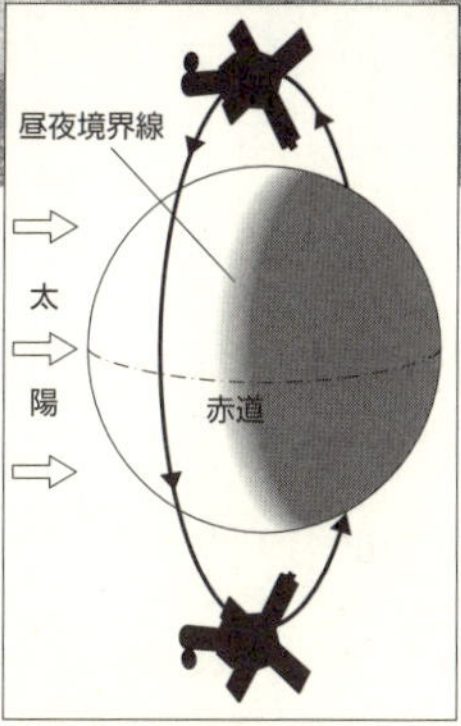

昼夜境界線上の太陽同期軌道から太陽の観測を続けるトレース。

太陽同期軌道を回るトレース

①1998年4月2日
②ペガサスXL型ロケット
③重量250kg
④昼夜境界線上の太陽同期軌道を周回している。
⑤極紫外線量計測器、紫外線量計測器、電荷結合素子カメラ、コロナ分光計を搭載。

凡例：①打ち上げ年月日　②打ち上げロケット　③重量（全長）　④近地点高度／遠地点高度（または太陽系内の惑星間飛行軌道）　⑤特筆すべき（期待される）成果

ヘッシー（HESSI＝高エネルギー太陽像観測衛星）

High Energy Solar Spectroscop ic Imager

太陽外層大気のコロナや、太陽のガスジェットのプロミネンスを観測する

二〇〇一年三月二八日に打ち上げられたＮＡＳＡの高エネルギー太陽像観測衛星ヘッシーには、軟Ｘ線／Ｘ線分光計、ガンマ線分光計、太陽光精査偏光計が搭載されている。

これらの観測機器により、太陽コロナ、太陽の表面から数十万キロもの高さに達するガスのジェットであるプロミネンス（彩層の深紅色の炎）、太陽表面の爆発や黒点の出現に関わる高エネルギーの爆発的放出である太陽フレア、太陽表面から約一万キロの高さにまで吹き上がるガスのジェットであるスピキュールなどの観測を行っている。

トレースと同様にヘッシーは二〇〇一年三月二九日、米東部標準時間（ＥＳＴ）午前五時一〇分頃、太陽の北半球に地球の表面積の一三・四倍に達する超巨大な太陽黒点が出現したのを観測した。この超巨大黒点の出現により、米国内では三月三〇日、ラジオ局で一時的な電波障害が発生した。

高エネルギー太陽像観測衛星のヘッシー。

①2001年3月28日
②ペガサスXL型ロケット
③重量230kg
④昼夜境界線上の太陽同期軌道を周回している。
⑤軟X線からガンマ線の領域で、太陽コロナなどに於ける高エネルギー現象の観測。

凡例：①打ち上げ年月日　②打ち上げロケット　③重量（全長）　④近地点高度／遠地点高度（または太陽系内の惑星間飛行軌道）　⑤特筆すべき（期待される）成果

ジェネシス（太陽風サンプルリターン衛星）

GENESIS

地球－太陽ラグランジュ点軌道から、太陽粒子をサンプリングする

ＮＡＳＡの太陽風サンプルリターン衛星ジェネシスは、ディスカバリー計画の一つで、ワイルド２彗星と会合をして揮発性成分などの粒子を採取して地球に持ち帰るスターダスト計画に続く計画である。

ジェネシスは、地球と太陽の平均距離一億五〇〇〇万キロの一〇〇分の一に当たる、地球から太陽に向かって一五〇万キロのラグランジュ点軌道から太陽を公転して、太陽粒子を採取する。太陽の表面から吹き出した太陽粒子は、秒速一〇〇〇キロにまで加速されて、太陽系の空間に嵐のように飛んで行く。これが太陽風であり、ジェネシスは、約二年間にわたり、太陽の観測と太陽粒子を採取した後、二〇〇三年八月に地球周回軌道に帰還し、太陽粒子が収められているカプセルを地球大気圏に突入させ、パラシュート降下の後にユタ州の砂漠で回収する。

①2001年6月(予定)
②デルタⅡ型ロケット
③重量600kg(予定)
④地球-太陽ラグランジュ点軌道。
⑤太陽風のサンプルを採集して、太陽の起源と形成を探査する。起源と形成を探査する。

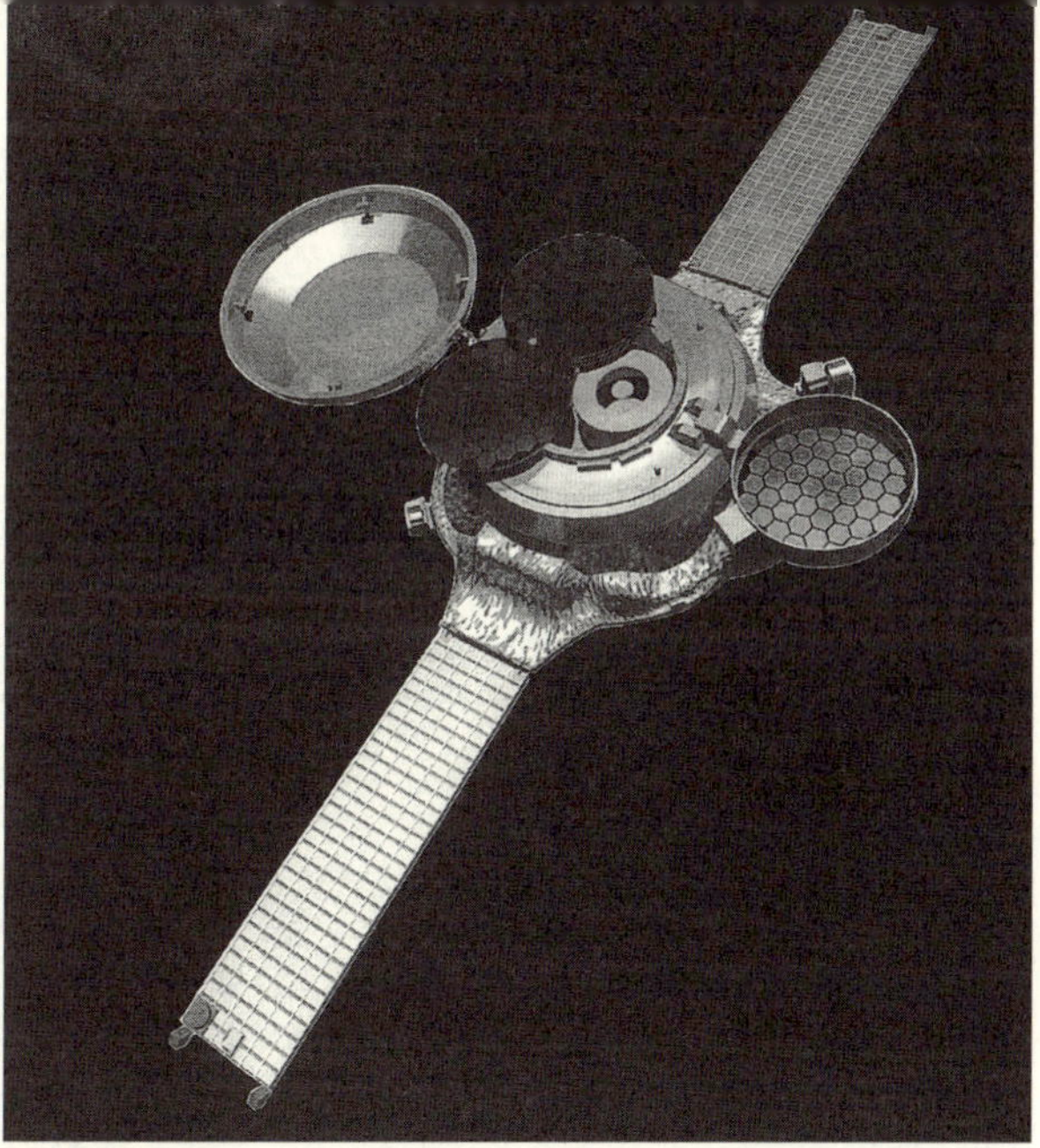

ジェネシスの軌道

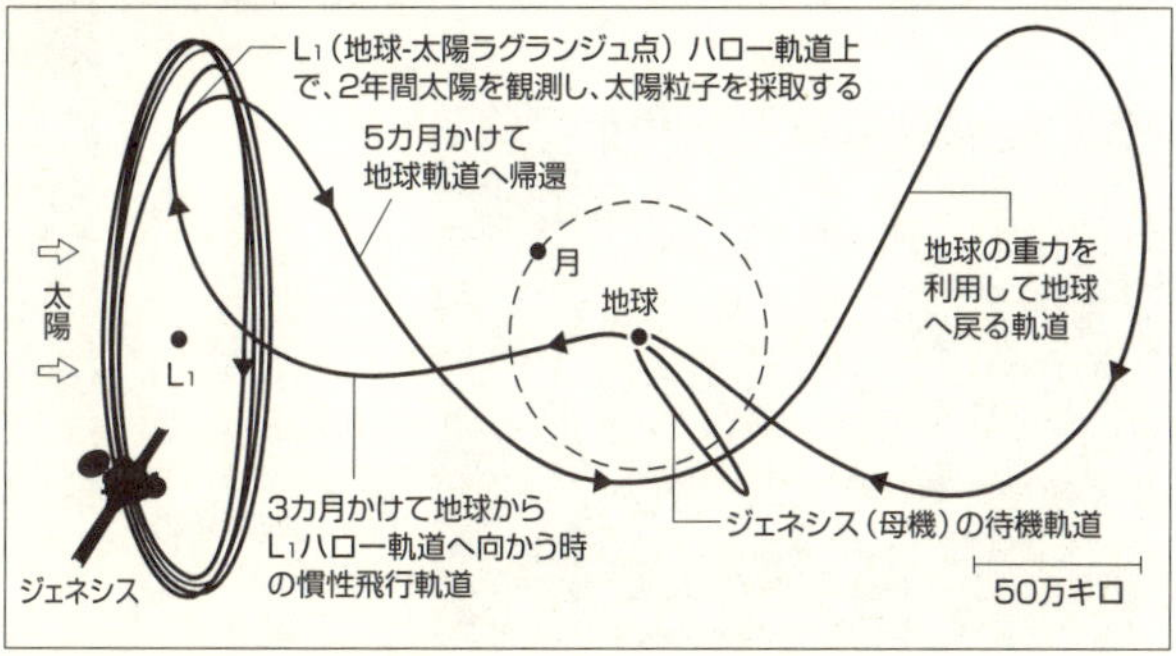

凡例：①打ち上げ年月日　②打ち上げロケット　③重量（全長）　④近地点高度／遠地点高度（または太陽系内の惑星間飛行軌道）　⑤特筆すべき（期待される）成果

イユヴ(EUVE)＝極紫外線観測衛星

Extreme Ultraviolet Explorer

極紫外線により銀河、星雲、超新星などを観測

ＮＡＳＡと欧州宇宙機関(ＥＳＡ)、英国との共同計画による国際紫外線天文衛星(ＩＵＥ)は、初の本格的な紫外線の波長による科学衛星だった。ＩＵＥは、一九七八年に準赤道同期軌道に打ち上げられ、設計寿命の六年の三倍となる一八年半にわたって観測を続け、銀河系とマゼラン銀河が熱いハローに包まれていること、超新星１９８７Ａの発見など、宇宙科学の発展に貢献した。ＮＡＳＡは、一九九二年六月七日、ＩＵＥの後継機の一つとして、極紫外線観測衛星イユブ(ＥＵＶＥ)を赤道軌道に打ち上げた。イユブは、史上初めて紫外線とＸ線の間の波長であるＸＵＶで全天のサーベイ(走査)を行い、白色矮星、赤色矮星のコロナ、激変光星などの観測を続けている。

地球の赤道軌道を周回しながらイユブが、遠紫外線の波長で観測した全天の走査画像。

地球の赤道軌道を周回しながら観測を続けるイユブ。

①1992年6月7日
②デルタ5920型ロケット
③3275kg
④515km／527km
⑤超新星や誕生間もない星雲などを観測。

凡例：①打ち上げ年月日　②打ち上げロケット　③重量（全長）　④近地点高度／遠地点高度（または太陽系内の惑星間飛行軌道）　⑤特筆すべき（期待される）成果

コービー（ＣＯＢＥ＝宇宙背景放射観測衛星）

Cosmic Background Explorer

近・遠赤外線により銀河放射などを観測

ＮＡＳＡのゴダード宇宙飛行センター（ＧＳＦＣ）によって開発された宇宙背景放射観測衛星コービー（ＣＯＢＥ）は、太陽同期軌道（左ページ下の図）に打ち上げられた。つねに地球に背を向けた姿勢で公転しながら、１マイクロメートルから１センチの赤外線から電波領域まで、くり返しくり返し三六〇度の宇宙を観測した。

観測から、ビッグバン膨張宇宙論の根拠となる宇宙背景放射の揺らぎ、３Ｋ（絶対温度で３度）に相当する電波を捉えた。初期の宇宙にリップル（波紋《ムラ》）がなければ、宇宙から銀河が誕生するのは難しいと考えられ、コービー以前には、リップルが発見されていなかったため、ビッグバン宇宙論のアキレス腱と言われていた。

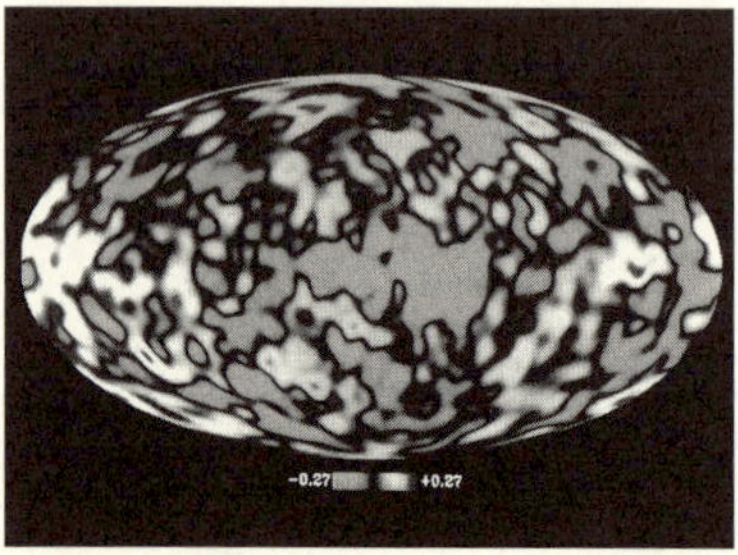

コービーが初めてとらえた宇宙初期の揺らぎ。

地球の太陽同期軌道を周回して観測を続けるコービー。

太陽同期軌道を回るコービー

①1989年11月18日
②デルタ5920型ロケット
③2265kg
④886km／895km
⑤ビッグバンの証拠となる宇宙のぬくもり3K（ケルビン）放射のゆらぎを観測した。

凡例：①打ち上げ年月日　②打ち上げロケット　③重量（全長）　④近地点高度／遠地点高度（または太陽系内の惑星間飛行軌道）　⑤特筆すべき（期待される）成果

ヒーオ（HEAO＝高エネルギー天文観測衛星1号、2号、3号）

High Energy Astronomy Observatories

高エネルギーを放出する超新星やパルサー、クエーサーなどを観測

NASAのゴダード宇宙飛行センター（GSFC）によって計画されたX線源（1号、2号）とガンマ線源（3号）の高エネルギー天体を、全天サーベイ（探査）して、研究する宇宙天文観測衛星である。

ヒーオ2号・アインシュタイン宇宙天文観測衛星は、一九七九年五月からX線天体衛星のウフル（UHURU）が行った全天サーベイ（全天走査）のX線天体をより高精度に走査して、さらに多くのX線天体を発見した。

ヒーオ1号、2号の最大の成果は、我々の銀河を含む、銀河団全体から強力なX線が放出されていることをつきとめ、強度分布図を作成したことである。

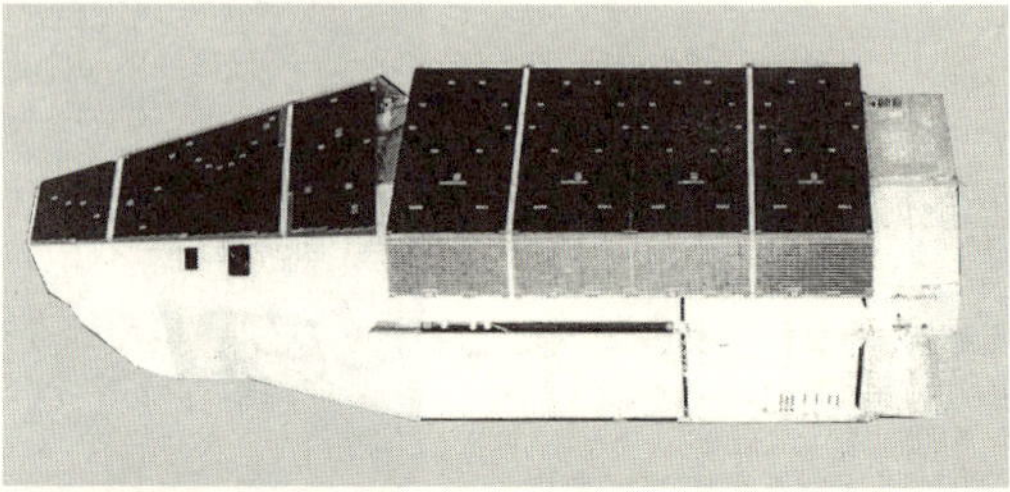

打ち上げ前の整備中に撮ったヒーオ2号。

（上）左からヒーオ2号（アインシュタイン宇宙天文観測衛星）、1号、3号。

①1号 1977年8月12日
1979年3月15日ミッション終了
2号 1978年11月13日
1982年3月25日ミッション終了
（通称、アインシュタイン衛星）
3号 1979年9月20日
1981年12月7日ミッション終了
②アトラス・セントール型ロケット
③1号 2720kg　2号 3150kg
3号 3150kg
④1号 424km／444km
2号 355km／364km
3号 424km／457km
⑤1号と2号は、パルサーやクエーサー（疑恒星状天体）の発見と観測をした。また3号はガンマ線により、全天のサーベイ（走査）を行った。

凡例：①打ち上げ年月日　②打ち上げロケット　③重量（全長）　④近地点高度／遠地点高度（または太陽系内の惑星間飛行軌道）　⑤特筆すべき（期待される）成果

アイラス（ＩＲＡＳ＝国際赤外線天文観測衛星）

Infra red Astronomy Satellite

赤外線の波長で恒星、星雲、銀河を観測

国際赤外線天文観測衛星アイラス（ＩＲＡＳ）は、英国とオランダと米国が共同で開発して運用した本格的な赤外線天文衛星である。アイラスは、観測開始の一九八三年一月二八日から、観測機器を冷却する液体ヘリウムがなくなった一一月二二日までの一〇カ月間、一二、二五、六〇、一〇〇マイクロメートルの四つの赤外線波長帯域で全天サーベイ（走査）を行った。

アイラスは、主鏡口径六〇センチのリッチー・クレン型望遠鏡をつかったターゲット観測から、琴《こと》座のベガ星や、画架《がか》座のベータ星のまわりにドーナツ状の塵《ちり》の雲を発見した。さらに、大マゼラン銀河を赤外線で観測して、構造を調べた。

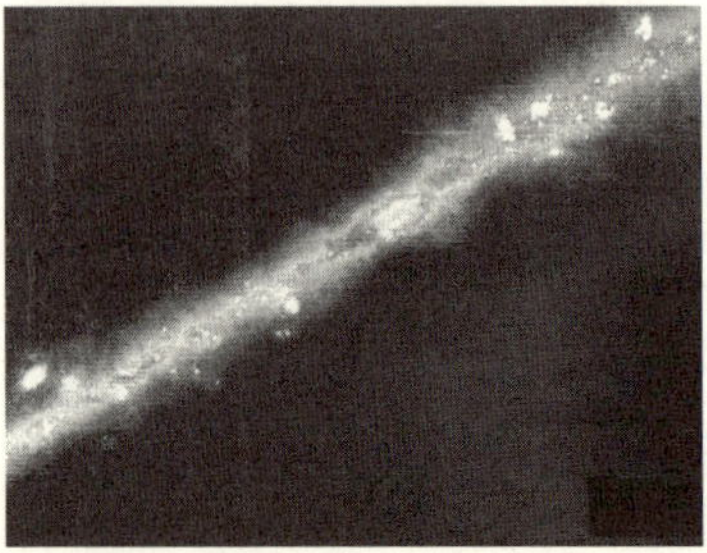

アイラスのとった銀河系中心方向。

アイラスは、極軌道を周回しながら、つねに望遠鏡が360度宇宙を向くように制御されている。宇宙望遠鏡第1号である。

①1983年1月26日
②デルタ2910型ロケット
③1073kg
④890km／909km
⑤恒星の誕生と第2、第3の恒星系の探査を行った。

凡例：①打ち上げ年月日　②打ち上げロケット　③重量（全長）　④近地点高度／遠地点高度（または太陽系内の惑星間飛行軌道）　⑤特筆すべき（期待される）成果

コンプトン・ガンマ線天文観測衛星（CGRO）

Compton Gamma-ray Observatory

ガンマ線により銀河、クエーサー（疑恒星状天体）を観測

ＮＡＳＡのコンプトン・ガンマ線観測衛星（ＣＧＲＯ）は、初の本格的なガンマ線源の精査観測を目的として打ち上げられた。

ガンマ線源の全天精査を目的としたコンプトン・ガンマ線観測衛星は、一九九七年二月三日、ときおり瞬時にガンマ線量が増大するガンマ線バーストを観測して、その正体がはるか遠方の銀河であることを、初めて特定した。コンプトン・ガンマ線観測衛星は、一九九八年七月までに二四〇八カ所のガンマ線源を特定し、ガンマ線天文学への道を開いた。また観測データを解析した結果、宇宙にはこれまでの予想以上に金、プラチナ、キセノン、セレン、ヘリウムの原子核の量の多いことがわかった。

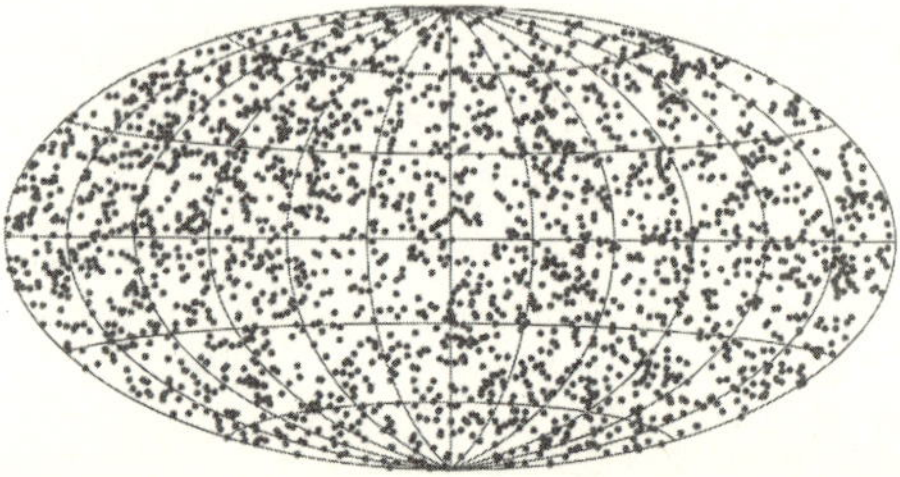

CGROの作った100MeVのエネルギーのガンマ線全天図。

スペースシャトルから地球周回軌道に投入されるコンプトン・ガンマ線天文観測衛星（CGRO）。

①1991年4月8日
②スペースシャトル104アトランティス
③1万5900kg
④416km／432km
⑤全天のガンマ線源図を作った。

凡例：①打ち上げ年月日　②打ち上げロケット　③重量（全長）　④近地点高度／遠地点高度（または太陽系内の惑星間飛行軌道）　⑤特筆すべき（期待される）成果

ヒッパルコス高精度天体視差観測衛星

Hipparcos Scientific. Measure positions of stars

変光星や特定の星の視線速度を観測して宇宙の尺度を測定

欧州宇宙機関（ＥＳＡ）が誇る史上初の天体視差観測衛星。

古代ギリシアの天文学者ヒッパルコスの名を冠した天体視差観測衛星は、アポジ・モーターの不調により、予定の静止軌道への投入に失敗して長楕円軌道を回ることになった。しかしＥＳＡの宇宙科学者たちの巧みな努力により、大きなハンディキャップを克服して、当初の観測目的を達成した。ヒッパルコスは、ＥＳＡの前身の一つであった欧州宇宙研究機構（ＥＳＲＯ）で行ってきた、ＥＳＲＯ加盟国が見事に協調した科学衛星研究開発の成功例である。

変光星や輝線光度のわかっている特定の恒星の視線速度を三個以上同時に観測して、星の速度と運動方向と現在の空間上の位置を赤経・赤緯で、割り出す観測を行った。一九八九年九月二〇日から一九九三年六月一五日の運用停止までに、一〇万一一〇〇個の天体の視差を特定。一九九九年五月には、「ヒッパルコス・天体視差カタログ」として、成果がまとめられている。

脈動変光星などの観測を続けるヒッパルコス。

①1989年8月8日
②アリアンⅣ型ロケット
③1130kg
④542km／3万5889km（長楕円軌道）
⑤10万1100個の天体の視差の観測など。

凡例：①打ち上げ年月日　②打ち上げロケット　③重量（全長）　④近地点高度／遠地点高度（または太陽系内の惑星間飛行軌道）　⑤特筆すべき（期待される）成果

ローサット(ROSAT＝国際X線・紫外線望遠鏡衛星)

Roentgen Satellite=West German X-ray telescope

強力なX線やガンマ線を放射する天体を観測

ドイツ、米国、英国が共同開発したX線天体の観測を目的とした国際X線・紫外線望遠鏡衛星。一九九〇年六月一日、ケープカナベラル空軍宇宙ステーションからデルタII型ロケットで太陽同期軌道に打ち上げられた。ローサットは、ヒーオ2号（アインシュタイン）よりも一〇〇〇倍も弱いX線源を観測できる超高感度X線精査検出計を搭載して、全天のサーベイ（走査）を行った。

つねに宇宙空間に偏光計を向けた姿勢で地球を公転するローサットは、搭載した超高感度X線精査検出計により、最初の三年間で、六万三〇二九個のX線源（天体）を検出した。この時点で、発見されたX線源の総数は、それまでの一〇・六倍となった。

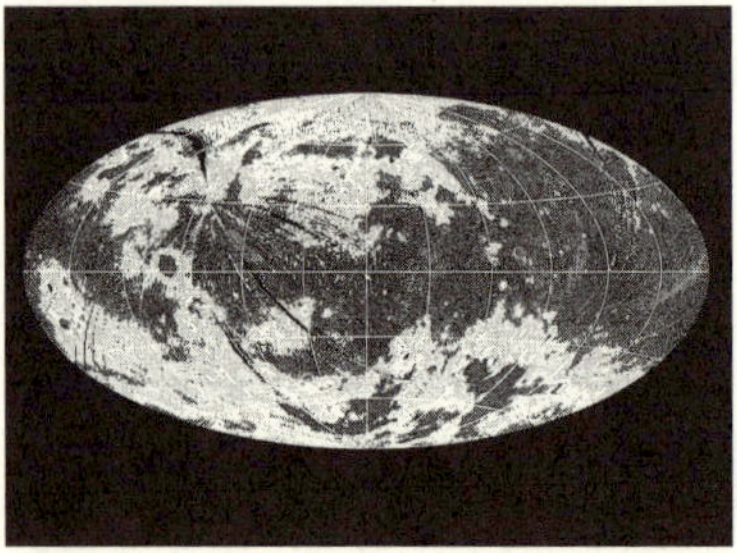

ローサットの観測データを元にして作成された、エネルギー強度が1／4keVのX線源全天分布図。

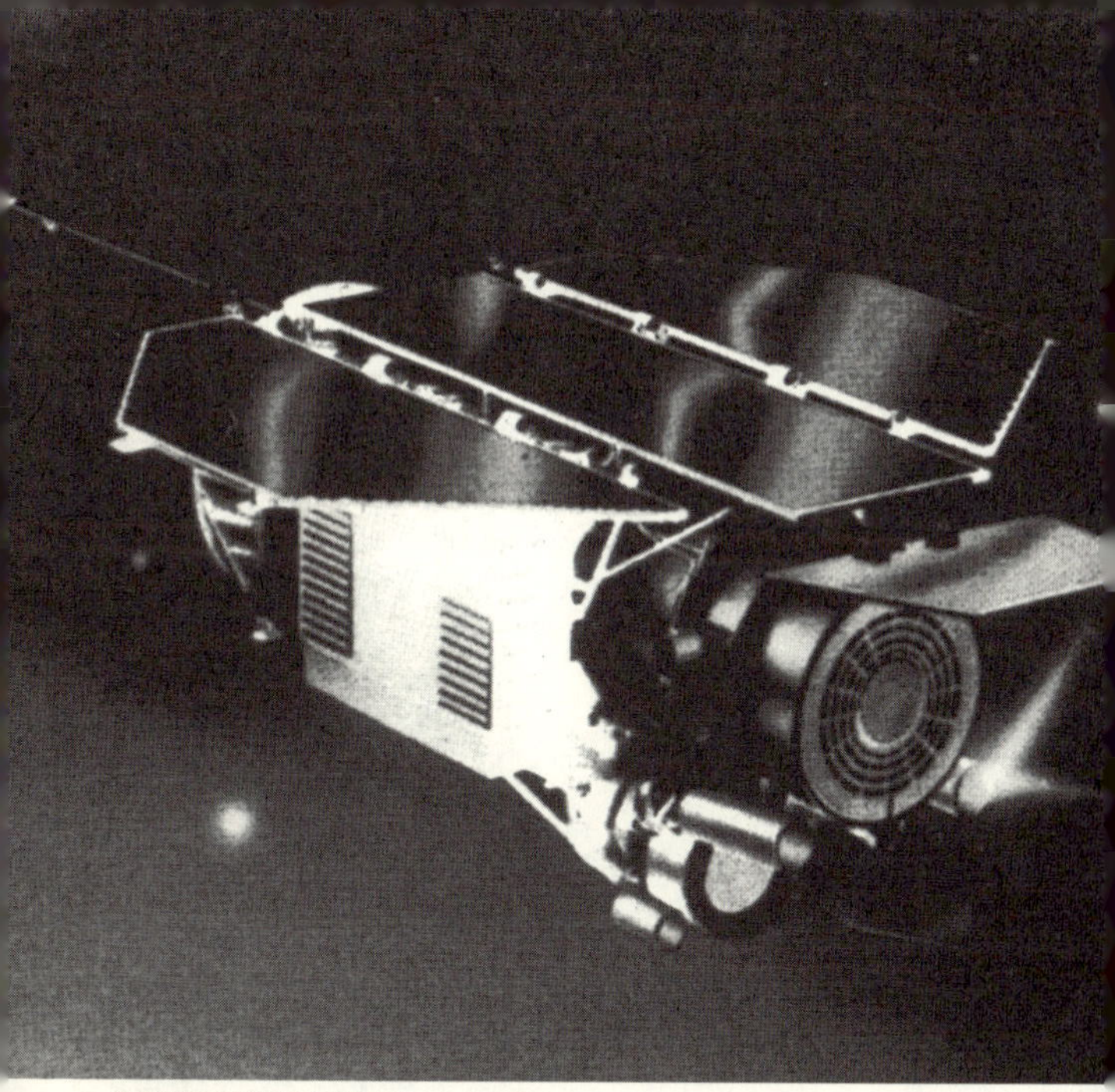

深宇宙のX線源を観測するローサット。

①1990年6月1日（NASAとドイツの共同計画）
②デルタ2型ロケット
③2426kg
④560km／578km
⑤NASAとドイツと英国のX線星、ガンマ線星の共同観測計画。

凡例：①打ち上げ年月日　②打ち上げロケット　③重量（全長）　④近地点高度／遠地点高度（または太陽系内の惑星間飛行軌道）　⑤特筆すべき（期待される）成果

アストロ(ASTRO)=シャトル搭載紫外線・太陽物理望遠鏡(ミッション)

スペースシャトルによる宇宙科学計画

スペースシャトルによる宇宙科学計画の一つが、スペースシャトルのペイロード・ベイ（荷物室）に三軸制御のアストロ（シャトル搭載紫外線・太陽物理望遠鏡）を搭載してのミッションである。

アストロは、紫外線像望遠鏡（UIT）、ホプキンス紫外線望遠鏡（HUT）、ウィスコンシン紫外線分光・偏光計（WUPE）、指向望遠鏡（GT）、三軸姿勢制御機器などから構成されている。アンドロメダ銀河、中心にブラックホールがあると推測される候補の天体などの観測を、宇宙輸送システム（STS）－35の1号、STS－67の2号と二回の飛行により観測した。

アストロ1号では、もう一つ広帯域X線望遠鏡（BBXRT－1）1号が搭載されていて、一時的に、ペイロード・ベイから放出されて、銀河X線の観測を行った。

紫外線、極紫外線の波長域で観測をしているアストロ1号 。

アストロで見た小マゼラン雲。

①ASTRO1：1990年12月2日、
ASTRO2：1995年3月2日
②スペースシャトル
③2700kg
④1号：360km／370km
2号：349km／363km
⑤ブラックホール候補の天体を集中的に観測して、6つの候補星を発見した。

凡例：①打ち上げ年月日　②打ち上げロケット　③重量(全長)　④近地点高度／遠地点高度(または太陽系内の惑星間飛行軌道)　⑤特筆すべき(期待される)成果

ウフル（UHURU＝小型天文衛星）

Explorer 42-Small Astronomy Satellite(SAS-1)・UHURU

全天走査でX線天体を発見

一九七〇年一二月一二日、マダガスカル島沖に、イタリアの航空宇宙庁がNASAの支援を受けて設置したスカウト・ロケットの洋上発射台（San Marco）から、4段式の固体燃料ロケットのスカウトによりエクスプローラー42・小型天文衛星（SAS）が打ち上げられた。

SAS1号は、地球周回軌道に乗ってまもなく、スワヒリ語で「自由」を意味するウフル（Uhuru）と命名された。

SAS1号ウフルは、地球周回軌道に乗ってから、一九七四年九月までに、全天走査をして一六一個のX線天体を観測し、その後のX線天文学の発展に大いに貢献した。

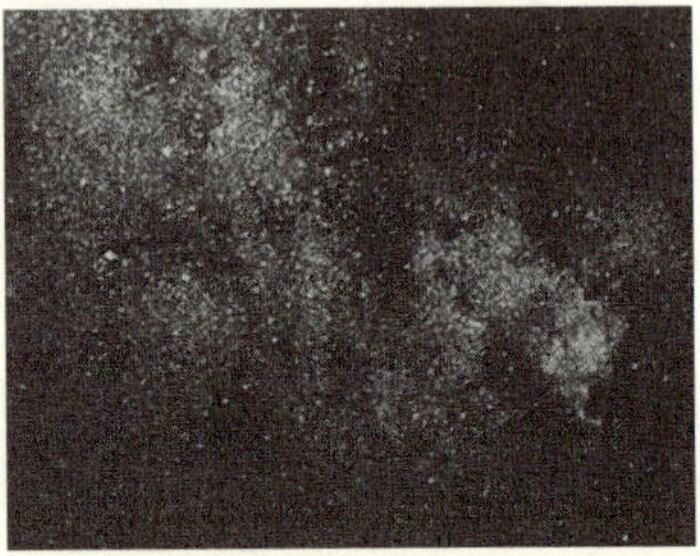

ウフルは、白鳥座にブラックホール第1号を発見した。

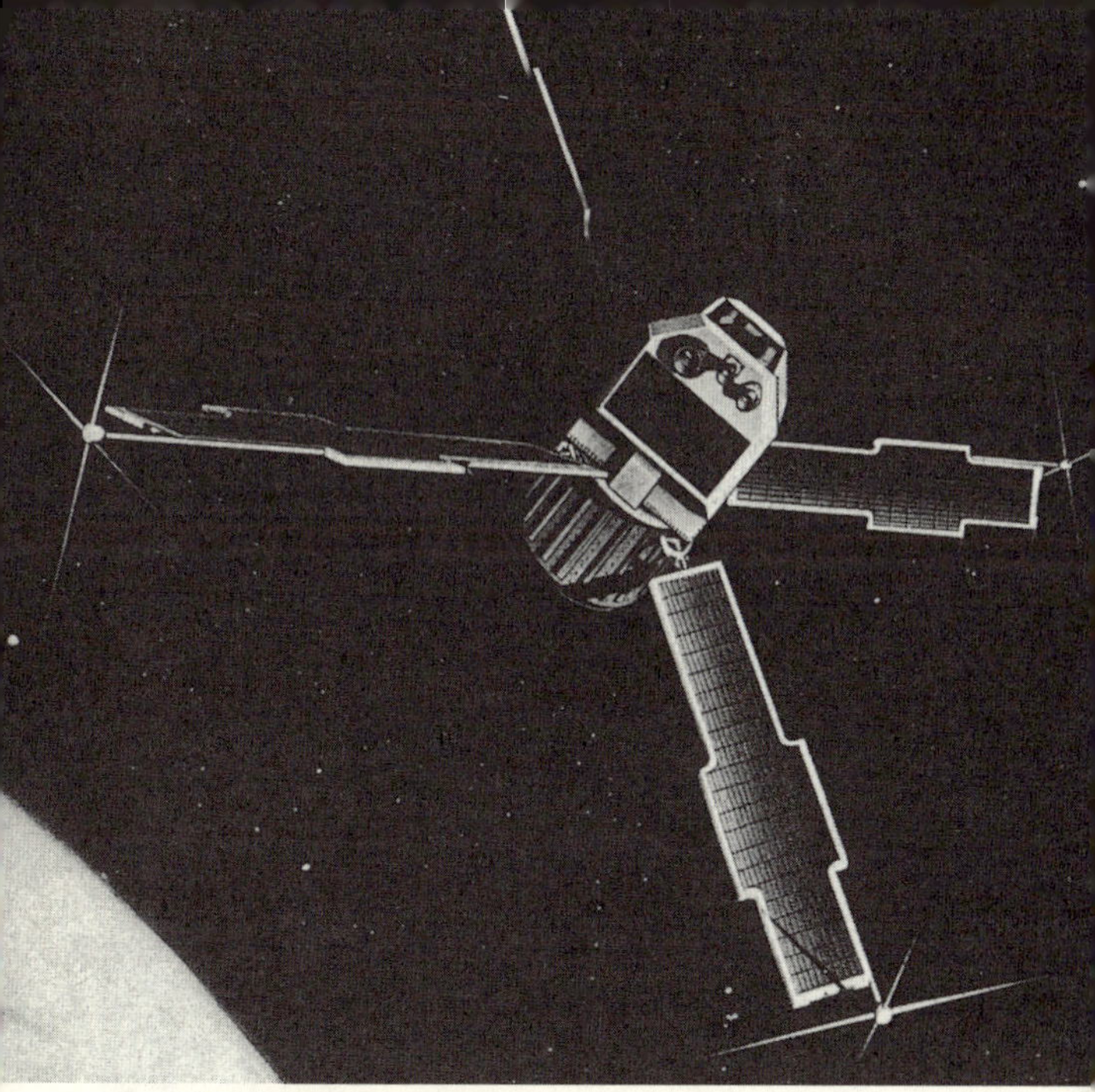

X線天文学の発展に貢献したウフル。

①1970年12月12日
　1979年4月5日ミッション終了
②スカウト・ロケット
③143kg
④522km／563km
⑤初期のX線観測衛星で、その後のX線天文学に有益な影響を与えた。

凡例：①打ち上げ年月日　②打ち上げロケット　③重量（全長）　④近地点高度／遠地点高度（または太陽系内の惑星間飛行軌道）　⑤特筆すべき（期待される）成果

ニア・シューメーカー＝近地球小惑星ランデブー探査機

NEAR : Shoemaker=Near Earth Asteroid Rendezvous Mission

小惑星エロスのランデブー探査

一九九六年二月一七日に打ち上げられた、ディスカバリー計画の一つである近地球小惑星探査機ニア（ＮＥＡＲ）は、一九九七年六月二七日に小惑星２５３番マチルドを近接探査した後、地球近傍に戻る軌道に乗った。そして一九九八年一月二三日、地球の重力を応用したスウィン・グバイ加速により、最終で本来の目的である小惑星４３３番エロスと会合する軌道に乗った。

ニアは、二年と二二日の慣性飛行をして二〇〇〇年二月一四日に、地球から三億一五〇〇万キロ離れて位置するエロスを周回する軌道に乗った。三月一四日には、地質学者のシューメーカー博士を記念して、ニア・シューメーカーと改名された。

当初の計画にはなかったが、ニアの姿勢制御燃料が残りわずかとなった時点で、エロスへの軟着陸という野心的な実験が行われた。ニアは、エロスの周回軌道を離脱してから三時間五七分後の二〇〇一年二月一二日午後三時七分（日本時間一三日午前五時七分）に秒速二・三メートルの速度で、小惑星エロスへの軟着陸に成功した。

小惑星エロスに近接して探査するニア。

①1996年2月17日
②デルタ2型ロケット
③805kg
④太陽を公転する人工惑星の軌道を飛行。
⑤小惑星433番のエロスを近接探査、軟着
　陸に成功。

凡例：①打ち上げ年月日　②打ち上げロケット　③重量（全長）　④近地点高度／遠地点高度（または太陽系内の惑星間飛行軌道）　⑤特筆すべき（期待される）成果

スターダスト彗星探査機（SCP）

Stardust Comet Prove

ワイルド2彗星とランデブー後、揮発性粒子を採取

構想から計画の実行開始までを、従来よりも短い期間で行い、かつ信頼性の高い確実な探査機を開発製作して、さらにコストの削減を計ることを理念としたのがディスカバリー計画である。そして、ディスカバリー計画の一つとして、スターダスト計画が構想され、実施されている。

太陽系惑星間軌道を飛行するNASAのスターダスト探査機は、二〇〇四年一月にワイルド2彗星の斜め前方からランデブーをして近接する。ワイルド2彗星へ一五〇キロの位置空間で彗星から放出される塵《ちり》等の物質をとらえて、カプセルに入れて地球へ持ち帰り、米国のユタ州にパラシュート降下させる計画である。

ケネディ宇宙センターのクリーンルームで組立て整備を完了したスターダスト彗星探査機。

ワイルド2彗星を追跡して微粒子を採取中のスターダスト彗星探査機。

①1999年2月7日
②デルタ27426型ロケット
③303kg
④ワイルド2彗星とランデブーする軌道を飛行。
⑤ワイルド2彗星のコマ（核を囲む大気）から揮発性粒子を採取して2006年1月に地球へ帰還する。

凡例：①打ち上げ年月日　②打ち上げロケット　③重量（全長）　④近地点高度／遠地点高度（または太陽系内の惑星間飛行軌道）　⑤特筆すべき（期待される）成果

ディープスペース1号(DS-1)

Deep Space-1 Mission

自律航行のプログラムを搭載した、将来技術の確立実証試験機

探査機によるディープスペース(深宇宙)の探査をめざし、二一世紀の宇宙開発に必要な技術の実証試験を行うのが、NASAのニュー・ミレニアム計画である。

NASAはディープスペース1号(DS-1)に装備した、太陽電池により発電した電気エネルギーでキセノンをガス化して噴射する将来の長期恒星間飛行に使用される史上初のキセノン・エンジンの性能確認飛行実験をしている。またDS-1には、一般に二五万個の恒星と二五〇〇個の小惑星の位置データが記憶してある人工知能と言われる自律航行のプログラムのコンピュータが搭載されていて、飛行実験を検証しながら、推進をして、複数の小惑星や彗星とのランデブー探査をしている。

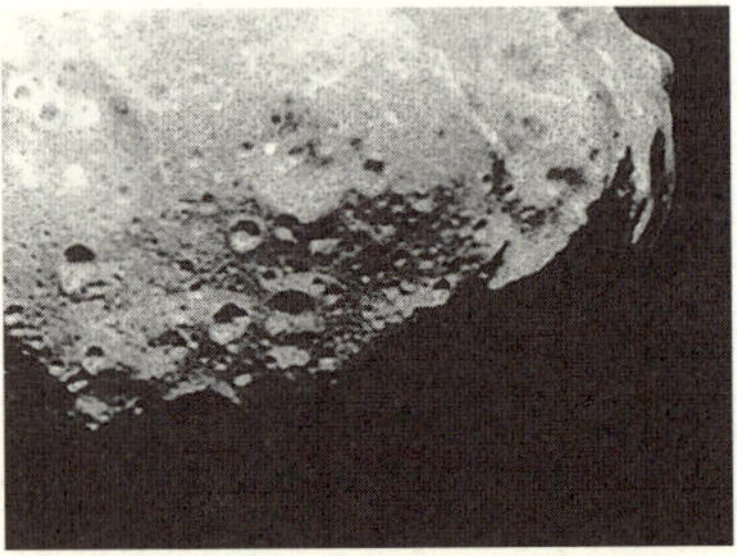

ディープスペース1号は、複数の小惑星や彗星とランデブー探査をする。

飛行中のディープスペース1号。

①1998年10月24日
②デルタⅡ型ロケット
③377kg
④複数の彗星か小惑星とランデブー探査。
⑤最新技術のキセノン・エンジンで推進する。

凡例：①打ち上げ年月日　②打ち上げロケット　③重量（全長）　④近地点高度／遠地点高度（または太陽系内の惑星間飛行軌道）　⑤特筆すべき（期待される）成果

ガリレオ木星周回探査機(GJP)

Galileo Jupiter Prove

偉大なるガリレオ、設計寿命を越えて稼働中

史上初の木星周回探査機NASAののガリレオは、一九八九年一〇月一八日に、スペースシャトル104アトランティスで打ち上げられた。金星でスウィング・バイを行って最初の加速を行い、続いて二回、地球でスウィング・バイと加速を行って木星へと向かった。この間、小惑星ガスプラ、イーダに近接して探査を行った。一九九四年七月には、シューメーカー・レビー第9彗星の地球から観測できない木星の裏側での衝突の状況を観測して、NASAの追跡管制センターへ写真データを送信してきた。

ガリレオの慣性飛行は順調に続けられ、一九九五年七月一三日、ガリレオの木星到達一〇〇日前に、木星大気へ突入し、探査する突入探査機が、木星へ向かって分離された。そして、一九九五年一二月七日、ガリレオは、木星を周回する軌道に乗った。木星とイオ、エウロパ、カリスト、ガニメデの四大衛星を五年間に渡り観測して、初期と中期の観測計画を完璧に達成したが、設計寿命がすぎた二〇〇一年の今日でも、観測が続けられている。

木星に向かう軌道からプローブを発射するガリレオ。

①1989年10月18日
②スペースシャトル104アトランティス
③2718kg（プローブ338kg）
④1995年12月7日、木星と木星の4大衛星を周回する軌道に乗る。
⑤木星と4大衛星の物理モデルを作るための観測。

ガリレオ木星周回探査機の軌道

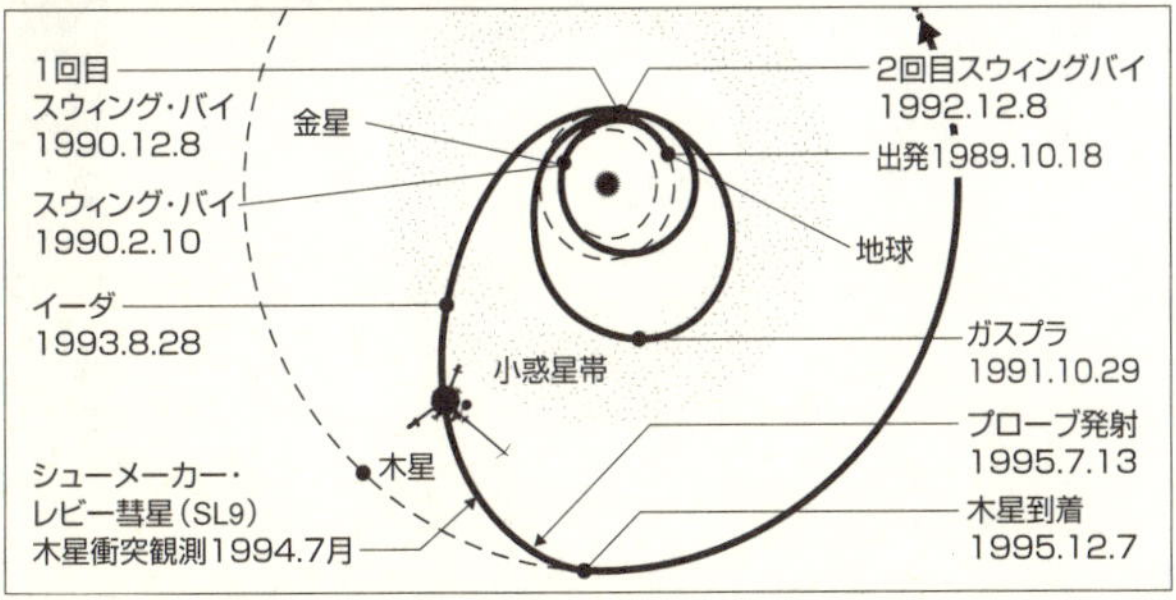

凡例：①打ち上げ年月日　②打ち上げロケット　③重量（全長）　④近地点高度／遠地点高度（または太陽系内の惑星間飛行軌道）　⑤特筆すべき（期待される）成果

カッシーニ土星周回探査機(CSP)

Cassini Saturn Prove

二〇〇四年、土星と第6衛星のタイタンなどを探査

ＮＡＳＡのジェット推進研究所（ＪＰＬ）が主管になって開発した史上初の土星周回探査機「カッシーニ」は、一九九七年一〇月一五日にケネディ宇宙センター（ＫＳＣ）から打ち上げられた。なお、カッシーニに搭載されている、土星のＳ６（第６衛星）タイタンの大気圏へ突入させる探査機ホイヘンスは、欧州宇宙機関（ＥＳＡ）が開発と製作をした。

カッシーニは、金星で二回のスウィング・バイを行って、軌道変換と加速をした。さらに地球で一回スウィング・バイをして、加速し、木星に向かった。そして、二〇〇〇年一二月三〇日に木星でスウィング・バイをして、一路、目ざす土星へ向かった。さらに慣性飛行を続けて二〇〇四年七月一日、土星を周回する軌道に乗る。土星の観測を続け、衛星のタイタンと位置が最適になった同年一一月六日、カッシーニから、突入探査機ホイヘンスを分離する。その後、カッシーニの軌道を修正して、ホイヘンスからの観測データ収得の電波通信に備える。

土星の周回軌道に乗るために逆推進ロケットを噴射してブレーキをかけているカッシーニ土星周回探査機。

完成したカッシーニ土星周回探査機。

①1997年10月15日
②タイタン4セントール型ロケット
③2150kg（ホイヘンス=319kg）
④2004年7月1日に土星を周回する軌道に到達する。
⑤土星と衛星の詳細な観測を4年間にわたり行う。

凡例：①打ち上げ年月日　②打ち上げロケット　③重量（全長）　④近地点高度／遠地点高度（または太陽系内の惑星間飛行軌道）　⑤特筆すべき（期待される）成果

マーズ・グローバル・サーベイヤー（MGS＝火星極軌道周回探査機）

Mars Global Surveyor

火星の地形、大気を観測中

一九九六年一一月七日に打ち上げられたNASAのマーズ・グローバル・サーベイヤー（MGS）には、狭角／広角TVカメラ（MOC）、磁力計（MM）、紫外線分光計（UVS）、レーザー高度計（LA）などが搭載されている。

マーズ・グローバル・サーベイヤー（MGS）は、火星の南北両極を回る高度四四四キロメートルの極軌道を周回して一九九九年三月一六日から、二〇〇一年一月一〇日までに五八九七〇枚の画像を撮影して、火星の地形写真図の作成をめざす観測業務を完了した。

しかし今後も、火星の地形内部の探査や大気組成の観測が続けられる。

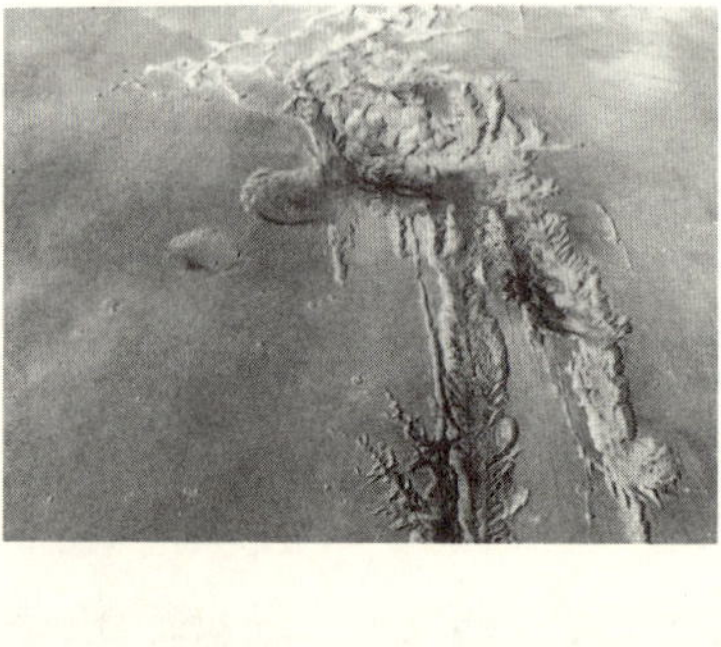

MGSが撮影した火星の地形写真（マリネリス渓谷）。

火星極道を周回探査中のマーズ・グローバル・サーベイヤー。

①1996年11月7日
②デルタII型ロケット
③1050kg
④火星の南北両極を回る極軌道を周回して
探査する。
⑤テレビカメラ、紫外線分光器などにより
詳細な地形、地質を探査している。

凡例：①打ち上げ年月日　②打ち上げロケット　③重量（全長）　④近地点高度／遠地点高度（または太陽系内の惑星間飛行軌道）　⑤特筆すべき（期待される）成果

2001マーズ・オデッセイ(2001MO)

2001 Mars-Odyssey

火星の周回軌道から、水の存在と生物の痕跡を探査する

火星へ向かう軌道に乗った2001マーズ・オデッセイ（MO）は二〇〇一年四月一九日に、三五九万九八五〇キロ離れた空間点で搭載テレビカメラの試験を兼ねて撮影し、三日月のように輝く地球像を送信してきた（下の写真）。二〇〇一年一〇月二四日には火星を遠巻きに周回する軌道に乗り、二〇〇一年一二月までに、近地点高度一〇七キロ、遠地点高度三四八キロから火星を周回する軌道に変換する。2001マーズ・オデッセイは、三種類の探査機器を搭載している。赤外線・可視光分光計では、表面の土壌と岩石の組成分析を行い、水分や生物の痕跡を探査する。中性子・ガンマ線計測器では、中性子から火星大気の水素の量や分布の探査を行い、ガンマ線からは様々な元素の分布を探査する。放射線量計では、火星近傍の放射線量を測定して、将来の火星有人飛行に備えてのデータを収集する。

2001マーズ・オデッセイが試験を兼ねて撮影した三日月のように輝く地球像。

火星の近傍に到達した2001マーズ・オデッセイ。

①2001年4月7日
②デルタⅡ型ロケット
③758kg
④近地点高度107km、遠地点高度348km
　から、北極から南極までを観測。
⑤マーズ・グローバル・サーベイヤー(MGS)
　に次ぐ、火星周回探査機。

凡例：①打ち上げ年月日　②打ち上げロケット　③重量（全長）　④近地点高度／遠地点高度（または太陽系内の惑星間飛行軌道）　⑤特筆すべき（期待される）成果

マーズ・ローバー（MR）1号、2号

Mars Rover 1. 2.

火星の地表面を走行して、水の存在と生物の痕跡を探査する

火星の地表面を走行して探査するマーズ・ローバー（MR）1号、2号が、それぞれ二〇〇三年五月二二日と、二〇〇三年六月四日に打ち上げられる。マーズ・ローバー1号、2号には、赤外線カメラ、蛍光分光計などが搭載されている。マーズ・グローバル・サーベイヤー（MGS）による探査から、水が液体で存在する可能性を示す地形が見つかっているが、マーズ・ローバー1号、2号では、それらを直接探査する。MR1号、MR2号は、火星時間の一日（地球時間で二四時間三七分）の間に、一〇〇メートルを走行することができる。

一九九七年七月四日（米国独立記念日）に、火星のクリセ平原に軟着陸したマーズ・パスファインダーに搭載された自動走行探査機ソジャーナの、1日に約十数メートルの走行距離に比べて、マーズ・ローバーでは走行距離が約一〇倍と向上している。

マーズ・ローバー1号、2号

①2003年5月22日（1号）／
2003年6月4日（2号）
②デルタⅡ型ロケット
③マーズ・ローバー1号、2号とも重量は150kg
④火星の北半球と南半球の異なった地域に、2004年1月に軟着陸をさせる。
⑤着陸点での生物探査を行う。

マーズ・ローバーは火星表面を探査する。

凡例：①打ち上げ年月日　②打ち上げロケット　③重量（全長）　④近地点高度／遠地点高度（または太陽系内の惑星間飛行軌道）　⑤特筆すべき（期待される）成果

火星探査無人飛行機キティホーク号(MAKH)

Mars Airplane-Kitty Hawk

火星探査無人飛行機のキティホーク号は二〇〇五年一二月に、火星のマリネリス渓谷などを飛行して、火星の地層などを探査する。

予定では、ライト兄弟のキティホーク号の初飛行と同じ一二月一七日に、火星探査無人飛行機キティホーク号を収納したエアロシェルが火星大気に突入する。そしてジェット噴射で減速、火星の赤道域にある全長五五〇〇キロのマリネリス渓谷の西端上空でエアロシェルからキティホーク号を放出する。キティホーク号は、機体後部にある三枚羽根のプロペラを回転させて、最大時速約五八〇キロで四時間三三分にわたり観測飛行する。

TVカメラ、重力形などで火星を観測

キティホーク号は、2005年12月に火星上空を飛行探査する。

火星のマリネリス渓谷を観測飛行するキティホーク号。

①2005年5月
②アリアン5型ロケット
③150kg
④火星を低高度飛行して地表を精密観測する。
⑤火星の渓谷や断層を観測撮影する。

凡例：①打ち上げ年月日　②打ち上げロケット　③重量（全長）　④近地点高度／遠地点高度（または太陽系内の惑星間飛行軌道）　⑤特筆すべき（期待される）成果

グレート・プルート／カイパー・エクスプレス（GP／KE）

Great Pluto/Kuiper Express

木星や海王星でのフライバイ加速により冥王星へ

史上初の冥王星探査機プルート／カイパー・エクスプレスは、冥王星と、連星とも考えられている衛星のカロンへ近接して観測をする。その後、機器システムに故障がなければ、太陽系の辺境に位置する彗星の故郷のカイパー・ベルトの探査に向かう計画であった。一九九四年に正式な計画となり、探査機の開発試験が続けられていた。プルート／カイパー・エクスプレスは二〇〇〇年九月八日、計画規模の見直しのために一旦打ち切られた。

二〇二〇年以前に冥王星を探査する新構想では、冥王星と第一衛星のカロンを周回する探査機Aとカイパー・ベルトの探査に向かう探査機Bを一体にした、グレート・プルート／カイパー・エクスプレスが主要案となっている。

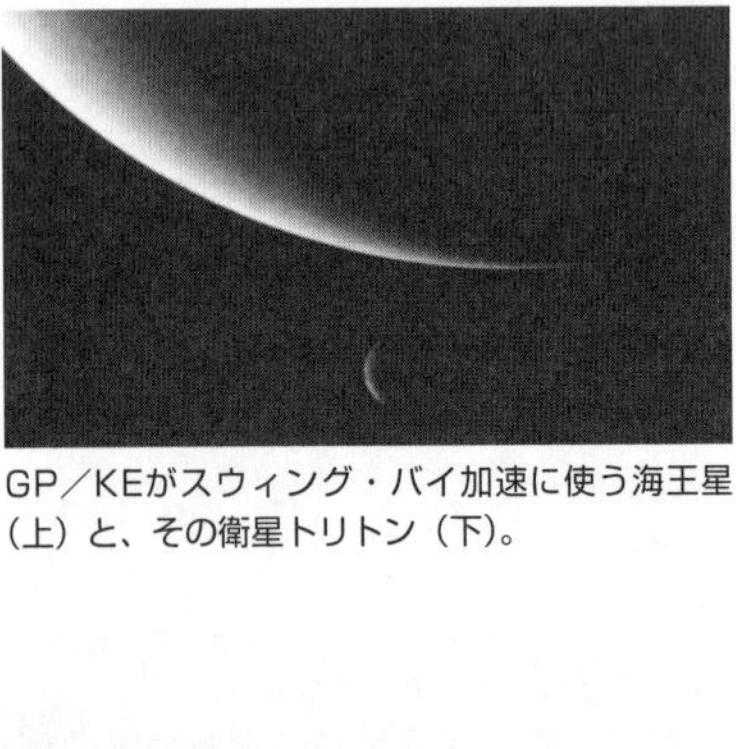

GP／KEがスウィング・バイ加速に使う海王星（上）と、その衛星トリトン（下）。

唯一探査機の行っていない第9惑星の冥王星に向かうグレート・プレート／カイパー・エクスプレス探査機。

①2019年5月以降
②タイタン4型ロケット
③330kg
④冥王星のスウィング・バイ近接観測と
　カイパー・ベルトの探査。
⑤冥王星と衛星カロンへの初の近接観測。

凡例：①打ち上げ年月日　②打ち上げロケット　③重量（全長）　④近地点高度／遠地点高度（または太陽系内の惑星間飛行軌道）　⑤特筆すべき（期待される）成果

ユリシーズ太陽極域観測探査機

Ulysses=Interplanetary trajectory sending craft on flight path downward from ecliptic prove

史上初めて太陽の南北両極域を観測

欧州宇宙機関（ＦＳＡ）の開発したユリシーズ太陽極域探査機は、太陽の南極地方と北極地方を、史上初めて、詳細に観測した。太陽風プラズマ／太陽風イオン組成（ＳＷＰ・ＳＷＩＣ）、宇宙線と荷電粒子（ＣＲ＆ＳＣＰ）、低荷電粒子（ＬＥＣＰ）、太陽電波とプラズマ波（Ｒ＆ＰＷＥ）、太陽圏粒子数密度検知（ＭＥＰＩＤ）、太陽Ｘ線と宇宙ガンマ線バースト（ＳＸ＆ＣＧＲＢＥ）、宇宙塵検知（ＣＤＥ）電波科学（ＲＳ）、重力波（ＧＷ）などの観測機器により、四〇項目の観測を行った。

ユリシーズは、一九九四年九月一七日、最大緯度八〇・四度の太陽の南極域上方三億五二〇〇万キロの位置空間を通過した。ＭＥＰＩＤ、ＭＭ（磁力計）などによる観測から、磁極（磁気の最も強い点）の無いこと、また磁力線は大きく蛇行していることがわかった。一九九五年七月三一日、太陽の北緯八〇・二度の太陽の北極域上方一億四〇八〇万キロの最接近空間点を通過した。

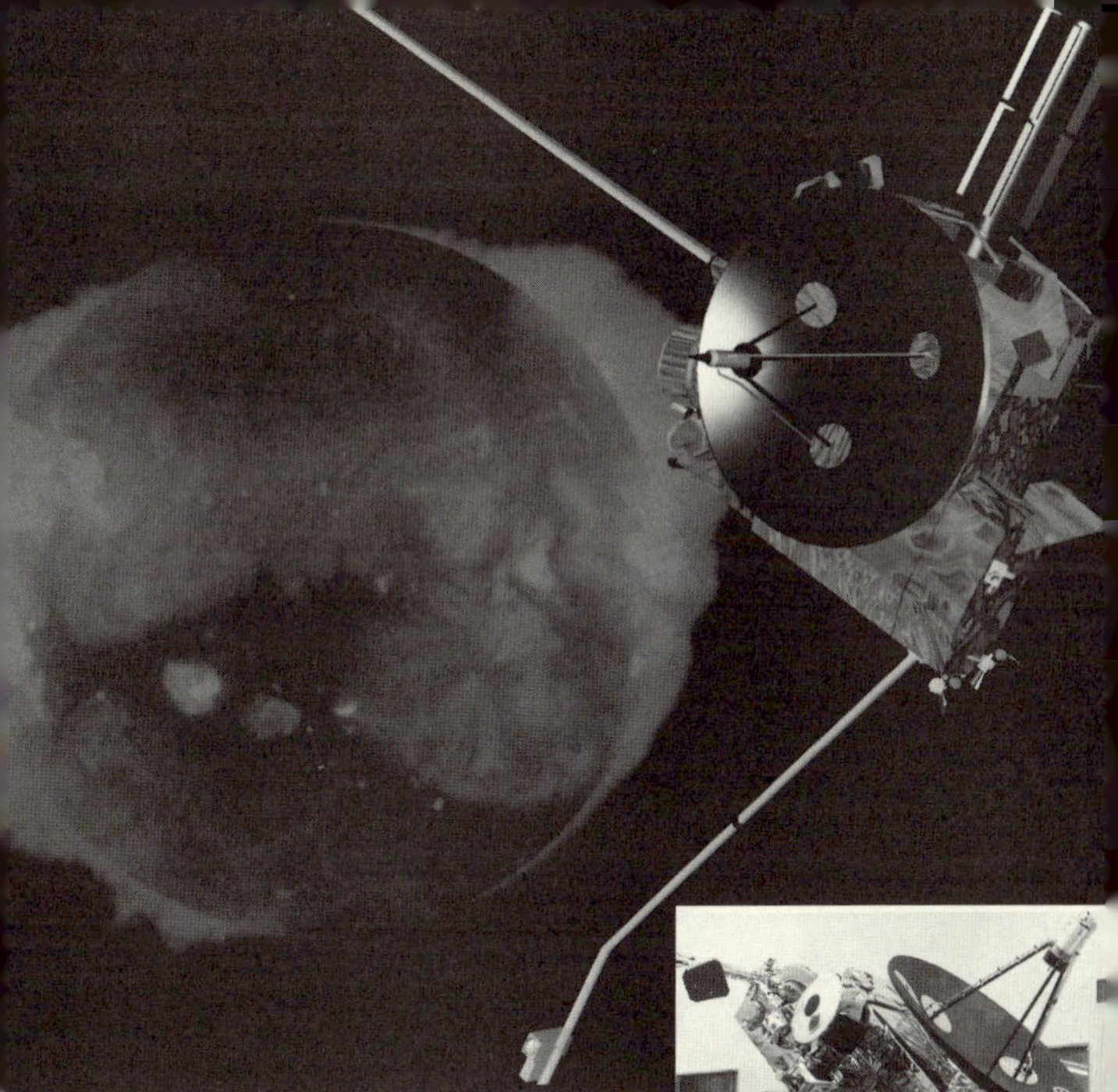

太陽を極域から観測するユリシーズ。

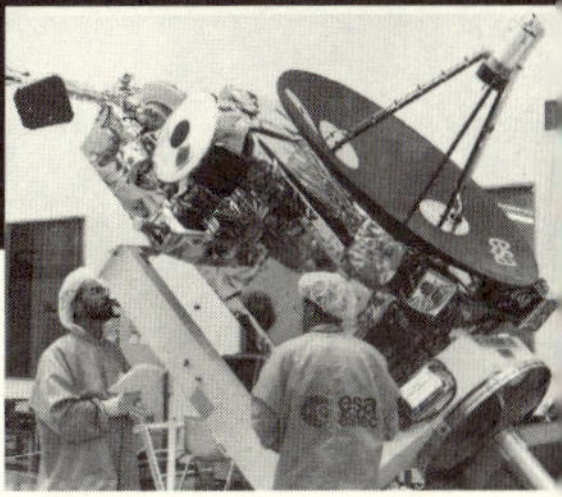

整備が完了したユリシーズ。

①1990年10月6日
②スペースシャトル103ディスカバリー
③367kg
④人工惑星の軌道を公転（地球周回軌道から木星へ向けて発射。木星の重力でユリシーズの加速と方向転換と軌道面を変換して太陽の南極域に向かう。南極域を通過後、北極域に向かって観測をした）。
⑤史上初めて太陽を南と北の両極域から観測した。

凡例：①打ち上げ年月日　②打ち上げロケット　③重量（全長）　④近地点高度／遠地点高度（または太陽系内の惑星間飛行軌道）　⑤特筆すべき（期待される）成果

マリナー10号水星探査機(M10)

Mariner 10 Mercury Prove

水星に3回近接して探査

史上初の水星探査機マリナー10号には、広角/望遠TVカメラ(WA/NATV)、赤外線干渉計(IRR)、紫外線掩蔽《えんぺい》分光計(UVSO)、荷電粒子検光子計(CPT)、プラズマ検出計(PSE)の観測機器が搭載されていた。

マリナー10号は、一九七四年三月二三日水星へ七〇三キロを最接近点として近接した。続く九月二一日に四万八〇六九キロを最接近点として二回目の接近をした。そして一九七五年三月一六日に三二七キロを三回目の最接近点として接近した。

マリナー10号は、金星へ近接観測をした後、金星の重力を応用してスウィング・バイを行い、加速と方向変換をして水星に向かった。金星でのスウィング・バイを行わないとしたら、最初に金星へ到達するまでに、約三年の日数が必要であった。

NASAは、水星周回探査機のメッセンジャーを二〇〇四年三月に打ち上げ、二〇〇九年九月、水星を周回する軌道に乗せる。また欧州宇宙機関(ESA)は、二〇一〇年頃までに水星探査機のベピ・コロンボを打ち上げる計画である。

慣性飛行をするマリナー10号。

①1973年11月3日
②アトラス・セントール型ロケット
③526kg
④人工惑星の軌道、金星の重力によるフライバイで水星へ。
⑤3回にわたり、史上初めて近接観測をした。

凡例：①打ち上げ年月日　②打ち上げロケット　③重量（全長）　④近地点高度／遠地点高度（または太陽系内の惑星間飛行軌道）　⑤特筆すべき（期待される）成果

マゼラン金星レーダー探査機(MVRMM)

Magellan Venus Radar Mapper Mission

合成開口レーダーでの金星の地形と構造を探査

マゼラン金星レーダー探査機は、ボイジャー2号の余剰機器から高感度パラボラ・アンテナ、航法誘導機器、姿勢制御機器、ユリシーズの余剰機器から周波数変調器、パイオニア惑星間観測衛星80号の余剰機器から電源出力制御装置など、従来の探査機の余剰機器を多用して開発製作された。

マゼラン金星レーダー探査機は、合成開口レーダーにより、金星の厚い二酸化炭素のガス雲を通して、金星の表面の九八パーセントに及ぶ、地形探査を行い、地表面の地形図を作成した。いくつもの箇所で地崩れの跡を発見して、金星震(地震)が時々、発生していることもわかった。

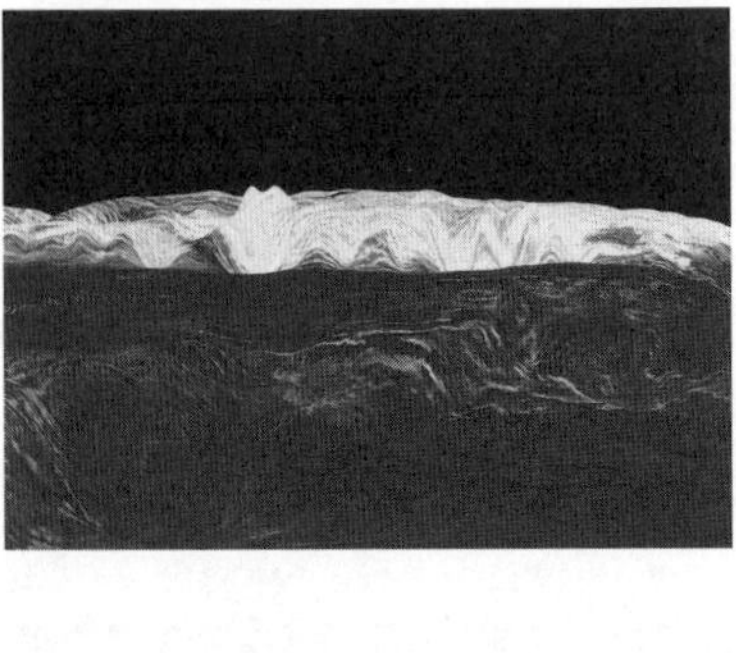

起伏に富んだ金星表面。マゼラン撮影データを立体画像化したもの。

金星周回極軌道から金星の表面を探査するマゼラン金星レーダー探査機。

①1989年5月5日
②スペースシャトル104アトランティス
③3444kg
④金星の周回極軌道（94年10月13日観測を完了）
⑤初めて金星の98%の地表面の地形図をレーダー観測により作成した。

凡例：①打ち上げ年月日　②打ち上げロケット　③重量（全長）　④近地点高度／遠地点高度（または太陽系内の惑星間飛行軌道）　⑤特筆すべき（期待される）成果

ルナー・プロスペクター(LP)

Lunar Prospector

中性子分光計により月の両極域で水の氷を発見

ＮＡＳＡの月極軌道周回探査機のルナー・プロスペクターは、小型通信衛星の構体や太陽電池、通信機器などを活用して開発製作がされた。一九九四年二月三日～二月一六日にかけて月を周回探査した米国防総省(ＤＯＤ)のクレメンタイン1号に続いて、ルナー・プロスペクターは、一九九八年一月九日から一九九九年七月三一日に、月の南極のクレーターに衝突させて水の氷の存在を確認する最後の実験まで探査を続けた。

ルナー・プロスペクターは、紫外線分光計、Ｘ線分光計と、レーダー高度計による探査データの解析から、月の北極域と南極域には六〇億トンの水の氷が存在していると推論した。

ルナー・プロスペクターが観測した氷状態の水の分布と密度の図。月の緯度70度以南の南極域。

極軌道から月を周回して観測するルナー・プロスペクター。

①1998年1月6日
②アテナ2型ロケット
③295kg
④月の周回軌道
⑤月の水（氷）の探査と、重力分布の観測
　など。

凡例：①打ち上げ年月日　②打ち上げロケット　③重量（全長）　④近地点高度／遠地点高度（または太陽系内の惑星間飛行軌道）　⑤特筆すべき（期待される）成果

木・土星探査機パイオニア10号、11号

Pioneer-10．11 Space Prove

木星と土星を近接探査。史上初の外惑星探査機として飛行中。

ＮＡＳＡの木・土星探査機パイオニア10号、11号の本体は、六角形の箱形で、これに高感度パラボラ・アンテナ（ＨＧＡＲ）、展開すると長さ六・六メートルになるブームとその先端に磁力計（ＭＭ）、二組の三メートルのブーム二本の先端に、それぞれ二基のラジオ・アイソトープ熱電対発電器（ＲＴＧ）、ＨＧＡＲの裏側には一三枚の微小隕石探知センサー・パネル（ＭＤＳＰ）が取りつけてある。パイオニア10号、11号では、搭載重量の問題からテレビ・カメラに変えて、より軽量の結像偏光計を搭載していたが、パロマ山ヘール天文台の主鏡口径五メートルのヘール望遠鏡よりも、一万倍も鮮明な、木星と土星の近接探査画像を得ることができた。

パイオニア10号の近接探査から、初めて、木星が〝液体水素のボール〟であることが発見された。またパイオニア10号のＭＤＳＰに特定の方向から微小粒子が多数衝突したことから、木星に〝環〟のあることが予測され、パイオニア11号の観測から、細い三本の環が発見された。

太陽系を離脱したパイオニア11号。

①10号 1972年3月3日
　11号 1973年4月6日
②10号 アトラス・セントール型ロケット
　11号 アトラス・セントール型ロケット
③10号 259kg、11号 259kg
④10号 1973年12月3日、木星の近接探査。1983年6月13日、海王星の公転軌道を通過して太陽系を脱出。1997年3月31日、通信途絶。2001年4月、一時的に交信再開。
　11号 1974年12月2日、木星の近接探査。1979年9月1日土星の近接探査。1990年2月23日、海王星の公転軌道を通過して、太陽系を脱出。1996年12月末、通信途絶。
⑤10号 史上初めて木星を近接探査した。
　11号 10号に続いて木星を近接探査して、更に史上初めて土星を近接探査した。
　ともに太陽系外へ飛行中。

凡例：①打ち上げ年月日　②打ち上げロケット　③重量（全長）　④近地点高度／遠地点高度（または太陽系内の惑星間飛行軌道）　⑤特筆すべき（期待される）成果

ボイジャー2号外惑星探査機(V-2 SP)

Voyager-2 Space Prove

木星、土星、天王星、海王星へのフライバイ探査

ボイジャー1号、2号は、パイオニア10号、11号に続いて、木星の近接観測を行い、さらにパイオニア11号に続いて土星の近接観測を行った。そしてボイジャー2号は、史上初めて、天王星と海王星への近接探査を行った。天王星は自転軸と磁気軸が六〇度傾いているほか、赤道面が黄道面に対して九七度九分も傾いていることがわかった。このことから、天王星では自転に伴って昼と夜が変わることなく、地球時間で四二年ごとに昼と夜が入れ替っていることがわかった。ボイジャー2号が発見した、海王星の大気層に浮かぶ、地球上の巻雲に似た〝雲〟は、凍りついたメタンでできていて、秒速一八〇メートルで移動している。楕円形の大暗斑は、長径二万一〇〇〇キロで、地球の赤道直径よりも大きく、海王星の自転周期と同じ速度で移動している。ゆえに内部からの対流現象が、その形成に影響を与えているとの推論がある。また南極に近い所には、小暗斑がある。ボイジャー2号はさらに、天王星と海王星にも多数の環と、多数の衛星を発見した。

木星に続き土星へのスウィング・バイ探査をして、天王星に向かうボイジャー2号。現在太陽系外を慣性飛行中。無事ならば、20年後に各種機器のスイッチが再びオンになる計画である。

①1977年8月20日
②タイタン3Eセントール型ロケット
③800kg
④外惑星スウィング・バイの太陽系脱出軌道
⑤1986年1月24日に天王星を、1989年8月25日に海王星へ5000キロまで近接する。史上初の近接探査をした。

凡例：①打ち上げ年月日　②打ち上げロケット　③重量（全長）　④近地点高度／遠地点高度（または太陽系内の惑星間飛行軌道）　⑤特筆すべき（期待される）成果

ジオット(GIOTTO＝ESAのハレー彗星探査機)

GIOTTO Comet Prove

ハレー彗星と会合、大気を横切って探査をした

公転周期七六年のハレー彗星が三〇回目の回帰をして来て、一九八六年二月九日に近日点を通過（太陽に最も近づく空間点）した。この機会をとらえるために欧州宇宙機関（ＥＳＡ）が、一九八五年七月二日に惑星間軌道へ打ち上げたハレー彗星ランデブー探査機のジオットで近接探査を行った。

ジオットは、一九八六年三月一四日、ハレー彗星の核から六七〇キロメートルまで近接して、紫外線分光計（ＵＶＳ）と電荷結合素子カメラ（ＣＣＤ・ＨＭＣ）により撮影探査をした。

ＥＳＡは、二〇〇三年一月にバータネン彗星の探査機ロゼッタを打ち上げる計画である。

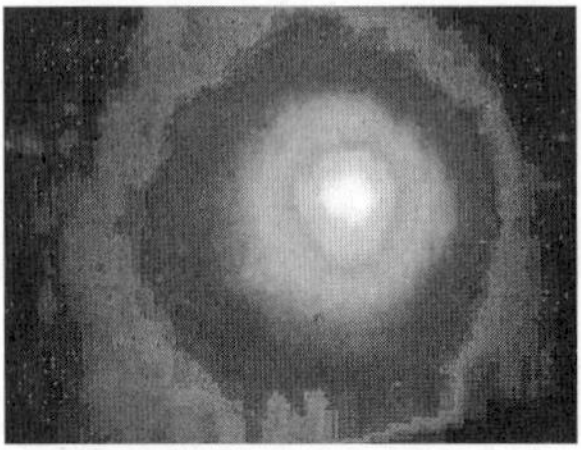
NASAのパイオニア金星１号で撮影したハレー彗星のコマ（核の大気）。

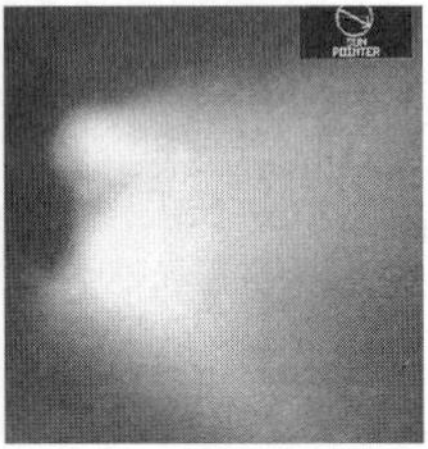

ジオットの電荷結合素子カメラで撮影したハレー彗星の核。

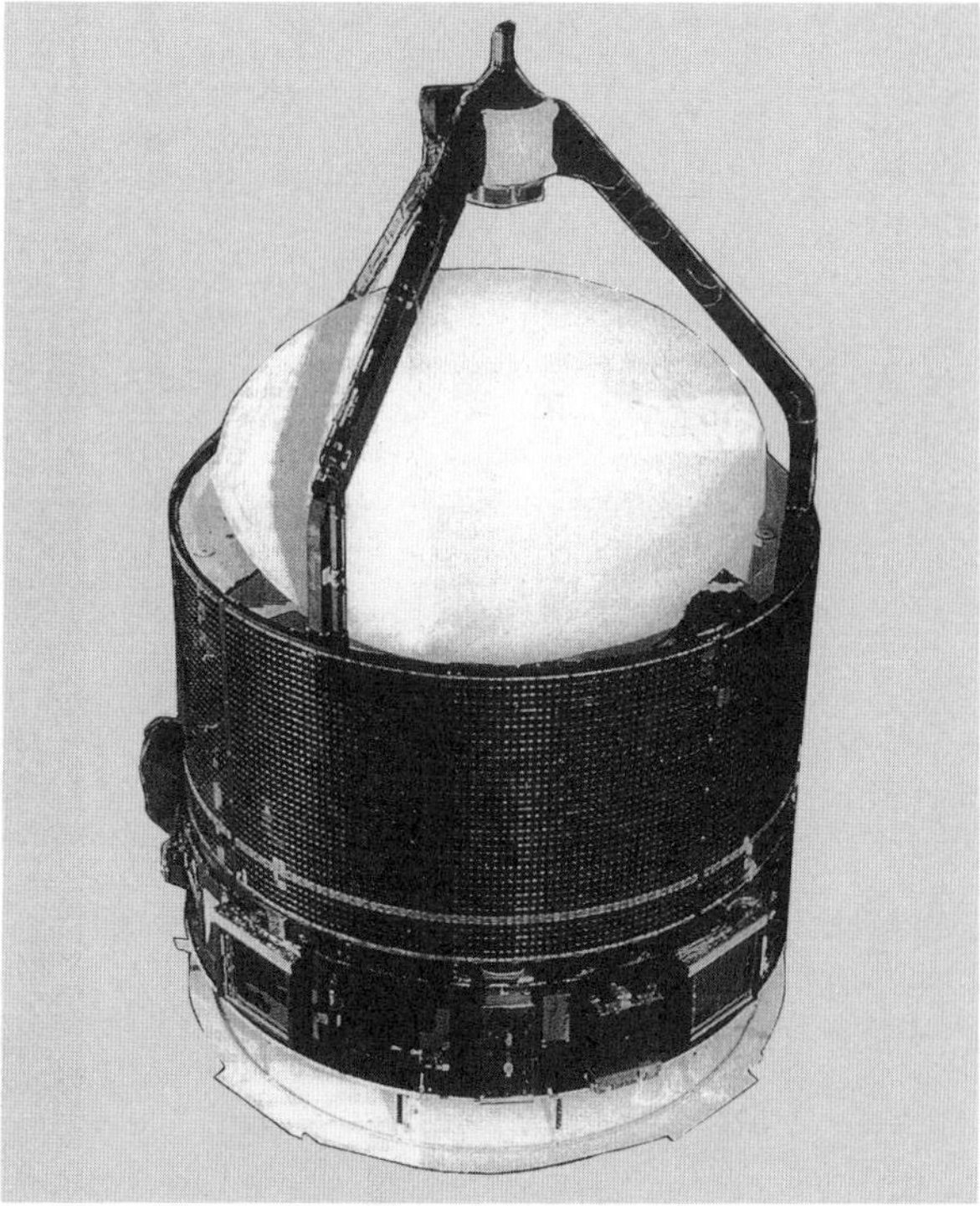

ハレー彗星に近接探査したジオット。

①1985年7月2日
②アリアンⅠ型ロケット
③512kg
④ハレー彗星とのランデブー（会合）探査
⑤ハレー彗星のコマ（大気）に突入して探査した。

凡例：①打ち上げ年月日　②打ち上げロケット　③重量（全長）　④近地点高度／遠地点高度（または太陽系内の惑星間飛行軌道）　⑤特筆すべき（期待される）成果

国際宇宙ステーション（ISS）

International Space Station

2006年から高度約400キロで活動

国際宇宙ステーション（ISS）では、宇宙科学部門の研究観測として、地球を取り巻く宇宙空間の観測、太陽の定期的観測や、銀河X線等の観測が行われる。

例えば、銀河X線の分野では、日本と欧州宇宙機関（ESA）の研究計画がある。日本では、比例計数管とCCDの二種類の検出装置からなる全天X線観測装置（MAXI）を開発して、全宇宙を二四時間観測する計画である。同装置は日本実験モジュール（JEM）の曝《ばく》露《ろ》部に搭載され、新たに一〇〇〇個のX線源の観測発見を目指す。その中にブラックホールを発見したときには、その日周期の変動をしらべることなど、さらなる観測研究が進められる。

日本が開発した全天X線観測装置(MAXI)のモデル。

2006年4月に完成予定の国際宇宙ステーション。左上が、日本実験モジュール（JEM）。

①1998年11月から建造が開始されて、2006年4月（完成予定）
②スペースシャトル、プロトン・ロケット等
③約400キロ、総重量約450トン
④米国、ロシア、日本、カナダ、欧州宇宙機関（ESA）、ブラジル等が参加する。
⑤宇宙医学実験、材料実験、宇宙科学実験と観測、火星探検宇宙飛行士の訓練等々が行われる。

凡例：①打ち上げ年月日　②打ち上げロケット　③重量（全長）　④近地点高度／遠地点高度（または太陽系内の惑星間飛行軌道）　⑤特筆すべき（期待される）成果

NASA宇宙探査計画年表（1989〜2011年）

- **1989年10月18日**●NASA、「ガリレオ木星周回探査機（GJP）」を、スペースシャトル104アトランティスで打ち上げ。
- **1989年11月18日**●NASA、「コービー（COBE＝宇宙背景放射観測衛星）」を太陽同期軌道に打ち上げ。
- **1990年4月24日**●NASA、「ハッブル宇宙望遠鏡（HST）」を、平均高度615キロの地球周回赤道軌道へ打ち上げ。
- **1990年6月1日**●独・英・NASA、「ローサット（ROSAT＝国際X線・紫外線望遠鏡衛星）」を打ち上げ。
- **1990年8月10日**●NASAの「マゼラン金星レーダー探査機（MVRMM）」が、金星を周回する軌道に乗る（打ち上げは1989年5月5日、スペースシャトル104アトランティスで）。
- **1990年10月6日**●NASA、ESAの「ユリシーズ（Ulysses＝太陽極域探査機）」を、スペースシャトル103ディスカバリーで打ち上げ。
- **1990年12月2日**●NASA、スペースシャトルで「アストロ（ASTRO）1号」打ち上げ。2号は、1995年3月2日に打ち上げ。
- **1991年4月5日**●NASA、「コンプトン・ガンマ線天文観測衛星（CGRO）」を、スペースシャトル104アトランティスで、地球周回軌道に乗せる。
- **1992年6月7日**●NASA、「イユブ（EUVE＝極紫外線観測衛星）」を打ち上げ。
- **1994年7月17日**●P/シューメーカー・レビー第9彗星（SL-9）の分裂核が、A核より、次々と木星の南半球へ衝突。
- **1995年12月2日**●NASA、「ソーホー（SOHO＝太陽・太陽圏観

測衛星)」を、太陽-地球ラグランジュ点に打ち上げ。

- **1995年12月7日**●NASAの「ガリレオ木星周回探査機(GJP)」、木星を周回する軌道に乗る。
- **1996年2月17日**●NASA、「ニア・シューメーカー(NEAR-Shoemaker＝近地球小惑星ランデブー探査機)」を打ち上げ。
- **1996年11月7日**●NASA、「マーズ・グローバル・サーベイヤー(MGS＝火星極軌道周回探査機)」を打ち上げ。1997年9月11日、火星を周回する軌道に乗る。
- **1997年7月4日**●NASAの火星着陸探査機「マーズ・パスファインダー(Mars-Pathfinder)」、アレス渓谷に軟着陸探査。
- **1997年10月15日**●NASA、「カッシーニ土星周回探査機(CSP)」を打ち上げ。金星で2回、地球で1回のスウィング・バイをした後、2000年12月30日に木星でスウィング・バイをして、土星へ向かった。2004年7月1日に土星を周回する軌道に乗る予定。
- **1998年1月9日**●NASAの月探査機「ルナ・プロスペクター(LP)」、月の極軌道に乗る。紫外線分光計などによる観測から、月の北極域と南極域に水の氷を発見。
- **1998年4月2日**●NASA、「トレース(TRACE＝太陽上層大気観測衛星)」を、太陽同期軌道に打ち上げ。
- **1998年10月24日**●キセノン・エンジンを搭載した深宇宙探査機「ディープ・スペース1号(Deep Space-1)」打ち上げ。
- **1998年12月4日**●NASA、接合モジュール「ノード1」を搭載したスペースシャトル105エンデバー打ち上げ。すでに11月20日に打ち上げられていた、ロシアの基本モジュール「ザリヤー」と結合して、「国際宇宙ステーション(ISS)」の建造を開始。

- **1999年2月7日**●NASA、ワイルド2彗星から揮発物質を採取する、彗星ランデブー探査機「スターダスト(Stardust)」打ち上げ。
- **1999年7月23日**●NASA、「チャンドラーX線天文台(CXO)」を、スペースシャトル102コロンビアで、地球周回長楕円軌道に乗せる。
- **2001年2月12日**●すべての観測を終えたニア・シューメーカーが、小惑星エロスに軟着陸に成功。
- **2001年3月28日**●NASA、太陽表層の高エネルギー、コロナを観測する「ヘッシー(HESSI＝高エネルギー太陽像観測衛星)」打ち上げ。
- **2001年4月7日**●NASA、火星周回探査機「2001マーズ・オデッセイ(2001Mars-Odyssey)」、打ち上げ。
- **2001年6月**●NASA、太陽粒子をサンプリングする「ジェネシス(GENESIS＝太陽風サンプルリターン衛星)」、打ち上げ予定。
- **2001年12月**●NASA、 赤外線波長で褐色矮星や原始星を観測する赤外線宇宙望遠鏡「サートF(SIRT-F)」打ち上げ予定。
- **2002年4月**●NASA、ガンマ線源の位置測定と分光観測を行う衛星の「インテグラル(INTEGRAL)」、打ち上げ予定。
  NASAが新たに打ち出した、強力な重力が働いている宇宙空間での、天体に係わる謎を解明する、「コズミック・ジャーニー計画」の一つである。
- **2002年10月**●ESA、月探査機「スマート(Smart)1号」打ち上げ予定。

2002年12月●NASA/DLRの「ソフィア（SOFIA＝成層圏空中天文台機）就航予定。

2003年1月●ESA、バータネン彗星の探査機「ロゼッタ（Rosetta）打ち上げ予定。

2003年5月22日●NASA、火星の地表面を走行して探査する「マーズ・ローバー1号（Mars Rover-1）」打ち上げ予定。また、6月4日にMR-2号打ち上げ予定。

2003年6月●ESA、小型着陸探査機「ダーウィン（Darwin）2」を搭載した、火星探査機「マーズ・エクスプレス（Mars-Express）」打ち上げ予定。

2004年1月●NASA、「テンプル（Temple）-1」を打ち上げ。テンプル1彗星にインパクターを打ち込み、衝突により発生する光を観測する。

2004年4月●NASA、水星を周回して探査する「メッセンジャー（Messenger）」打ち上げ予定。

2004年6月●NASA、恒星の位置精査と光度の測定をする、位置天文学衛星「フェイム（FAME）」打ち上げ予定。

2004年7月1日●カッシーニ土星周回探査機（CSP）、土星周回軌道に乗る予定（1997年10月15日打ち上げ）。

2005年5月●NASAとESA、火星探査無人飛行機「キティホーク（MAKH）」、打ち上げ予定。

2005年7月～8月●NASA、20センチの高分解能センサーを搭載した「マーズ・リコネッサス・オービター（MRO）」打ち上げ予定。

2006年6月●NASA、600個の恒星を探査して、惑星系円盤の観測と、地球型惑星の発見を目指す、初期型の宇宙電波望遠鏡「シム(SIM＝宇宙恒星間電波望遠鏡)」打ち上げ予定。

2007年●NASA、100キロの探査機器を装備した大型ローバー(自動走行探査車)を搭載した、軟着陸探査機「スマート・ランダー(SL)」打ち上げ予定。

2007年12月●NASA、冥王星と彗星の巣とされるカイパー・ベルトを探査する「グレート・プルート/カイパー・エクスプレス(GP/KE)」、打ち上げ予定。

2008年2月〜4月●NASA、木星の第二衛星「エウロパ」を探査する「エウロパ・オービター(EO)」打ち上げ予定。小型水中探査機で「エウロパ」の表層氷の下にある海の生物探査をし、また氷の厚さを含めた地勢図を作成する。

2008年〜2010年1月●NASA、ブラックホールやダークマターをX線スペクトルで観測する大型のX線望遠鏡、「コンステレーションX(Constellation-X＝星座X)」、打ち上げ予定。

2009年7月●NASA、地球-月ラグランジュ点に、赤外線の波長で深宇宙を観測する「エヌ・ジー・エス・ティ(NGST＝次世代宇宙望遠鏡)」、打ち上げ予定。

2010年2月●ESA、水星探査機「ベピ・コロンボ(B・C)」、打ち上げ予定。

2010年5月●NASA、重力波によりブラックホールを観測する衛星「リサ(LISA)」、打ち上げ予定。

2011年4月●NASA、赤外線の波長で地球型惑星の発見と観測を目指す「ティ・ピー・エフ(TPF＝地球型惑星走査機)」、打ち上げ予定。

<た>

<な>

<は>

索 引

写真協力
A List of Photographic Credits and Bibliography

◇National Aeronautics and Space Administration
◇European Space Agency
◇Space Telescope Science Institute amd NASA
◇Hale Observatory－CIT
◇Kitt Peak National Observatory
◇NASA／SRI
◇"ATLAS OF GALAXIES：THE COSMOLOGICAL DIS TACE SCALE"－NASA SP-496・Observation
◇"NASA Space Telescope"－A Window into the universe-1992～2001.
◇"Atlas of Universe" SRI
◇"THE GALILEO PROJECT" NASA／JPL
◇"THE CASSINI PROJECT" NASA／ESA
◇"THE NEW Millennium PROGRAM" NASA／JPL
◇"THE DEEP SPACE MISSIONS" SRI
◇"Allen's Astrophysical Quantities" Fourth Edition Springer
◇"SRI Astronomical Technical Note" SRI
◇"Astrophysical Gather data Note" N. N.

本作品は当文庫のための書き下ろしです。

中冨信夫—1949年、東京都に生まれる。宇宙工学アナリスト。米国クラーク大学、カリフォルニア工科大学大学院を修了。専門は画像工学、宇宙航法、誘導制御。理学・工学博士。NASA／SRI特別科学研究員。宇宙科学・工学をテーマに執筆・講演活動を行うとともに、宇宙科学映像プロデューサーとしても活躍。
著書には『NASA航空機開発史』(新潮社)、『宇宙生活への招待状』(TOTO出版)、『NASAの技』(KKベストセラーズ)、『躍動する宇宙』(角川書店)、『NASA航空機の驚異』(講談社＋α文庫) などがある。

講談社＋α文庫 NASA《ナサ》宇宙探査《うちゅうたんさ》の驚異《きょうい》
—「宇宙の姿」はここまでわかった
中冨信夫《なかとみのぶお》

2001年6月20日第1刷発行

発行者——野間佐和子
発行所——株式会社 講談社
東京都文京区音羽2-12-21 〒112-8001
電話 出版部(03)5395-3532
販売部(03)5395-3626
業務部(03)5395-3615

カバー写真——NASA
デザイン——鈴木成一デザイン室
カバー印刷——凸版印刷株式会社
本文組版——デザインルームワークス
印刷——凸版印刷株式会社
製本——株式会社若林製本工場

落丁本・乱丁本は小社書籍業務部あてにお送りください。
送料は小社負担にてお取り替えします。
なお、この本の内容についてのお問い合わせは
生活文化第四出版部あてにお願いいたします。
Printed in Japan ISBN4-06-256526-9 (生活文化四)
定価はカバーに表示してあります。